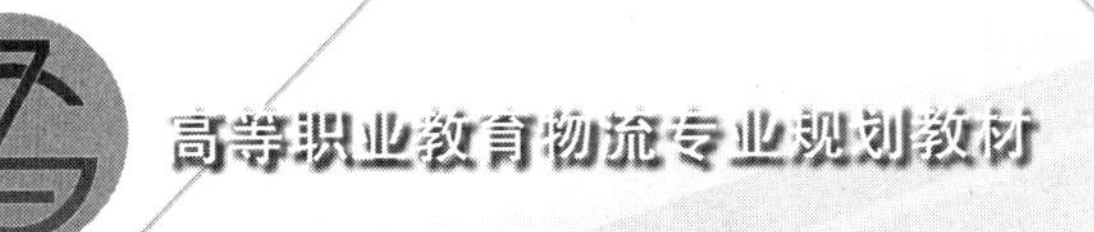

Logistics Handling Equipment and Technology

物流装卸搬运设备与技术

主　编　刘小玲　刘海东
副主编　陈　兰

图书在版编目(CIP)数据

物流装卸搬运设备与技术 / 刘小玲，刘海东主编. —杭州：浙江大学出版社，2018.4
ISBN 978-7-308-18142-6

Ⅰ.①物… Ⅱ.①刘…②刘… Ⅲ.①物流一装卸机械②物流一物料搬运 Ⅳ.①TH24②F253

中国版本图书馆 CIP 数据核字(2018)第 070745 号

物流装卸搬运设备与技术
刘小玲　刘海东　主编
陈　兰　副主编

责任编辑　曾　熙
责任校对　陈静毅　汪　潇
封面设计　杭州林智广告有限公司
出版发行　浙江大学出版社
(杭州市天目山路 148 号　邮政编码 310007)
(网址：http://www.zjupress.com)
排　　版　浙江时代出版服务有限公司
印　　刷　杭州丰源印刷有限公司
开　　本　787mm×1092mm　1/16
印　　张　13.5
字　　数　300 千
版 印 次　2018 年 4 月第 1 版　2018 年 4 月第 1 次印刷
书　　号　ISBN 978-7-308-18142-6
定　　价　35.00 元

浙江大学出版社发行中心联系方式　(0571)88925591；http://zjdxcbs.tmall.com

前 言

物流活动是社会经济活动必不可少的重要环节，随着经济全球化和信息技术的迅速发展，社会生产、物资流通、商品交易及其管理方式正在发生深刻的变革。与此相适应，现代物流业也正在世界范围内广泛兴起。随着中国加入世界贸易组织(WTO)，现代科学技术的发展和全球经济一体化步伐的加快，更要求加快我国物流现代化的步伐，时刻紧跟世界物流技术发展的最新动态，利用先进的物流技术改造我国仓储、运输、装卸搬运、包装等物流环节，以提高我国物流效率，增强我国物流企业在国际物流市场上的竞争能力。

物流活动中的装卸和搬运涉及货物在生产和流通过程中短距离的空间位移，是现代物流系统重要的技术支撑，在提高物流能力与效率，降低物流成本，保证物流质量等方面都起着非常重要的作用。

本书在概要介绍物流装卸搬运设备的基本情况(包括特点、构成、地位和作用)的基础上，分别阐述了各种装卸搬运机械的相关要素，以及物流装卸搬运系统的分析和方案，并辅以案例分析加以讲解。

全书充分借鉴当今物流装卸与搬运技术的最新成果，力求内容新颖，通俗易懂，突出实用性和指导性。

全书共分八章：第一章是绪论，主要讨论物流装卸搬运的特点及地位，物流装卸搬运的分类，物流装卸搬运技术的主要内容；第二章是叉车，主要讲授叉车的概念、特点和分类，主要技术参数、组成部分以及叉车的选型与使用；第三章是轻型装卸搬运设备，主要介绍一些常用手动车、牵引车和平板车的基本参数和应用；第四章是起重机械，重点讲授起重机械的概念、特点及分类，典型起重机械，以及起重机械常见安全事故防范；第五章是连续输送机械，主要讲授连续输送机械的特点及分类，主要技术参数和典型输送机械的结构组成和选用；第六章为堆垛设备，主要讲授堆垛机的概念、特点及分类，常用堆垛机的结构和组成；第七章为物流装卸搬运系统及方案设计，主要讲授物流装卸搬运系统的工艺流程、装卸搬运设施设备的配套性，以及系统方案的设计方法；第八章为技

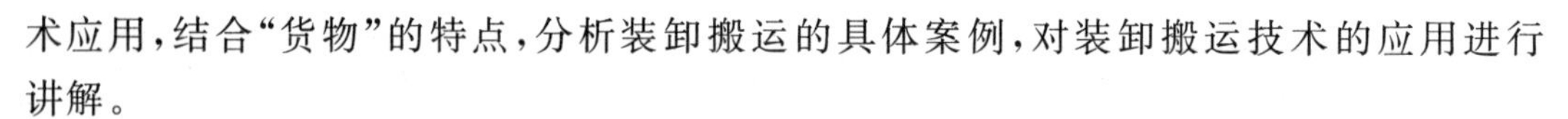

术应用，结合“货物”的特点，分析装卸搬运的具体案例，对装卸搬运技术的应用进行讲解。

本书由湖北交通职业技术学院刘小玲和湖北生态工程职业技术学院刘海东担任主编，湖北商业贸易职业学院陈兰担任副主编，湖北交通职业技术学院黄刚参编。全书由刘小玲编写第一章、第三章、第六章和第七章，刘海东编写第二章和第五章，陈兰编写第四章，黄刚编写第八章。主审为湖北省运输局邵迈。

本书编写过程中参考了大量文献资料，在此，我们向提供资料和研究成果的学者，在理论上、经验上给予指导的专家同行致以诚挚的谢意！向工作在第一线的同行研究者们致以敬意！

由于编者经验有限，书中难免有不足之处，我们衷心希望广大读者、各位专家学者提出宝贵意见，以便我们进一步修改完善。

编　者

2017 年 1 月

目　录

第一章 绪 论

【学习目标】 本章主要讨论物流装卸搬运的特点及地位，物流装卸搬运设备的分类，以及物流装卸搬运技术的主要内容。

第一节 物流装卸搬运的特点及地位

装卸搬运贯穿于物流系统中的每个环节，要深刻地理解装卸搬运的概念、特点及方法，必须先清楚物流系统的概念和特点。

一、物流系统的概念、特点、功能和组成

（一）概念

物流系统可以被认为是有效达成物流目的的机制。物流的目的是追求以低物流成本向顾客提供优质物流服务。物流系统的设计遵循“3S1L”原则。即在保证 speed（速度）、safety（安全）、surely（可靠）的基础上，以 low（低）的费用提供相应的物流服务。

（二）特点

物流系统具有以下特点。

第一，物流系统是一个大跨度系统，即地域跨度大、时间跨度大。

第二，物流系统动态性强，即货物的移动、信息的传递、资金的转移等都体现着动态性。

第三，物流系统具有层次性，即组成物流系统的各个单元可以分解成若干个子系统，各子系统的作用和地位各不同，具有层次性。

第四，物流系统具有效益背反性，即物流系统的复杂性使物流系统结构要素间有非常强的“背反”现象，常称之为“交替损益”或“效益背反”现象。“效益背反”指的是物流

的若干功能要素之间存在着损益的矛盾，即某一功能要素的优化此涨彼消、此盈彼亏的现象，往往导致整个物流系统效率的低下，最终会损害物流系统的功能要素的利益。

（三）物流系统的功能

1. 运输功能

运用各种设备和工具，将物品从一个地点运送到另一个地点的物流活动，是物质的空间转移。

2. 仓储功能

运用仓库或物流中心对物资进行储存和保管。

3. 装卸搬运功能

指在一定的区域内（通常指某一个物流结点，车站、码头、仓库等），以改变物品的存放状态和位置为主要内容的活动。装卸是以人力或机械把物品装入或卸下设备的过程；搬运是在同一场所内对物品进行以水平移动为主的物流作业。

4. 流通加工功能

根据客户的订货要求，在物流中心进行商品加工的作业，如贴标签、给商品配套、细分商品等。

5. 包装功能

为在流通过程中保护产品、方便运输、促进销售，按一定方法而采用的容器、材料及辅助物等的总体名称。包装主要是保护商品，另外还可以美化商品，使商品增值。

6. 配送功能

在经济合理区域范围内，根据用户要求，对物品进行拣选、加工、包装、分割、组配等作业，并按时按量送达指定地点的物流活动。

7. 信息处理功能

在物流范畴内，建立的信息收集、整理、加工、储存、服务工作等功能。

（四）物流系统的组成

物流系统主要由以下要素组成。

1. 人

人是指懂物流知识的人。

2. 物

物是指物流服务的对象。

3. 财

财是指取信于人的资本，资金的运作。

4. 信息

信息是指物流、商流间联系的纽带。

5. 基础设施设备

基础设施设备是指物流企业规模、档次的体现。

6. 软环境

软环境是指物流企业内部的组织管理，外部的国家政策，国际的竞争等。

二、物流装卸搬运的概念

物流装卸搬运是指在一定的区域内(通常指某一个物流结点,车站、码头、仓库等),以改变物品的存放状态和位置为主要内容的活动。它是伴随输送和保管而产生的物流活动,是对运输、保管、包装、流通加工、配送等物流活动进行衔接的中间环节。

在整个物流活动中,如果强调存放状态的改变时,一般用“装卸”一词表示;如果强调空间位置改变时,常用“搬运”一词表示。物流的各环节和同一环节不同活动之间,都必须进行装卸搬运作业。正是装卸搬运活动把物流运动的各个阶段联结起来,成为连续的流动过程。在生产企业物流中,装卸搬运成为各生产工序间联结的纽带,它是从原材料、设备等到装卸搬运开始,至产品装卸搬运为止的连续作业过程。在流通物流中,装卸搬运成为生产企业、仓储、消费者等各个环节的联结纽带。

装卸搬运机械化是提高装卸效率的重要环节。装卸搬运机械化程度一般分为三个级别:第一级是用简单的装卸器具,第二级是使用专用的高效率机具,第三级是依靠电脑控制实行自动化、无人化操作。

无论以哪一级别为目标实现机械化,都不仅要从是否经济合理来考虑,而且还要从加快物流速度、减轻劳动强度和保证人与物的安全等方面来考虑。

装卸搬运自动化对于加快现代化物流发展有着十分重要的作用,主要体现在以下几个方面。

(1)节约劳动力,减轻装卸搬运工人的劳动强度,改善劳动条件。

(2)缩短作业时间,加速车船周转,提高港、站、库的利用效率;加快货物的发出和送达,减少流动资金占用。

(3)提高装卸搬运质量,保证货物的完整和运输的安全。

(4)降低装卸搬运作业成本,因为装卸搬运的机械化提高了装卸搬运的作业效率,从而使每吨货物的作业费用相应减少。

(5)提高货位利用率。采用机械化作业,堆码高度高、装卸搬运速度快,可以及时腾出货位,有效减少货物堆码的场地面积。

三、物流装卸搬运活动的特点

物流装卸搬运遵循一定的操作工艺,以货物装卸、搬运、储存为主要内容。为了组织好物流装卸搬运活动,必须充分认识物流装卸搬运的特点。装卸搬运的特点表现在以下几个方面。

(一)装卸搬运是伴生性、衔接性的活动

装卸搬运是物流每一项活动开始及结束时必然发生的活动,时常被认为是其他活动的组成部分,是附属的,因而不被人们重视。实际上它是不同物流活动之间互相过渡时紧密衔接的关键所在。

(二)装卸搬运作业量巨大

任何产品从制造到送达消费者手中,要经过两个阶段:一是从原材料到产品阶段,

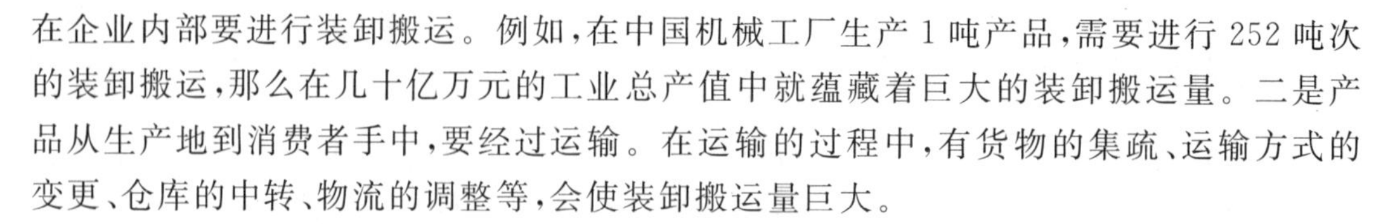
在企业内部要进行装卸搬运。例如,在中国机械工厂生产1吨产品,需要进行252吨次的装卸搬运,那么在几十亿万元的工业总产值中就蕴藏着巨大的装卸搬运量。二是产品从生产地到消费者手中,要经过运输。在运输的过程中,有货物的集疏、运输方式的变更、仓库的中转、物流的调整等,会使装卸搬运量巨大。

(三)装卸搬运方式复杂

装卸搬运方式的复杂性体现在:第一,货物品种的多种多样,它们在性质(物理和化学性质)上、形态上、重量上、体积上、包装上都有很大区别,所以不同货物的装卸搬运方法都不一样,即使是同一种货物,在装卸搬运前的不同的处理方法,也可决定不同的装卸搬运方法,如水泥的袋装和散装,单件装和集装化的装卸搬运方法明显不同。第二,装卸搬运的目的不同。货物经装卸搬运后是进入储存还是运输,不同的储存方法和不同的运输方式,决定着装卸搬运用何种设备和何种方式。第三,区域的不同。在不同的场所、不同的条件下,装卸搬运方法也不同,在设施设备比较齐全的场所,可用自动化装卸搬运,而在技术比较落后的区域,要用机械甚至人工来装卸搬运。

(四)装卸搬运作业的不均衡性

装卸搬运的不均衡性原因有二:一是因为商流是物流的前提,某类货物的畅销和滞销、远销和近销、销售量的大与小,是由商流来决定的,而商流的随机性很大,它是随着商贸活动的变化而变化的,这种随机性决定了货物流动的变化会很大,随之而来的装卸搬运量也是随机的、是不均衡的。二是由于各种运输方式的运量和运速有很大差别,这就会造成各个物流枢纽点,如车站、码头和港口的货物集中和滞留,从而造成装卸搬运不均衡。需要说明的是,在有些地方装卸搬运还是比较均衡的,比如生产领域,那是因为生产过程是连续的,相对稳定的,所以在企业内部装卸搬运是相对均衡的。

(五)装卸搬运要求高的安全性

就目前的装卸搬运活动来看,由于人员素质的不同、物资轻重的不同、设备承载量的不同,操作地点的随机性太大,劳动强度太大,造成装卸搬运的安全系数比较低,机毁人亡的事故时有发生,所以工作人员安全意识一定要提高,不要有侥幸心理;设备要定期保养,不要超负荷运转;物资要分清类型,针对不同的货物采取相应的搬运方法;在不同的场地,要采取稳妥的方式来操作。总之一句话,安全第一,要防患于未然。

(六)货物运输信息的聚集性

装卸搬运的工作场地一般都是车站、港口等的枢纽结点,是货物的集散地,同时也是物流信息的集散地。通过信息的传递和引导,使货物能够有序地运输,使运输工具能够即时地到达和准时地出发,减少货物和运输工具的滞留时间。

四、物流装卸搬运的分类

(一)按不同作业对象来分

1. 单件作业

以前人们所说的扛码头,就是典型的单件作业法。现在机械化程度提高了,但单件作业法仍然普遍存在,原因之一是在车站、港口等结点之外的场地,缺少应有的设施和设备,不得已采用单件作业;原因之二是某些商品体积太大、质量太重,即使采用机械也是单件作业,没有办法集装化;原因之三是某些商品的特殊性决定了它只能采用单件法,如贵重的物品、危险的物品等。

2. 散装作业

矿石、煤炭、建材等大宗物资历来都是采用散装方式装卸和搬运的。后来谷物、化肥、水泥、食糖、原盐等因为流量的增大,也多采用散装方式装卸和搬运。散装作业法有以下几种方式。

(1) 倾翻卸货法

将运载工具上的载货部位倾翻使货物倒出的方法叫倾翻卸货法。如自卸式汽车。

(2) 重力卸货法

利用货物自重产生的位能来完成卸货的方法。如漏斗车或底开门车在高架线或卸车坑道上自动开启车门,矿石或煤依靠重力自动卸出。

(3) 机械装货法

采用机械,利用专门的工作机构,如舀、抓斗、铲子等来装货的方法。这样的机械有:链斗装车机、单斗或多斗装载机、抓斗机和挖掘机等。

(4) 气力输送机

利用风机在气力输送机的管道内形成单向气流,依靠气体的流动或气压差来输送货物的方法。

3. 集装作业法

我们要想弄清楚集装作业法,就须先弄清集装的概念。集装是将许多单件物品通过一定的技术措施组合成尺寸规格相同、重量相近的大型标准化组合体,这种大型的组合状态称为集装。集装从包装学的角度看,是一种按一定单元将杂散物品组合包装的形态,如用箱、袋或桶等来集装。集装作业法就是对这些集装件进行装卸搬运的方法。按照方向的不同,集装作业法可分为垂直装卸法和水平装卸法两种。

垂直装卸法在港口按与岸边集装箱超重机配套的机械类型不同,又可分为跨车方式、轮胎龙门起重机方式、轨道起重机方式等;在铁路车站集装垂直装卸是以轨道式龙门起重机方式为主,但有时也用龙门起重机方式、动臂起重机方式和跨车方式等。

水平装卸法在港口以拖挂车和叉车为主要装卸设备;在铁路车站采用叉车或平移装卸机为主要装卸设备。

(二)按不同装卸搬运设备特点来分

根据设备的不同可分为连续装卸和间歇装卸两类。连续作业法是指在装卸作业过

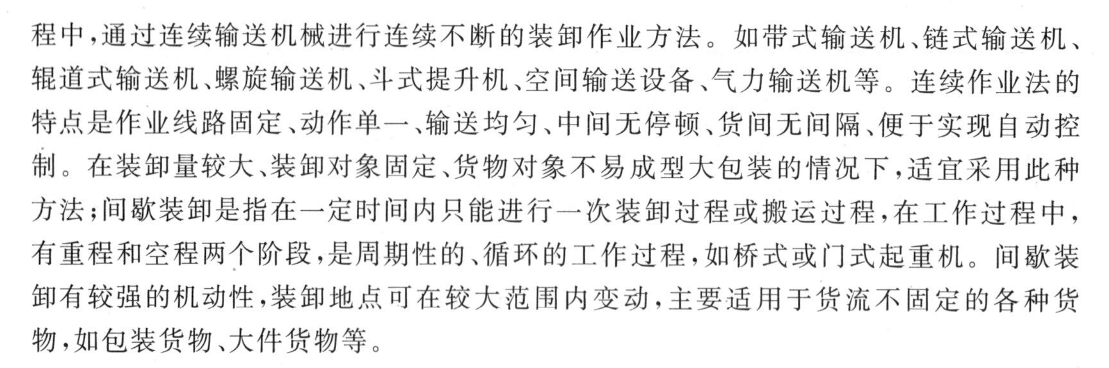

程中，通过连续输送机械进行连续不断的装卸作业方法。如带式输送机、链式输送机、辊道式输送机、螺旋输送机、斗式提升机、空间输送设备、气力输送机等。连续作业法的特点是作业线路固定、动作单一、输送均匀、中间无停顿、货间无间隔、便于实现自动控制。在装卸量较大、装卸对象固定、货物对象不易成型大包装的情况下，适宜采用此种方法；间歇装卸是指在一定时间内只能进行一次装卸过程或搬运过程，在工作过程中，有重程和空程两个阶段，是周期性的、循环的工作过程，如桥式或门式起重机。间歇装卸有较强的机动性，装卸地点可在较大范围内变动，主要适用于货流不固定的各种货物，如包装货物、大件货物等。

（三）按不同的地点来分

按不同的地点，装卸搬运可分为仓库装卸、铁路装卸、港口装卸、汽车车站装卸、机场飞机装卸等。仓库装卸配合出库、入库、维护保养等活动进行，并且以取货、上架、堆垛等操作为主。铁路装卸是对火车车皮的装进及卸出，其优点是一次作业就实现一车皮的装卸，而仓库装卸有时是零装整卸或整装零卸。港口装卸很复杂，既包括前沿的码头装船，又包括后方准备性的装卸搬运，有的港口还采用小船在码头和大船之间过驳的办法，须经过几次的装卸搬运才能实现船与陆地上货物的转移过程。汽车车站装卸一般只需一次装卸就可完成任务，且汽车灵活，很少甚至无须搬运过程，但装卸批量不大。机场飞机装卸至少需两次装卸一次搬运才能完成，即货物从仓库装上搬运车，再从搬运车装上飞机。

五、装卸搬运的地位

装卸搬运的基本动作包括装车（船）、卸车（船）、堆垛、入库、出库以及联结上述各项活动的短程输送，是随运输和保管等活动而产生的必要活动。在物流过程中，装卸搬运活动是不断出现和反复进行的，它出现的频率高于其他各项物流活动，每次装卸搬运都要花费很长时间，所以往往成为决定物流速度的关键。装卸搬运所消耗的人力也很多，所以装卸搬运费用在物流成本中所占的比重也很高。以我国为例，铁路运输的始发和到达的装卸费大致占运费的20%左右，船运占40%左右。据我国铁路部门的统计，火车货运以500千米为分界点，运距超过500千米时，运输在途时间超过装卸时间；运距低于500千米时，装卸时间则超过实际运输时间。据国际远洋公司统计，美国与日本之间的远洋船运，一个往返需要25天时间，其中运输时间为13天，装卸时间为12天。据我国统计公司对生产物流作统计分析可知，机械工厂每生产1吨成品，需进行252吨次的装卸搬运，其成本为加工成本的15.5%。因此为了降低物流费用，装卸搬运是个重要环节。此外，装卸搬运往往都要接触货物，因此，装卸搬运在物流过程中是造成货物破损、散失、损耗、混合等损失的主要环节，例如，装水泥的纸袋破损和水泥散失主要发生在装卸过程中，玻璃、机械、器皿、煤炭等产品在装卸时最容易造成损失。由此可见，装卸活动是影响物流效率、决定物流技术经济的重要环节。

第二节　物流装卸搬运设备的分类

随着社会的发展，需要装卸搬运货物的种类越来越多，来源越来越广，外形差异越来越大，特点各不相同，如箱装货、袋装货、桶装货、散货、易燃易爆物品、剧毒物品等。为此工程师们设计了各种各样的装卸搬运设备，来适应和满足各类货物的不同要求。装卸搬运设备通常按以下方式来分类。

一、按不同的作业方向分

按不同的作业方向，装卸搬运设备可分为以下几类。

（一）水平方向作业的装卸搬运设备

沿着地面水平方向实现物资的空间位移，如各种皮带式、平板式输送机，机动、手动搬运车等。

（二）垂直方向作业的装卸搬运设备

沿着地面垂直方向实现物资的空间位移，如各种升降机、堆垛机等。

（三）混合方向作业的装卸搬运设备

这类设备使物资既可实现水平方向的位移，又可实现垂直方向的位移。如桥式起重机、龙门式起重机、轮胎式起重机、叉车等。

二、按不同的动力方式分

按给设备提供动力的方式不同，可分为电力式和内燃机式两种装卸搬运设备。

三、按不同的传递动力方式分

按传递动力的方式不同，可分为电力式传动、机械式传动和液压式传动三种装卸搬运设备。

四、按不同的用途分

装卸搬运设备按主要用途不同，可分为起重设备、连续运输设备、装卸搬运车辆、专用装卸搬运设备。其中专用装卸搬运设备是指带专用取物装置的装卸搬运设备，如托盘专用装卸搬运设备、集装箱专用装卸搬运设备、分拣专用设备、船舶专用装卸搬运设备等。

第三节　物流装卸搬运技术的主要内容

物流装卸搬运技术的主要内容有两项：装卸和搬运。而装卸搬运的对象是物料，所以首先我们必须把物料弄清楚，才能讨论装卸搬运技术。

一、物料

要想让装卸搬运有序地进行，必须首先弄清楚物料的要素，针对这些要素我们再来安排适当的装卸、搬运的方法。物料的主要要素有以下几点。

（一）物料的物理要素

1. 物料的状态

物料的状态是指物料的物理形态，如固体、液体或是气体。

2. 物料的形状

物料的形状是指物料的外在形态，如方的、圆的、扁的，是疏松的还是紧密的，是可叠套的还是不可压的，是单件的、包装件的还是散料的等等。

3. 物料的重量或体积

这是指物料每一运输单元的重量或密度（单位体积重量），物料的长、宽、高等。

4. 物料的数量

物料的数量是指物料的多少，是大批量还是零星物品等。

（二）物料的化学要素

物料的化学要素主要是指物料是否易燃、易爆、易污染，是否有毒、有腐蚀性等；物料的稳定性如何，是否怕风吹、雨淋、日晒，对湿度、温度有没有要求等。

（三）物料的其他要求

1. 时间性的要求

这是指物料是季节性的还是经常性的，交货时间是否有限制等。

2. 地点性的要求

这是指物料是长距离运输还是短距离输送，是运往国内还是国外的。因为运往不同的国家包装上有不同的要求，装卸搬运也要有不同的要求。

3. 运输线路的要求

这主要指是通过陆地、内河运输还是海上运输。线路不同，物料所用的包装就不同，装卸搬运方法也要不同。

4. 特殊控制

这主要指是否是国家指定性物品，对生产厂家或销售商有没有特殊要求。

把我们要分析的枢纽点（车站、港口或航空站）的所有进出货物列出清单，然后根据上面所讲的物料要素分类，一般是根据影响物料移动难易程度的各种特征和能否采用同一种装卸搬运方法的原则进行分类。在实际工作中，常常按物品的实际最小单元（盒、罐、瓶、散料），或按最便于装卸搬运的单元（袋、捆、箱、桶），或按批量的大小，或是否易燃易爆等标准进行分类。分类按以下五个步骤进行。

（1）列表：粗略地对所有物品的名称进行分组。

（2）记录：按物料的要素列出所有物品的特征。

（3）分析：仔细分析物品的各项特征，找出关键的要素，并作上记号。

（4）确定物料类别：把具有相似关键要素的物品归并成一类。

（5）对每类物料进行分类说明，并写出装卸搬运的方法。列出物料特征表（见表1-1），以便按表操作。

表1-1　物料特征表

物料名称	实际最小单元	物理要素				化学要素		其他要求				关键要素	类别	装卸搬运方式
		状态	形状	重量或体积	数量	易燃易爆	稳定性	时间性	地点性	运输线路	特殊控制			

二、装卸搬运方式

按物料特征表，把物料分为四大类别。

（一）件杂货装卸搬运设备

件杂货是指在运输、装卸和保管中成件的有包装的（或无包装的大件）货物。有包装的货物一般是指怕湿、怕晒、需要在仓库内存放并且多用棚车装运的货物，如日用百货、五金器材等，包装方式很多，有箱装、桶装、筐装、袋装、捆装等。该类货物一般采用叉车，并配以托盘进行装卸作业，采用牵引车、挂车和带式输送机来搬运。无包装的大件如大型钢梁、混凝土构件等采用轨道式起重机和自行式起重机来装卸搬运。

（二）集装箱装卸搬运设备

小型集装箱一般采用内燃式叉车或电瓶式叉车作业。5吨和5吨以上的集装箱用龙门起重机或旋转起重机装卸，搬运采用叉车、集装箱跨运车、集装箱牵引车和集装箱搬运车等。

（三）干散杂货装卸搬运设备

干散杂货是指呈松散颗粒（或粉末）状的、不计件的货物，如煤、矿石、沙子等。干散杂货一般采用抓斗起重机、装卸机、链斗装车机和连续输送机等装车，卸车采用自动方式。

（四）液体货装卸搬运设备

液体货是指以液体状运输和储存的货物。主要货物有石油及成品油、液化气和液体化学品。这些货物具有易燃、易爆等特点，装卸搬运时必须掌握其特性，并针对这些特性采取相应的措施，以确保装卸搬运和运输时的安全。液体货装卸搬运设备主要包括输油泵、管线及附加设备。

第八章将对这四大类别作详细的阐述。

【思考题】

1. 物流装卸搬运活动的特点有哪些？其地位如何？
2. 装卸搬运按不同作业对象可分为哪几类？
3. 物料可分为哪几类？各采用什么方式装卸搬运？

第二章 叉 车

【学习目的】 了解叉车的概念、特点和分类，掌握叉车的主要技术参数及型号的含义，了解典型叉车的主要组成部分及适用场所，掌握根据不同的物料和场所选用各种叉车的方法。

第一节 叉车的概念、特点和分类

一、叉车的概念

叉式装卸车简称叉车，又名铲车，是指用货叉或其他工作装置自行装卸货物的起升车辆，属于物料搬运机械。

叉车起源于20世纪初，在二战之后开始被广泛使用。现在，叉车已经逐渐向系列化、专业化方向发展。日本、美国的产量最高，欧洲其次。

叉车在装卸搬运机械中应用最为广泛，一般应用于车站、港口、机场、工厂、仓库等场所，是机械化装卸、堆垛和短距离运输的高效设备。叉车不仅可以将货物进行垂直堆码，而且可以将货物进行水平运输。

叉车的主要技术参数是额定载重量和最大起升高度。叉车不但工效高，而且换装方便，近年来发展较快，已广泛采用的可换装工作装置有30多种。例如，换装侧夹装置可搬运油桶、捆包；换装串杆装置可搬运钢卷、水泥管；换装起重臂、吊钩可吊装各种重物；换装铲斗可装卸搬运散料等。叉车机动灵活，适应性好，作业效率高，应用叉车可实现装卸搬运作业的机械化，减少货物破损，提高仓库容积的利用率和作业安全程度，故被广泛采用。

二、叉车的特点

在物流装卸搬运作业过程中，叉车和其他起重运输机械一样，能够减轻装卸搬运工人的劳动强度，提高装卸搬运效率，缩短船舶与车辆在港停留时间，降低成本。不仅如此，叉车还具有以下特点。

（一）机械化程度高

叉车是装卸搬运一体化的设备，取物方便，有效提高效率，减少工人的体力劳动。

（二）通用性好

在物流的各个领域叉车都有所应用，比如港口码头、火车站、汽车站都要使用叉车进行装卸搬运作业，与此同时，辅以托盘一起使用，还能大大提高作业效率，节约劳动力。

（三）机动灵活性好

叉车的外形体积小、重量轻，能够非常灵活地穿梭于作业区域内，而且很多情况下无法使用其他起重运输机械时，叉车仍可以任意调度。

（四）能够提高仓库容积的利用率

叉车的堆码高度可以达到3～5米，可有效节省仓库空间，提高容积率。

（五）有利于开展托盘成组运输和集装箱运输

叉车的外形和结构特点有利于用托盘对成组货物进行搬运，也适用于集装箱的运输。

三、叉车的分类

叉车按其动力装置不同，可以分为电瓶叉车和内燃叉车；按其结构和用途不同，可以分为平衡重式、插腿式、前移式、侧面式、跨车以及其他特种叉车等。

（一）平衡重式叉车

平衡重式叉车（见图2-1）用内燃机或电池作为动力，是叉车中应用最广泛的形式，大约占叉车总数的4/5。其特点是车体本身较重、依靠自身重量与货叉上的货物量相平衡，防止叉车装货后向前倾翻。为了保持叉车的纵向稳定性，在车体尾部配有平衡重。这种叉车操作简单、机动性好、效率高。

（二）插腿式叉车

插腿式叉车（见图2-2）的特点是叉车前方带有小轮子的支腿能与货叉一起伸入货板叉货，然后由货叉提升货物。由于货物中心位于前后车轮所包围的底面积之内，叉车的稳定性好。插腿式叉车一般采用蓄电池作能源，起重量在2吨以下。

（三）前移式叉车

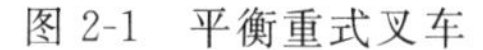

图 2-1　平衡重式叉车　　图 2-2　插腿式叉车　　图 2-3　前移式叉车

前移式叉车（见图 2-3）的货叉可沿叉车纵向前后移动。取货、卸货时，货叉伸出，叉货后带货移动时，货叉退回到接近车体的位置，因此叉车行驶时的稳定性好。

前移式叉车一般以蓄电池作动力，起重量在 3 吨以下。前移式叉车的车身小，重量轻，转弯半径小，机动性好，不需要专门在货堆之间留出空处，前轮可以做得很大。由于其运行速度很慢，因此主要用于室内和狭窄通道内的装卸搬运作业。

（四）侧面式叉车

侧面式叉车（见图 2-4）的门架和货叉分布在车体的侧面，侧面还有一个货物台。当货叉取货物时，货叉沿门架上升到大于货物台的高度后，门架沿导轨缩回，降下货叉，货物便放在叉车的货物台上。侧面式叉车主要用于搬运长大件货物且多以柴油机驱动，最大起重量为 40 吨。

（五）跨车

跨车即跨运车（见图 2-5），是由门形车架和带抱叉的提升架组成的搬运机械。一般以内燃机驱动，起重量为 10～50 吨。在作业时，门形车架跨在货物上由抱叉托起货物，进行搬运和码垛。在港口，跨车可用来搬运和堆码钢材、木材和集装箱等。

图 2-4　侧面式叉车

图 2-5　跨车

图 2-6　堆高车

由于跨车起重量大，运行速度较快，装卸快，甚至可以做到不停车装载，但跨车本身重量集中在上部，重心高，空车行走时稳定性较差，要求有良好的地面条件。

（六）堆高车

目前，堆高车（见图 2-6）设备的发展非常迅速，除了最常见的手动堆高车外，还有半自动堆高车、全自动堆高车和前移式堆高车。手动堆高车是利用人力推拉运行的简易式叉车，这种装卸搬运设备主要用于工厂车间和仓库内部，装卸效率要求不高，但是需要堆垛的场合。

除了上述介绍的几种叉车外，还有低位拣选叉车、高位拣选叉车、固定平台搬运车、集装箱叉车等。

第二节 叉车的主要技术参数

叉车的技术参数是反映叉车技术性能的基本参数，是选择叉车的主要依据。叉车的主要技术参数如下。

（一）载荷中心距

载荷中心距是指叉车设计规定的标准载荷中心到货叉垂直段前臂的距离。

（二）额定起重量

额定起重量是指货物的重心处于载荷中心距以内时，允许叉车举起的最大重量。如果货物的重心超出了载荷中心距，为了保证叉车的稳定性，叉车的最大起重量需要减小。货物重心超出载荷中心距越远，最大起重量越小。额定起重量还与货物的起升高度有关，货物起升越高，额定起重量就越小。

（三）最大起升高度

最大起升高度是指在额定起重量、门架垂直和货物起升到最高位置时，货叉水平段的上表面距地面的垂直距离。

（四）最大起升速度

最大起升速度是指额定起重量、门架垂直时，货物起升的最大速度。

（五）门架倾角

门架倾角是指叉车在平坦、坚实的路面上，门架相对垂直位置向前或向后的最大倾角。门架前倾的目的是便于货叉取货，门架后倾的目的是防止叉车载货行驶时货物从货叉上滑落。一般叉车门架的前倾角和后倾角分别为 6 度和 12 度。

（六）满载最高行驶速度

满载最高行驶速度是指叉车在平直、干硬的路面上满载行驶时所能达到的最高车速。由于叉车工作环境的限制，没有必要具备太高的行驶速度。一般情况下，内燃叉车的最高运行车速是 20～27 千米/时，库内作业的最高运行车速是 14～18 千米/时。

（七）满载最大爬坡度

满载最大爬坡度是指叉车在良好的干硬路面上，能够爬上的最大坡度。由于叉车一般在比较平坦的场地上作业，所以对最大爬坡度的要求不高。一般情况下，内燃叉车的最大爬坡度为 20％～30％。

（八）叉车的制动性能

叉车的制动性能反映叉车的工作安全性。我国的内燃平衡重式叉车标准对于制动性能做了如下规定。

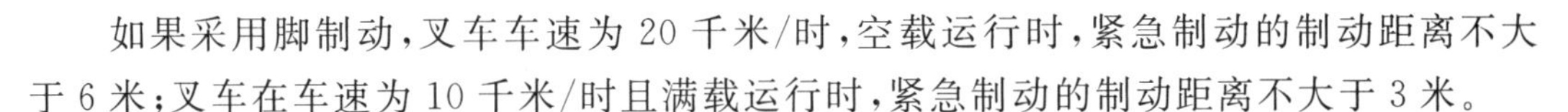

如果采用脚制动，叉车车速为20千米/时，空载运行时，紧急制动的制动距离不大于6米；叉车在车速为10千米/时且满载运行时，紧急制动的制动距离不大于3米。

如果采用手制动，空载行驶时能在20%的下坡上停住；满载行驶时能在15%的上坡上停住。

（九）最小转弯半径

最小转弯半径是指叉车在空载低速行驶、打满方向盘（即转向轮处于最大偏转角）时，瞬时转向中心距叉车纵向中心线的距离。

（十）直角通道最小宽度

直角通道最小宽度是指可供叉车往返行驶的、成直角相交的通道的最小理论宽度。直角通道最小宽度越小，叉车的机动性越好，库场的利用率就越高。

（十一）堆垛通道最小宽度

堆垛通道最小宽度是指叉车在正常作业时，通道的最小理论宽度。叉车的正常作业是指叉车在通道内直线运行，并且要做90度转向进行取货。

（十二）回转通道最小宽度

回转通道最小宽度是指可供叉车调头行驶的直线通道的最小理论宽度。

（十三）叉车的最大高度和宽度

叉车的最大高度和宽度这一参数决定了叉车能否进入仓库、集装箱、船和车厢内部进行作业。

（十四）最小离地间隙

最小离地间隙是指在叉车轮压正常时，叉车最低点距地面的距离。离地间隙越大，则通过性能越好，但离地间隙太大会影响叉车的稳定性。

第三节　叉车的主要组成部分

虽然不同的叉车在结构上有一定的差异，但一般都是由动力装置、起重工作装置、叉车底盘（包括传动系统、转向系统、制动系统、行驶系统）和电气设备组成。

一、动力装置

动力装置的作用是为叉车的各工作机构提供动力源，保证叉车工作装置装卸货物和叉车正常运行所需要的动力。目前市场上常见叉车动力装置的基本形式有内燃机式和电动式。

二、起重工作装置

起重工作装置是完成起升、降落、门架倾斜等功能的工作装置，主要由工作装置和液压控制系统组成。

（一）工作装置

叉车的工作装置用于完成货物的叉取、卸放、升降、堆码等作业，由门架（包括外门架和内门架）、叉架、货叉、链条和导向滑轮等组成。

（二）液压控制系统

液压控制系统的作用是控制叉车工作装置，实现货物的起升、降落和门架倾斜。

液压传动系统主要由油泵、工作油缸、油箱、油管、滤清器以及各种阀门等组成。油泵是将动力装置的机械能转换成液压能的部件；油缸是将液压能转换成机械能的部件；各种阀门，如安全阀、分配阀、节流阀是控制液体的压力、流量和流动方向的液压元件；油箱、油管和滤清器是储存、输送和滤清液压油的部件。通过这些机构实现液压油路不同的工作循环，从而满足叉车各项功能的要求。

三、叉车底盘

叉车底盘是决定叉车各种性能的主要组成部分，主要由传动系统、转向系统、制动系统、行驶系统组成。

（一）传动系统

传动系统的作用是将动力装置发出的动力高效、经济和可靠地传给驱动车轮。为了能适应叉车行驶的要求，传动系统必须具有改变速度、改变扭矩和改变行驶方向等功能。

（二）转向系统

转向系统的作用是控制叉车运行方向。叉车多在仓库、货场等场地狭窄、货物堆放多的地方进行作业。叉车在行驶中，需要频繁地进行左、右转向，要求转向系统动作灵活，操作省力。叉车的转向系统有机械式、液压助力式和全液压式3种基本结构类型。转向方式的选择取决于转向桥负荷的大小，而转向桥负荷与叉车的起重量和自重有关，一般起重量在1吨以下的都采用构造简单的机械式转向，起重量大于2吨的叉车，为操纵轻便，多数采用液压助力转向或全液压转向。

(1)机械式转向系统一般由转向器和转向传动机构组成。转向器的作用是增大方向盘传递到转向臂的力，并改变力的传递方向。转向传动机构的作用是把转向器所传出的力传递给转向车轮，使其偏转而实现叉车的转向。

(2)液压助力式转向系统与机械式转向系统的主要区别是增加了一个液压转向助力器，因而，司机只需很小的力就可进行操纵，实现转向。

(3)全液压式转向系统与机械式、液压助力式转向系统的不同之处在于从转向器开始到转向梯形机构之间完全用液压元件代替了机械连接，因而，操纵轻便，安装容易，重量轻，体积小，便于总体布局。

（三）制动系统

制动系统的作用是使叉车能够迅速地减速或停车，并使叉车能够稳定地停放在适

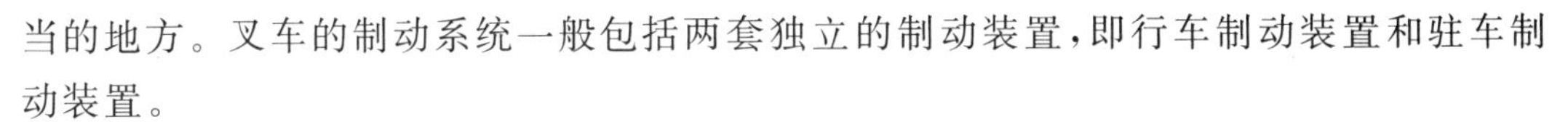

当的地方。叉车的制动系统一般包括两套独立的制动装置，即行车制动装置和驻车制动装置。

行车制动装置保证叉车在行驶过程中适当减速或停车，它的每个车轮都装有车轮制动器，其操纵装置可分为机械式、液压式和气压式。驻车制动装置保证叉车原地停驻，并有助于在坡道上起步。驻车制动装置还可在紧急制动时与行车制动装置同时使用，或当行车制动装置失灵时紧急使用。

（四）行驶系统

行驶系统的作用是将叉车各部分组装成一体，承受并传递作用在叉车车轮和路面间的力和力矩，缓和路面对叉车的冲击和震动。叉车的行驶系统通常由车桥、车架、车轮和悬架等部分组成。

四、电气设备

电气设备包括发电设备和用电设备，主要有发电机、启动机、蓄电池、灯光、音响、仪表等。

第四节　叉车的选型与使用

叉车是仓储物流设备里不可或缺的成员，叉车为货物搬运起到了很大的作用。叉车的种类很多，用途也很广泛，各个行业根据自己的使用情况选择不同的叉车。下面从几个方面介绍叉车的选择和种类。

一、叉车类型的选择

在室内（包括仓库、车间等）作业，为了减少空气污染和噪声，一般选用蓄电池叉车为宜；在室外作业，特别是在场地道路不是很平坦的情况下，选用内燃叉车较好。3种内燃叉车中柴油叉车使用较普遍，若没有特殊要求，一般均选择柴油叉车。少量北方用户考虑到冬天温度低、发动机不易启动等特点，为便于发动机启动而选择汽油叉车，但随着直喷式柴油机在叉车上的使用，解决了冬季发动机启动困难的问题，因此汽油叉车在国内叉车市场的销量将会愈来愈少。另外，随着国家对空气污染的限制，环保要求越来越高，选用液化石油气叉车进行室外作业的用户也日渐增多，并将成为一种发展趋势。

（一）车型分类

叉车通常可以分为三大类：内燃叉车、电动叉车和仓储叉车。

1. 内燃叉车

内燃叉车又分为普通内燃叉车、重型叉车、集装箱叉车和侧面叉车。

(1)普通内燃叉车

一般采用柴油、汽油、液化石油气或天然气发动机作为动力，载荷能力1.2～8.0吨，作业通道宽度一般为3.5～5.0米，考虑到尾气排放和噪声问题，通常用在室外、车

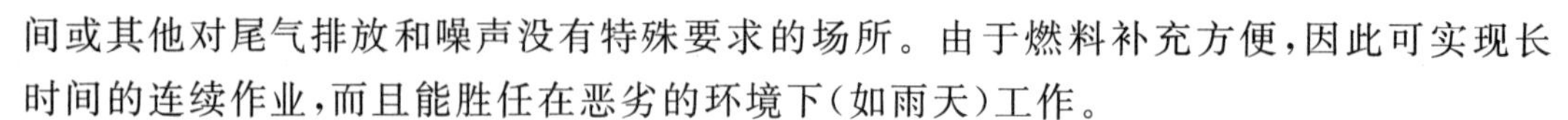

间或其他对尾气排放和噪声没有特殊要求的场所。由于燃料补充方便，因此可实现长时间的连续作业，而且能胜任在恶劣的环境下（如雨天）工作。

(2)重型叉车

采用柴油发动机作为动力，承载能力 10.0～52.0 吨，一般用于货物较重的码头、钢铁等行业的户外作业。

(3)集装箱叉车

采用柴油发动机作为动力，承载能力 8.0～45.0 吨，一般分为空箱堆高机、重箱堆高机和集装箱正面吊。应用于集装箱搬运，如集装箱堆场或港口码头作业。

(4)侧面叉车

采用柴油发动机作为动力，承载能力 3.0～6.0 吨。在不转弯的情况下，具有直接从侧面叉取货物的能力，因此主要用来叉取长条形的货物，如木条、钢筋等。

2. 电动叉车

以电动机为动力，蓄电池为能源。承载能力 1.0～4.8 吨，作业通道宽度一般为 3.5～5.0 米。由于没有污染、噪声小，因此广泛应用于对环境要求较高的工况，如医药、食品等行业。由于每个电池一般在工作约 8 小时后需要充电，因此对于多班制的工况需要配备备用电池。

3. 仓储叉车

仓储叉车主要是为仓库内货物搬运而设计的叉车。除了少数仓储叉车（如手动托盘叉车）是采用人力驱动的，其他都是以电动机驱动的，因其车体紧凑、移动灵活、自重轻和环保性能好而在仓储业得到普遍应用。在多班作业时，电机驱动的仓储叉车需要有备用电池。

(1)电动托盘搬运叉车

承载能力 1.6～3.0 吨，作业通道宽度一般为 2.3～2.8 米，货叉提升高度一般在 0.21米左右，主要用于仓库内的水平搬运及货物装卸。一般有步行式和站驾式两种操作方式，可根据效率要求选择。

(2)电动托盘堆垛叉车

承载能力为 1.0～1.6 吨，作业通道宽度一般为 2.3～2.8 米，在结构上比电动托盘搬运叉车多了门架，货叉提升高度一般在 4.8 米以内，主要用于仓库内的货物堆垛及装卸。

(3)前移式叉车

承载能力 1.0～2.5 吨，门架可以整体前移或缩回，缩回时作业通道宽度一般为 2.7～3.2 米，提升高度最高可达 11 米左右，常用于仓库内中等高度的堆垛、取货作业。

(4)电动拣选叉车

在某些工况下（如超市的配送中心），不需要整托盘出货，而是按照订单拣选多种品种的货物组成一个托盘，此环节称为拣选。按照拣选货物的高度，电动拣选叉车可分为低位拣选叉车（2.5 米以内）和中高位拣选叉车（最高可达 10 米）。

承载能力 2.0～2.5 吨（低位）、1.0～1.2 吨（中高位，带驾驶室提升）。

(5)低位驾驶三向堆垛叉车

通常配备一个三向堆垛头，叉车不需要转向，货叉旋转就可以实现两侧的货物堆垛和取货，通道宽度 1.5～2.0 米，提升高度可达 12 米。叉车的驾驶室始终在地面不能提升，考虑到操作视野的限制，主要用于提升高度低于 6 米的工况。

(6)高位驾驶三向堆垛叉车

与低位驾驶三向堆垛叉车类似，高位驾驶三向堆垛叉车也配有一个三向堆垛头，通道宽度 1.5～2.0 米，提升高度可达 14.5 米。其驾驶室可以提升，驾驶员可以清楚地观察到任何高度的货物，也可以进行拣选作业。高位驾驶三向堆垛叉车的效率和各种性能都优于低位驾驶三向堆垛叉车，因此该车型已经逐步替代低位驾驶三向堆垛叉车。

(7)电动牵引车

牵引车采用电动机驱动，利用其牵引能力(3.0～25.0 吨)，后面拉动几个装载货物的小车。经常用于车间内或车间之间大批货物的运输，如汽车制造业仓库向装配线的运输、机场的行李运输。

二、传动方式的选择

在内燃叉车三种传动方式中，目前国内用户选用最多的是机械传动叉车和液力传动叉车，静压传动叉车由于价格高，使用维护要求高，排除故障困难，维修成本高等，一般用户均不选用。通常在工作不连续，每日工作时间不长(5 小时以内)的情况下，机械传动叉车便能满足使用要求。在连续工作，工作频繁，负荷重或 2 班制、3 班制作业情况下，为了提高工作效率，减轻叉车驾驶员的劳动强度，一般选用液力传动叉车较好。随着液力传动叉车可靠性的提高，由于其具有无级变速，操作省力、方便及工作效率高等优点，选用液力传动叉车的用户会有所增多。

三、叉车动力的选择

当前国内一些主要叉车企业，为了适应广大用户的不同需要，在每种内燃叉车上均配置有多种国产和进口的发动机供用户选择，这些发动机不但有国产和进口之别，还有发动机功率大小的不同。对于一般用户，可选用国产发动机配置的叉车，其价格比较便宜，维修服务比较方便；对于工作繁重，工作时间较长的用户，可选用进口发动机，以减少故障率，提高其可靠性；对于工况特别繁重，工作环境也特别恶劣的用户，建议选用大功率的进口发动机。

四、蓄电池叉车的选择

蓄电池叉车主要用于室内作业，一般选用平衡重式蓄电池叉车，包括三支点和四支点。对于通道狭小，在货架上方堆放和叉取货物或需进电梯上楼层作业的用户，可选用前移式蓄电池叉车或蓄电池托盘堆垛车。

五、叉车起重量(吨)和起升高度的选择

每种叉车的额定起重质量是指货物重心在叉车标准载荷中心距以内,叉车门架垂直,起升到叉车标准起升高度(我国标准起升高度规定为3米)时所能起升的货物质量。因此,用户在选择叉车吨位时,应根据装卸货物的重心与叉车标准载荷中心的大小进行比较,如货物重心等于或小于叉车标准载荷中心距,则所选叉车额定起重质量等于或约大于货物质量即可。如果货物重心大于叉车标准载荷中心距,则应根据叉车样本提供的叉车载荷曲线图来确定选购叉车的吨位。

叉车标准起升高度是3米,为了满足用户不同起升高度的需要,主要制造厂均为用户设计起升3~6米高度系列门架。为了保证叉车的稳定性,在起升高度超过3米时,起升质量相应降低,用户可根据叉车起升高度载荷曲线或叉车样本上对应不同起升高度所标明的起升质量进行选取。

六、叉车属具的选择

由于装卸货物的多样性,叉车除用货叉叉取货物外,还配有各种叉车属具(如料斗、吊钩、前移叉、油桶夹及纸卷夹等)供用户选择。目前叉车属具已有数百种,有国产的,也有从美国、德国和意大利进口的叉车属具,均可配装在国产叉车上,用户可根据叉车属具手册和样本进行选择。

七、特种叉车的选择

除标准型叉车外,还有用于集装箱作业的集装箱专用叉车、分进箱作业集装箱叉车(2~5吨)、集装箱空箱堆码叉车(7~10吨)和满箱装卸集装箱叉车(20~42吨),用户可根据集装箱作业的工况进行选择。装卸易燃易爆物品或在含有易爆气体的环境下作业,可选用防爆专用叉车。防爆叉车又分为内燃防爆叉车和蓄电池防爆叉车,室内作业一般选用蓄电池防爆叉车,室外作业则可选用内燃防爆叉车。此外,在野外凹凸不平的路面或疏软道路上作业,可选用越野叉车。

八、品牌选择

目前国内市场的叉车品牌,从国产到进口有几十家。

国产品牌主要有合力、杭州、大连、巨鲸、湖南叉车、台励福、靖江、柳工、佳力、靖江宝骊、天津叉车、洛阳一拖、上力重工、玉柴叉车、合肥搬易通、湖南衡力等。

进口品牌主要有林德(德国)、海斯特(美国)、丰田(日本)、永恒力(德国)、BT(瑞典)、小松(日本)、TCM(日本)、力至优(日本)、尼桑(日本)、现代(韩国)、斗山叉车(原名韩国大宇,韩国)、皇冠(美国)、OM(意大利)、OPK(日本)、日产(日本)、三菱(日本)等。

先初步确定几个品牌作为考虑的范围,然后再综合评估。在初选阶段,一般把以下几个方面作为初选的标准。

(1)品牌的产品质量和信誉。

(2)该品牌的售后保障能力如何,在企业所在地或附近有无服务网点。

(3)企业已用品牌的产品质量和服务。

(4)选择的品牌需要与企业的定位相一致。

经初选完成后,对各品牌的综合评估包括品牌、产品质量、价格、服务能力等。

很多企业在选择品牌时,存在着一定的误区:如果均为进口品牌的叉车,质量都是差不多的,价格也应该是接近的。实际上这是一个常识性的错误,就像汽车一样,进口品牌的汽车很多,不同品牌之间的价格差距也非常大,而性能当然也有差别。此外,叉车是一种工业设备,最大限度地保证设备的正常运转是企业目标之一,停工就意味着损失。因此选择一个售后服务有保障的品牌是至关重要的。中国的叉车市场非常大,因此吸引了很多的国外品牌叉车供应商,但是中国地域辽阔,要想建立一个全国性的专业的服务网络,没有一定的时间是难以实现的。

【思考题】

1.叉车分几大类?各类主要适用于哪些场所?

2.叉车由哪几大部分组成?各部分起什么作用?

3.什么是额定起重量和载荷中心距?它们之间有什么关系?

4.叉车的性能技术参数有哪些?

5.如何选用叉车?

6.叉车属具有哪些?它们的主要用途是什么?

第三章 轻型装卸搬运设备

【学习目标】 了解轻型装卸搬运设备的种类、使用方法、主要性能参数、适合使用的场所,根据主要性能参数在不同的场所选用不同的设备。

在仓库、车站码头和超市等场地,一些轻型装卸搬运设备是必不可少的,因为轻型装卸搬运设备小巧、灵活、方便,对一些轻型物件或短距离的运输是很适用的;它也可以减轻工人的劳动强度,提高装卸搬运的安全性。

第一节 手推车

手推车是一种以人力为主,在地面上水平运送物料的搬运车。在物流系统的工艺过程中,人力车还是很重要的。一方面由于物流活动的复杂性和多样性,常须用人力作业来衔接机械化的工艺流程;另一方面,在没有基础设施的地方需要搬运物料时,难以用机械化操作,需要人力车辆来完成作业。

一、手推车的类型

手推车是有手推扶手的四轮车。市场上手推车的样式各种各样,类型很多。根据层数的不同可分为单层、双层和三层,根据手柄的不同可分为单手柄、双手柄、固定式手柄、折叠式手柄和带挡板手柄等,根据底板的不同可分为整板平底式和骨架式(见图3-1)。这些是老式的手推车,上货时需搬起来再放到手推车上,劳动强度很大。随着社会的发展,工程师们又设计出了许多新型的手推车(见图 3-2)。这些手推车装货时车辆可直接插入货物底部,而无须把货物搬起,然后利用杠杆原理就可把货物装好。货物装好之后,放下后面的小轮子,然后放平手推车,整个货物的重量就直接压在手推车上,人工只需克服摩擦力就可前进。与旧式手推车相比,可搬运的货物量更重,输送距离更远。

图 3-1 手推车类型

二、手推车的应用

手推车因为轻巧灵活、回转半径小，易于操作，适合于轻型物料的短距离搬运，所以广泛应用于车间、超市、食堂、办公室、仓库等场所。手推车每次运量 5～500 千克，搬运速度 30 米/分以下，水平搬运距离 30 米以下。

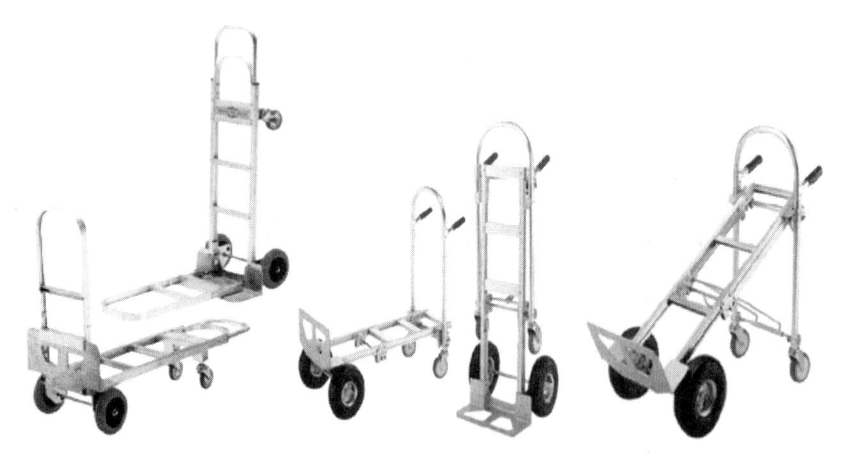

图 3-2 新型手推车

三、手推车的选型

在选购和使用手推车时，第一要考虑所选手推车的最大载重量，使用过程中不能超载运行，以免出事故；第二要考虑所要搬运货物的品种和类型，品种多时选通用型手推车，品种单一时尽量选专用手推车；第三要考虑搬运量和距离，距离较远时装货要轻，货

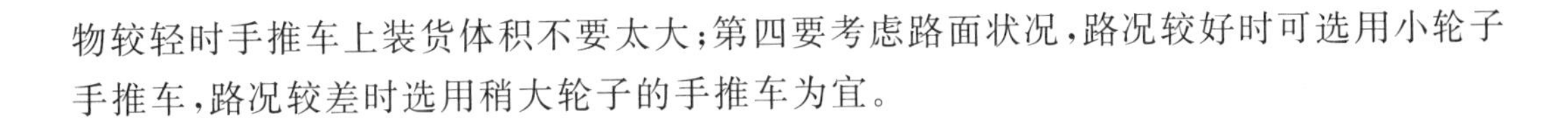

物较轻时手推车上装货体积不要太大；第四要考虑路面状况，路况较好时可选用小轮子手推车，路况较差时选用稍大轮子的手推车为宜。

第二节　二轮杠杆式手推车

二轮杠杆式手推车是最古老的、最实用的人力搬运车，它轻巧、灵活、转向方便，但因靠体力装卸、保持平衡和移动，所以仅适合装载较轻、搬运距离较短的场合。为适应现代化的需要，目前多采用自重轻的型钢和铝型材作为车体，阻力小的耐磨的车轮（见图3-3）。后来工程师们又设计出可折叠、便携的新型车体，前端可插入部分加长，这样使货物更稳定（见图3-4）。二轮杠杆式手推车的性能参数见表3-1。

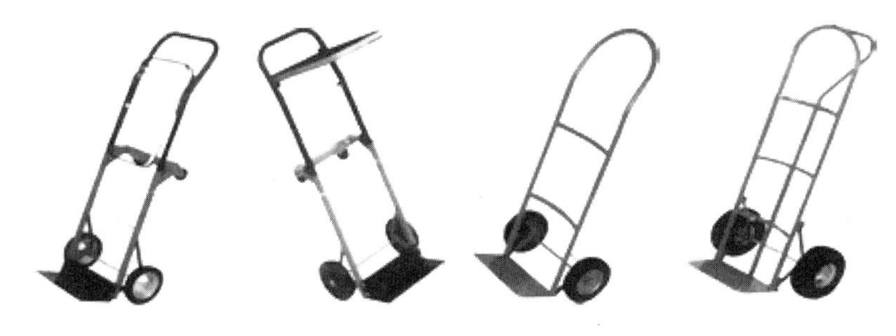

图3-3　二轮杠杆式手推车

图3-4　新型二轮杠杆式手推车

表3-1　二轮杠杆式手推车性能参数

项　目	性能参数
车体：宽×长（毫米）	（300～400）×（180～200）
高度（毫米）	1000，1070，1240
车轮直径（毫米）	150，220
载重量（千克）	60，150，250，300

第三节　手动液压升降平台车

手动液压升降平台车是采用手压或脚踏为动力，通过液压驱动使载重平台作升降运动的手推平台车。可调整货物作业时的高度差，减轻操作人员的劳动强度。手动液压升降平台车有安全轮保护的牢固小脚轮和位于两个旋转脚轮之间的制动器，是为了使平台车装载和卸载时轮子不滑动，操作更安全(见图3-5)。

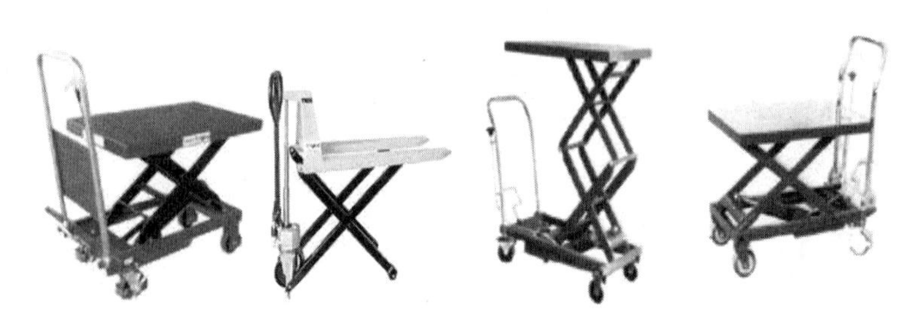

图3-5　手动液压升降平台车

平台车主要性能参数见表3-2。

表3-2　平台车的主要性能参数

型号	装载能力(千克)	起升高度(毫米)	最低高度(毫米)	工作台尺寸(毫米)	自重(千克)
TF-15	150	730	210	700×450×35	37
TF-30	300	900	270	815×500×50	72
TF-50	550	900	280	815×500×50	84
TF-75	500	900	295	1600×500×50	135
TF-35	350	1300	345	905×512×55	113
TF-100	750	1000	410	1000×512×55	110
TF-50B	750	1500	450	1220×610×55	170
TF-75S	1000	1000	410	1000×512×55	114

第四节　手动液压托盘搬运车

手动液压托盘搬运车是一种轻小型的搬运设备(见图3-6)，它有两个货叉似的插腿，可直接插入托盘底部，能承受重载的“C”形截面货叉，强度更高，更加持久耐用，超强的货叉最大载重3吨。两只尼龙导向轮或双轮节省操作者的体力，并能保护载重轮与托盘。还有全密封油缸，内装安全阀。货叉可以通过手泵油缸抬起，使托盘或货箱离开地面，然后用手拉或电动驱动使之行走。这种托盘搬运车广泛应用于仓库、商店、码头或车间内各工序间无须堆垛的搬运作业。

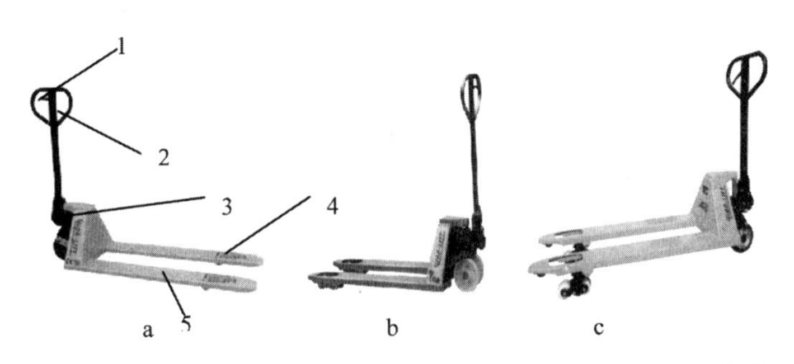

1—小手柄　2—舵柄　3—液压起升系统　4—车轮及承载滚轮　5—架体与机身

图 3-6　手动液压托盘搬运车

一、手动液压托盘搬运车的结构

手动液压托盘搬运车由以下五个部件组成。

（一）小手柄

小手柄是控制手动液压托盘搬运车的状态的控制柄。

（二）舵柄

舵柄是操纵架体与机身起升、下降和行走的控制杆。舵柄来回上下压，可使机身慢慢上升；握紧舵柄上的小手柄，可使机身下降；拉住舵柄前进可使搬运车和货物行走。

（三）液压起升系统

密封的起升系统能满足大多数的起升要求。泵油缸装在重载保护座上，缸筒镀铬，柱塞镀锌，低位控制阀和溢流阀确保操作安全并延长手动液压托盘搬运车的使用寿命。

（四）车轮及承载滚轮

前后车轮均由耐磨尼龙做成，滚动阻力很小。车轮装有密封轴承，运转灵活。

（五）架体与机身

架体与机身采用抗扭钢焊接而成，货叉由高抗拉伸槽钢做成，叉尖做成圆头楔形，方便插入托盘且不损坏托盘，导轮引导货叉顺利地插入托盘。

二、手动液压托盘搬运车的操作方法

手动液压托盘搬运车的操作方法如下：把小手柄抬起（见图 3-6b），架体和机身会自动下降，到适当的位置时把小手柄调至水平位置（见图 3-6a），架体和机身就会停止下降；此时手动控制舵柄推或拉至货物的下方，或者人工码放货物在架体上；等货物堆放好后，把小手柄压下（见图 3-6c），手动控制舵柄上下来回运动，架体和机身就会上升，到适当的位置后停止来回运动，架体和机身就会停止上升；此时把小手柄调至水平位置，再拖拉舵柄至卸货的位置卸货；卸货时，把小手柄抬起，架体下降至适合位置时把小手柄调至水平位置再卸货。

注意：推或拉手动液压托盘搬运车时，一定要让小手柄处于水平位置，只有这种状态时，操作舵柄，架体与机身才不会上升或下降。使用过程中不要随意拔动小手柄，以免货物翻倒出危险。

液压系统和轴承一般无须维护，使用费用很低。但在特殊情况下，如在潮湿的环境下使用，可用高压软管进行冲洗。所有轴承均备有加油孔，使用一段时间后必须加润滑油。

三、手动液压托盘搬运车的分类

手动液压托盘搬运车可分为超低托盘搬运车、普通托盘搬运车、半自动托盘搬运车、全自动托盘搬运车、电动(手动)剪叉搬运车(见图 3-7)。

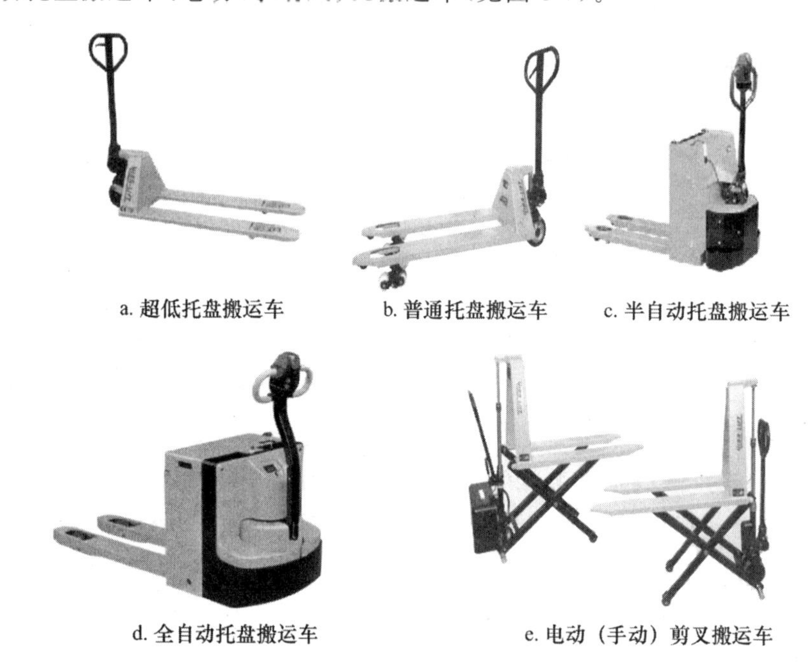

a. 超低托盘搬运车　b. 普通托盘搬运车　c. 半自动托盘搬运车

d. 全自动托盘搬运车　e. 电动（手动）剪叉搬运车

图 3-7　手动液压托盘搬运车的类型

四、手动液压托盘搬运车的性能参数和性能特点

手动液压托盘搬运车各类车型的主要性能参数见表 3-3、表 3-4、表 3-5、表 3-6 和表 3-7所示。

表 3-3　超低托盘搬运车

型号	额定载重（千克）	货叉最低高度（毫米）	货叉长度（毫米）	外挡宽度（毫米）	单叉宽度（毫米）	净重（千克）
HPL20S	2000	55、35	1150	540	160	72
HPL20L	2000	55、35	1150	680	160	77

载重轮：铁双轮；转向轮：尼龙、聚氨酯、橡胶；特殊货叉长度：950 毫米。适用于电子、玩具等行业作托盘的搬运。

表 3-4　不锈钢托盘搬运车

型号	额定载重（千克）	货叉最低高度（毫米）	货叉长度（毫米）	外挡宽度（毫米）	单叉宽度（毫米）	净重（千克）
HP20S	2000	85	1150	540	160	75
HP20L	2000	85	1150	680	160	78

国内首创、销量第一，无污染、防腐蚀的环保产品。所用零件用不锈钢材料加工而成，包括油缸、车架、手柄、牵杆、轴承、销、螺栓等。

适用于化工、医药、食品加工单位的室内、冷库及其他所有耐酸耐碱的地方。

表 3-5　普通托盘搬运车

型号	HP20S	HP20L	HP25S	HP25L	HP30S	HP30L
额定载重(千克)	2000	2000	2500	2500	3000	3000
货叉最高高度(毫米)	200(或 190)					
货叉最低高度(毫米)	85(或 75)					
货叉长度（毫米）	1150	1220	1150	1220	1150	1220
货叉外挡宽度(毫米)	540	680	540	680	540	680
单只货叉宽度(毫米)	160					
载重轮直径（毫米）	φ80(φ70)尼龙、聚氨酯					
转向轮直径（毫米）	φ200(φ180)尼龙、聚氨酯、橡胶					
净重(千克)	75	78	77	80	85	88

内装安全阀，全密封油缸，油缸上的密封件德国进口。能承受重载的"C"形截面货叉，强度更高，更加持久耐用，超强的货叉最大载重 3 吨。

两只尼龙导向轮或双轮节省操作者的体力，并能保护载重轮与托盘。

载重轮：单轮型或双轮型，聚氨酯、尼龙、聚氨酯包尼龙；转向轮：尼龙、聚氨酯、橡胶；可供选择：快起升手动托盘搬运车 HPQ 系列，60 千克以下货物手柄摆动 3 次即能举升到位(普通型手柄摆动 12 次到位)。

表 3-6　半自动托盘搬运车

车型	项目		
	CBD—1.2A	CBD—1.5A	CBD—2.0A
起重量(千克)	1200	1600	2000
货叉最低高度(毫米)	85	85	85
货叉最高高度(毫米)	205	205	205
货叉宽度(毫米)	520×680	520×680	520×680
载荷中心(毫米)	650	650	650
轮距(毫米)	1390	1390	1390
净重(千克)	250	260	280
体形：长×高×宽(毫米)	1785×680×1310	1785×680×1310	1785×680×1310

半自动液压托盘搬运车有如下特点。

(1)电动行走,液压起升。

(2)自重轻、车身低、操作轻巧、视野开阔。

(3)车架设计坚固,承载力强。

(4)起步平稳,电机输出轴电磁制动。

(5)大容量牵引电瓶,确保长时间工作。

表 3-7　CBD－2.0 全自动液压托盘搬运车

名称	参数	名称	参数
最大起重量(千克)	2000	转弯半径(毫米)	1600
载荷中心距(毫米)	600	行走电机功率(千瓦)	1200
货叉最低高度(毫米)	85	提升电机功率(千瓦)	800
货叉最高高度(毫米)	205	自重(不含电瓶)(千克)	324
货叉长度(毫米)	1150	行走速度(满载/空载)(千米/时)	3.6/5.4
货叉宽度(毫米)	530～680	最小转弯半径(毫米)	1525

全自动液压托盘搬运车有如下特点。

(1) 电动行走,电动起升。

(2) 车身低、操作轻巧、视野开阔。

(3) 车架设计坚固,承载力强。

(4) 无级调速,起步平稳。

(5) 大容量牵引电瓶,确保长时间工作。

第五节　手动液压堆高车

手动液压堆高车是利用人力推拉运行的简易式叉车。根据起升机构的不同,手动液压堆高车分为手摇机械式(见图 3-8a)、手动液压式(见图 3-8b)、全自动堆高车(见图 3-8c)、半自动堆高车(见图 3-8d)、前移式电动堆高车(见图 3-8e)五种。适用于工厂车间和仓库内对效率要求不高、但需要有一定堆垛和装卸高度的场合。手摇机械式堆高车性能参数见表 3-8,手动液压堆高车性能参数见表 3-9,全自动/半自动堆高车性能参数见表 3-10,前移式电动堆高车性能参数见表 3-11。

一、手摇机械式堆高车特点

手摇机械式堆高车有以下特点。

(1) 手摇式结构,简单易操作。

(2) 便捷设计,具有轻便灵活的特点,适宜于单人作业。

(3) 用途广泛,性价比高。

(4) 根据人机工程学原理设计，使所有操作都十分舒适。

(5) 维护方便，维护成本低。

(6) 主要用于工厂、仓库、码头等地。

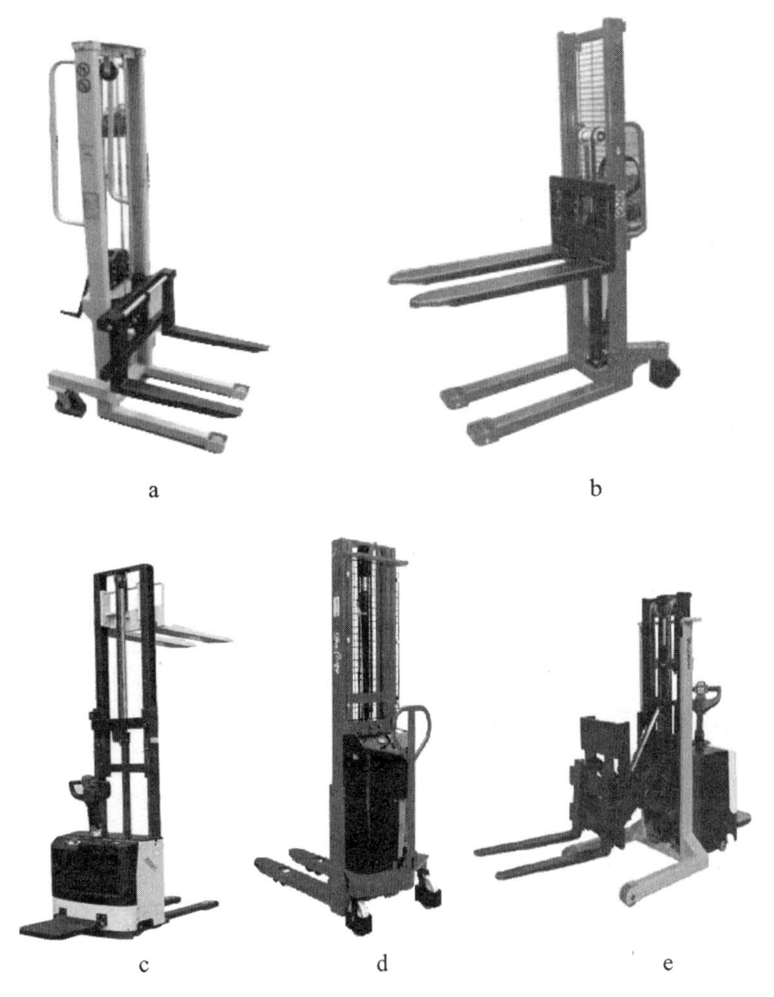

图 3-8　手动液压堆高车

表 3-8　手摇机械式堆高车性能参数

CSG50			
最大额定载重(千克)	500	前轮直径(毫米)	φ80×45
最高货叉高度(毫米)	1500	转向轮直径(毫米)	φ150
最低货叉高度(毫米)	50	总长(毫米)	1060
货叉宽度(毫米)	70	总宽(毫米)	725
货叉长度(毫米)	600	总高(毫米)	2030
货叉外挡宽度(毫米)	690	净重(千克)	133

二、手动液压堆高车特点

手动液压堆高车有以下特点。

(1) 使用液压泵和油缸,省力。

(2) 重型"C"型钢门架,紧固安全。

(3) 内装冲程上限旁通阀门。

(4) 便捷设计,具有轻便灵活的特点,适宜于单人作业。

(5) 维护方便,维护成本低。

(6) 可根据现场要求定制货叉长度和宽度。

(7) 脚轮安装了刹车装置。

表 3-9　手动液压堆高车

CTY500			
起升高度(毫米)	1500	起升速度(毫米/次)	32
载荷中心距(毫米)	415	下降速度	可控
货叉长度(毫米)	830	货叉调节最大宽度(毫米)	485
最小离地间隙(毫米)	30	前轮直径(毫米)	80～100
后轮直径(毫米)	180	自重(千克)	140

三、全自动/半自动堆高车特点

全自动/半自动堆高车有以下特点。

1. 泵站

使货物起升平稳有力。该动力单元集直流电机、齿轮泵、阀片及管路元件于一体,具有体积小、可靠性高、工作平稳、节能、降噪、环保等优点。

2. 驱动轮

配置可靠的盘式刹车系统,动力强劲,性能稳定。

3. 电控系统

反应灵敏,操控自如,可靠性高,具有再生制动、反接制动及无级调速等功能。

4. 双提升设计

底架可提升一段高度,使车辆既可高距离叉放货物又可收回货叉做远距离搬运。

5. 加装安全防爆阀

在液压软管一旦失效的情况下货物不会快速下落,确保操作人员人身安全 。

6. 大容量的牵引电池

充电方便快捷,电量持久。

7. 门架使用槽钢制作

坚固安全。

表 3-10　全自动/半自动堆高车性能参数

型　号	CTZ1000 半	CTD1000 全	CTZ1500 半	CYD1500 全
额定起重量(千克)	1000		1500	
提升高度(毫米)	1500、2500、3150		1500、2500、3150	
外形尺寸:长×宽×高(毫米)	1820×800×(1820～2200)		1820×800×(1820～2200)	
货叉长度(毫米)	800		900	
货叉低放高度(毫米)	85		85	
载荷中心距 (毫米)	400		450	
起升速度(米/分)	4		4	
电压 (伏)	24		24	
蓄电池型号	3-QA-150 或 3-D-180		3-D-180	
电机功率(千瓦)	提升	1.5	1.0	
	驱动	0.75	1.1/2.2/3.0	

四、前移式电动堆高车的特点

前移式电动堆高车有以下特点。

1. 电控系统反应灵敏

操控自如,可靠性高,具有再生制动、反接制动及无级调速等功能。

2. 整体立式安装

他励牵引电机,电磁制动器,原装进口减速箱及驱动轮,质量稳定可靠。

3. 新设计的前移式堆高车

载重范围 1000～1300 千克,提升高度从 1.8～4.5 米,可达到不同的使用需求。门架电池均达到环保要求。

4. 货叉可倾斜

货叉除可升降、前移、后退外,还可以倾斜。

5. 门架坚固耐用

门架使用槽钢制作,安全美观,坚固耐用。

表 3-11　前移式电动堆高车

	型号		CY1316	CY1318	CY1330	CY1337	CY1345
特性	驱动方式:电动(蓄电池)、柴油、汽油、燃气、手动		蓄电池				
	操作方式(手动、步行、站驾、坐驾、拣选)		步行式				
	额定承载能力	Q (吨)	1.3				
	载荷中心距	C(毫米)	500				
	前悬距	X(毫米)	388			418	
	轮距	y(毫米)	1255			1355	

续表

重量	自重	千克	1820	1850	2020	2235	2460
	满载时桥负荷(前/后)	千克	1480/1640	1500/1650	1580/1740	1680/1855	1770/1990
	空载时桥负荷(前/后)	千克	1350/470	1370/480	1495/525	1655/580	1820/640
轮子	轮胎:实心橡胶、超弹橡胶、气胎、聚氨酯胎		聚氨酯胎				
	轮子尺寸 前轮		230x70				
	轮子尺寸 后轮		210x85				
	附加轮子(尺寸)		150x54				
	轮子数量(前/后)(x=驱动轮)		1x				
	前轮轮距	b10(毫米)	620				
	后轮轮距	b11(毫米)	993				
车体尺寸	门架/货叉 支架倾斜 向前/向后	α/β(度)	2/4				
	门架缩回时高度	h1(毫米)	2075	2275	2095	1850	2075
	自由提升高度	h2(毫米)	—	—	221	1205	1490
	起升高度	h3(毫米)	1560	1760	2960	3660	4460
	作业时门架最大高度	h4(毫米)	2145	2345	3940	4625	5430
	操作手柄在驱动位置时的高度 最小/最大	h14(毫米)	984/1365				
	降低时高度	h13(毫米)	40				
	总体长度	l1(毫米)	2025(2225)			2125(2325)	
	货叉表面至前部距离	l2(毫米)	867			937	
	车体宽度	b1(毫米)	1104				
	货叉尺寸	s/e/l(毫米)	35/100/950(1150)				
	货叉外宽	b5(毫米)	200～720				
	支撑臂和载重面间距离	b4(毫米)	784				
	前移距离	l4(毫米)	550			580	
	轴距中心离地间隙	m2(毫米)	59				
	直角堆垛通道宽度,拖盘1000×1200(1200跨货叉放置)	Ast(毫米)	2307			2436	
	直角堆垛通道宽度,拖盘800×1200(1200沿货叉放置)	Ast(毫米)	2355			2478	
	转弯半径	Wa(毫米)	1450			1600	
	轮臂间长度	l7(毫米)	1075			1175	

续表

性能	行驶速度，满载/空载	千米/时	5.4/6.0	6.0/7.0
	提升速度，满载/空载	毫米/秒	85/122	110/165
	下降速度，满载/空载	毫米/秒	125/80	300/220
	最大爬坡能力，满载/空载	%	5/8	
	行车制动		电磁制动	
电机	驱动电机功率	千瓦	1.5	
	提升电机功率	千瓦	2.2	3.0
	蓄电池根据 DIN 标准		3PzS	5PzS
	蓄电池电压/额定容量	伏/安	24/270	24/400
其他	驱动控制方式		场效应管控制	
	驾驶员耳边噪声水平符合 EN12053	分贝	67	

第六节　牵引车和平板车

一、牵引车

牵引车和平板车是港口件货水平运输的主要机型之一，如图 3-9 所示。

图 3-9　牵引车与平板车

牵引车（见图 3-10）用于拖带载货平板车进行水平运输，一般都用内燃机驱动，基本构造与汽车相似，但结构紧凑，外形小，具有更好的机动性，以适应在狭窄的场所工作。牵引车的最大牵引力由其功率及驱动轮的附着力所决定。当功率及轮压一定时，牵引车的牵引量就取决于路面条件。一般的牵引量是指在良好水平路面上行驶的数值。

根据动力的大小，牵引车可分为普通牵引车和集装箱牵引车，普通牵引车可以拖挂平板车，用于装卸区内的水平搬运，集装箱牵引车用于拖挂集装箱挂车，长距离搬运集装箱；根据动力源的不同，牵引车可分为内燃牵引车和电动牵引车；按轮子与地面接触方式不同，牵引车可分为有轨牵引车和无轨牵引车；按操作方式不同，牵引车可分为人工驾驶车和无人驾驶车（自动导向）。

图 3-10　牵引车

内燃牵引车一般采用经济性较好的柴油机进行驱动，只有小型牵引车才采用汽油机进行驱动。内燃牵引车的底盘结构形式与普通汽车类似，主要适用于室外的牵引作业；电动牵引车采用蓄电池和直流电动机进行驱动，主要适用于室内的牵引作业。

牵引车为了适应牵引与顶推平板车的需要，在其车体前面装有坚固的护板，尾部装有半自动拖挂机构。该拖挂机构有一喇叭形开口，当平板车的拖挂历杆伸入其中时，驾驶员则可在驾驶室内通过扳动操纵杠杆，将销轴插入拖挂杆孔中，从而完成与平板车的挂历钩结合动作。当牵引车与平板车分离时，同样只需驾驶员扳动操纵杠杆，把销轴拔出，牵引车往前开动则可使两者脱钩分开。牵引车的主要性能参数参见表 3-12。

表 3-12　电动牵引车的主要性能参数

项目/型号		DQ-2 型	DQ-3 型	DQ-5 型	DQ-7 型	DQ-10 型
牵引重量	千克	2000	3000	5000	7000	10000
牵引满车速	千米/时	10	11	12	12	12
爬坡能力	%	10	10	10	10	10
最小转弯半径	毫米	3300	3300	3500	3500	3700
最小离地间隙	毫米	120	120	120	120	120
驱动功率	千瓦	3	3	4.5	5	6.3
电　压	千伏	40	48	48	48	48
蓄电池容量	安·时	250	250	330	440	440
轮胎型号	前一后	7.00—9	7.00—9	7.00—9	7.00—9	6.50—10
轴　距	毫米	1620	1620	1620	1620	1700

续表

项目/型号			DQ-2 型	DQ-3 型	DQ-5 型	DQ-7 型	DQ-10 型
前轮中心距		毫米	1100	1100	1140	1140	1140
后轮中心距		毫米	1160	1160	1190	1190	1190
踏脚高度		毫米	500	500	350	350	350
外形尺寸	长	毫米	3200	3200	3200	3200	3300
	宽	毫米	1450	1450	1450	1450	1450
	高	毫米	1380	1380	1500	1500	1500
自重量		千克	1700	1850	1960	2100	2450

二、平板车

平板车(见图 3-11)有载货平台,自己不能行走,需由普通牵引车拖带。通常由几辆平板车和一辆牵引车组成一列车组来进行搬运工作。它可在平整的路面上搬运各种货物。为了正常工作,平板车在结构上应满足下述要求。

(1)结构轻便但要有足够的强度和刚度。

(2)行驶平稳、转弯灵活。

(3)能随牵引车沿同一车辙行驶,以便于驾驶员控制和减小行驶阻力。

(4)便于接挂和脱开。

根据这些要求,平板车的车身一般都用钢材(板、型材钢等)焊接而成,车轮全部做成转向轮,各车轮间用连杆相连以便动作协调一致。平板车的摘挂钩大多做成自动或半自动的,方便随时挂脱。

图 3-11　平板车

平板车按轮胎形式不同,可分为气胎式和硬胎式两种;按转向形式不同,可分为全轮转向和前轮转向。全轮转向的平板车具有较小的转弯半径,且遵循牵引车的运行轨迹行驶。但在多个拖挂车的直线行驶状态下,较易产生蛇行现象。

【思考题】

1. 如何根据不同的使用条件来选择手推车?
2. 半自动液压托盘搬运车有什么特点?主要参数有哪些?
3. 半自动堆高车有什么主要特点?主要参数有哪些?
4. 牵引车有什么作用?
5. 平板车的结构有什么特点?

第四章　起重机械

【学习目标】 了解起重机械的概念、特点及分类，掌握一些典型起重机械的组成及选用，了解起重机械常见的安全事故及防范措施。

第一节　起重机械的概念、特点及分类

一、起重机械的概念

起重机械是一种以间歇的作业方式对物料进行起升、下降和水平移动的装卸设备。

在物流作业中常用的起重机械是周期性间歇动作的机械。以吊钩起重机为例，它的工作程序通常是，空钩下降至装货点、货物挂钩、把货物提升和运送到卸货点、卸货、空钩返回原来位置准备第二次吊货。在它每吊运一次货物的一个工作循环中都包括载货和空返的行程。

二、起重机械的特点

起重设备通常结构庞大，机构复杂，能完成起升运动、水平运动。例如，桥式起重机能完成起升、大车运行和小车运行 3 个运动；门座起重机能完成起升、变幅、回转和大车运行 4 个运动。在作业过程中，常常是几个不同方向的运动同时操作，技术难度较大。

起重设备所吊运的重物多种多样，载荷是变化的。有的重物重达几百吨乃至上千吨，有的物体长达几十米，形状也很不规则，有散粒、热熔状态、易燃易爆危险物品等，吊运过程复杂而危险。

大多数起重设备，需要在较大的空间范围内运行，有的要装设轨道和车轮（如塔吊、桥吊等）；有的要装上轮胎或履带在地面上行走（如汽车吊、履带吊等）；有的需要在钢丝绳上行走（如客运、货运架空索道），活动空间较大。

有的起重机械需要载运人员直接在导轨、平台或钢丝绳上做升降运动（如电梯、升

降平台等），其可靠性直接影响人身安全。

起重设备暴露的、活动的零部件较多，且常与吊运作业人员直接接触（如吊钩、钢丝绳等），潜在许多偶发的危险因素。

作业环境复杂。从大型钢铁联合企业到现代化港口、建筑工地、铁路枢纽、旅游胜地，都有起重机械在运行；作业场所常常会遇有高温、高压、易燃易爆、输电线路、强磁等危险因素，对设备和作业人员形成威胁。

起重作业中常常需要多人配合，共同进行。一个操作，要求指挥、捆扎、驾驶等作业人员配合熟练、动作协调、互相照应。作业人员应有处理现场紧急情况的能力。多个作业人员之间的密切配合，通常存在较大的难度。

三、起重机械的分类

起重机有多种分类方法。按取物装置和用途分类，有吊钩起重机、抓斗起重机、电磁起重机、堆垛起重机、集装箱起重机和救援起重机等；按运移方式分类，有固定式起重机、运行式起重机、爬升式起重机、随车起重机等；按驱动方式分类，有支撑起重机、悬挂起重机等；按使用场合分类，有车间起重机、仓库起重机、建筑起重机、港口起重机、船上起重机等。

起重机械按其结构、性能不同，可分为小型起重设备、升降机、臂架起重机和桥架起重机四种基本类型。

（一）小型起重设备

轻、小型起重设备的特点是轻便、结构紧凑、动作简单，一般只有一个升降机构，它只能使重物作单一的升降运动。常见的有千斤顶、手拉葫芦（见图 4-1）或电动葫芦（见图 4-2）、绞车、滑车等。

图 4-1　手拉葫芦

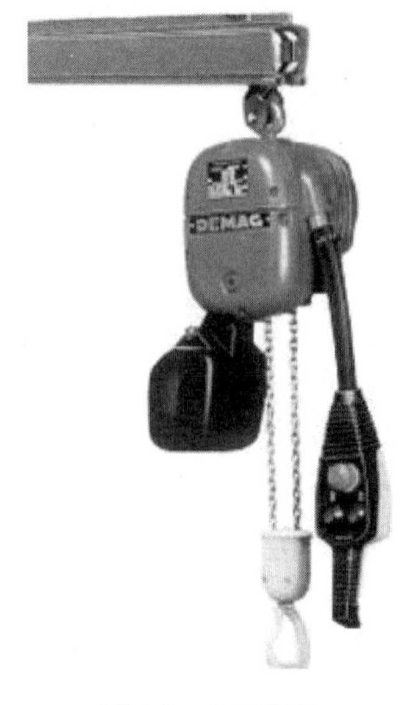

图 4-2　电动葫芦

（二）升降机

升降机是沿导轨载运货物的升降设备，有电梯和缆车等。目前一些多层仓库内装有电梯。缆车由卷扬机牵引载货平台车，铺设在内河物流斜坡码头上的导轨往复运行搬运货物，其结构简单，但装卸效率较低。

（三）臂架起重机

主要利用臂架的变幅、绕垂直轴线回转配合升降货物，使动作灵活，满足装卸要求。其类型可分为固定式、移动式和浮式。

固定式臂架起重机直接安装在墩座上，只能原地工作。其中有的臂架只能俯仰不能回转，有的既可俯仰又可回转。

移动式臂架起重机可沿轨道或在地面上运行，主要有轮胎起重机、门座起重机、汽车起重机、履带起重机、小型起重机等。其中轮胎起重机和门座起重机在港口用得很普遍。汽车起重机和履带起重机是分别安装在汽车底盘或履带车辆底盘上的回转起重机。汽车起重机行驶性能接近于汽车，它的机动性好，适用于分散的装卸地点，但其装卸搬运率较低，不能吊货运行或采用舣绳抓斗装卸敞货，因而在物流中的应用不是很普遍。履带起重机运行速度较低，而爬坡能力较强，和地面接触面积大，可在松软的地面上工作，但对路面有破坏作用，所以一般只用在物流后方货场上。上述轮胎、汽车、履带等移动式起重机又称为流动式起重机。小型起重机，是一种不能变幅的最简单的轮式臂架起重机，靠人力回转、移动或靠其他机械牵引行走，起重量在1吨以内。由于它简单、轻便，主要用于小件货装卸车或库场拆码垛作业。

浮式起重机是安装在专用平底船上的臂架起重机，广泛用于海、河码头的装卸。

（四）桥架起重机

具有小车和大车运行机构，使它可在一个长方形的作业面上工作。属这类的有：用于仓库内的桥式起重机、货场上的龙门起重机、装卸桥等。

以上各类装卸设备虽然型式、性能不同，但基本上都包括金属结构、工作机构及其操纵系统。金属结构是根据物流装卸机械的构造和使用要求，用型钢、钢板、钢管经焊接、铆接或螺栓连接而组成的承载结构，起着支承货载、工作机构、动力设备等的作用，例如起重机的臂架、桥架等结构。工作机构包括动力、传动、制动装置以及实现起重机预定动作所需的工作装置（如起升机构的吊具）。最简单的起重机械只有起升机构。臂架和桥架起重机为了扩大工作范围、增加作业的机动性，一般设有2～4个工作机构，即除起升机构外还根据需要设置变幅、回转、运行机构。这些机构可采取机械、电气或液力、气力的操纵系统。此外，为避免起重机发生事故，还设有一系列的安全装置。

四、起重机械的基本参数

（一）起重量

起重量G，是指被起升重物的质量，单位为千克（kg）或吨（t）。一般分为额定起重量、最大起重量、总起重量、有效起重量等。

1. 额定起重量

额定起重量(Gn),是指起重机能吊起的重物或物料连同可分吊具或属具(如抓斗、电磁吸盘、平衡梁等)质量的总和。对于幅度可变的起重机,其额定起重量是随幅度变化的。

其名义额定起重量,是指最小幅度时,起重机安全工作条件下允许提升的最大额定起重量,也称最大起重量 Gmax。

2. 总起重量

总起重量(Gz),是指起重机能吊起的重物或物料,连同可分吊具和长期固定在起重机上的吊具或属具(包括吊钩、滑轮组、起重钢丝绳以及在臂架或起重小车以下的其他起吊物)的质量总和。

3. 有效起重量

有效起重量(Gp),是指起重机能吊起的重物或物料的净质量。如带有可分吊具抓斗的起重机,允许抓斗抓取物料的质量就是有效起重量,抓斗与物料的质量之和则是额定起重量。

(二)跨度

桥架型起重机运行轨道轴线之间的水平距离称为跨度,用 S 表示,单位为米(m)。

(三)轨距

对于小车来说,轨距为小车轨道中心线之间的距离,用 k 表示。

(四)基距

基距也称轴距,用 B 表示,是指沿纵向运动方向的起重机或小车支承中心线之间的距离。

(五)幅度

起重机置于水平场地时,空载吊具垂直中心线至回转中心线之间的水平距离称为幅度 L。幅度有最大幅度和最小幅度之分。

(六)起重力矩

起重力矩 M 是幅度 L 与其相对应的起吊物品重力 G 的乘积,$M=G \cdot L$。

(七)起重倾覆力矩

起重倾覆力矩 M_A,是指起吊物品重力 G 与其至倾覆线距离 A 的乘积。

(八)轮压

轮压是指一个车轮转递到轨道或地面上的最大垂直载荷,用 P 来表示。单位为牛顿(N)。

(九)起升高度和下降深度

起开高度,是指起重机水平停机面或运行轨道至吊具允许最高位置的垂直距离,用 H 来表示;下降深度是指当取物装置可以放到地面或轨道顶面以下时,其下放的距离

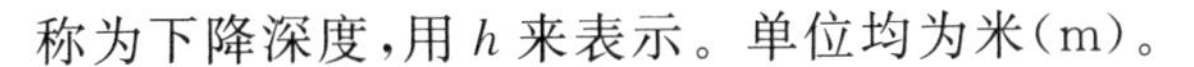
称为下降深度，用 h 来表示。单位均为米(m)。

（十）运行速度 V

起升(下降)速度 V，是指稳定运动状态下，额定载荷的垂直位移速度。单位为米/分(m/min)。

（十一）起重机工作级别

起重机工作级别是考虑起重量和时间的利用程度以及工作循环次数的工作特性。它是按起重机利用等级(整个设计寿命期内，总的工作循环次数)和载荷状态划分的。起重机载荷状态按名义载荷谱系分为轻、中、重、特四级，起重机的利用等级分为U0～U9十级。

起重机工作级别，也就是金属结构的工作级别，按主起升机构确定，分为A1～A8八级。

起重机今后发展的方向是进一步增大起重性能，向大型化发展，扩大作业范围，增加科技含量，实现机电一体化，提高计算机技术应用水平，增强安全可靠性和作业的舒适性。

第二节　典型起重机械

在现代生产中，其中机械不仅在物料运输领域起着重要作用，广泛用于输送、装卸、建筑工程和仓储等作业，也直接参与生产工艺过程。常见的典型起重机械主要有以下几种。

一、桥架式起重机

桥架式起重机的特点是以桥形金属结构作为主要承载构建，取物装置悬挂在可以沿主梁运行的起重小车上。桥架式起重机通过起升机构的升降运动、小车运行机构和大车运行机构的水平运动，在矩形三维空间内完成对物料的搬运作业，可在长方形场地及其上空作业，多用于车间、仓库、露天堆场等处的物品装卸，有梁式起重机、桥式起重机、缆索起重机、运载桥等。下面重点介绍桥式起重机、门式起重机、岸边集装箱装卸桥。

（一）桥式起重机

桥式起重机是桥架在高架轨道上运行的一种桥架型起重机，又称天车。桥式起重机的桥架沿铺设在两侧高架上的轨道纵向运行，起重小车沿铺设在桥架上的轨道横向运行，构成一矩形的工作范围，就可以充分利用桥架下面的空间吊运物料，不受地面设备的阻碍。桥式起重机的特点是可以使挂在吊钩或其他取物装置上的重物实现空间垂直升降或水平运移。桥式起重机广泛地应用在室内外仓库、厂房、码头和露天贮料场等处(见图4-3)。

（二）门式起重机

门式起重机又称龙门吊或龙门起重机，是水平桥架设置在两条支腿上构成门架形状的桥架型起重机，由一个门形金属架构、起升机构、大车运行机构、小车运行机构组

图 4-3 桥式起重机

成，能够在港口、码头及露天货场等场所沿着地面运行，实现货物装卸搬运作业的机械化。如图 4-4 所示。

门式起重机在地面轨道上运行，具有场地利用率高、作业范围大、适应面广、通过性强的特点，主要用于露天贮料场、电站、港口和铁路站场等地进行装卸作业。门式起重机可以在矩形场地及其空间内进行作业，但与桥式起重机不同的是，门式起重机有两端的高支腿，在地面的轨道上行驶。龙门架支承在弹性橡胶轮胎上，在码头堆场上既可作直线行走又可转弯行走，可以从一个堆场转移到另一个堆场进行装卸作业，小车在门架上移动和升降，实现装卸作业。

图 4-4 轮胎式龙门起重机

图 4-5 岸边集装箱装卸桥

（三）岸边集装箱装卸桥

岸边集装箱装卸桥（见图 4-5）是码头装卸集装箱的大型专用设备。通常把跨度大于 35 米、起重量不大于 40 吨的门式起重机称为装卸桥。特点是其起升和小车运行机构是工作性机构，速度较高，起升速度大于 60 米/分，小车运行速度在 120 米/分以上，最高可达 360 米/分，为减少冲击力，在小车上设置减振器。大车运行机构是非工作性机构，

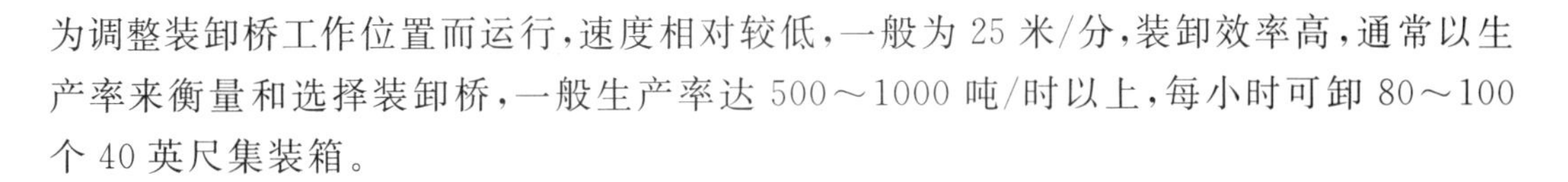
为调整装卸桥工作位置而运行，速度相对较低，一般为 25 米/分，装卸效率高，通常以生产率来衡量和选择装卸桥，一般生产率达 500～1000 吨/时以上，每小时可卸 80～100 个 40 英尺集装箱。

二、臂架式起重机

臂架式起重机的特点与桥式起重机基本相同。可在圆形场地及其上空作业，多用于露天装卸及安装等工作，有门座式起重机、流动式起重机、浮船(式)起重机等。

臂架式起重机包括：起升机构、变幅机构、旋转机构。依靠这些机构的配合动作，可使重物在一定的圆柱形空间内起重和搬运。臂架式起重机多装设在车辆或其他形式的运输(移动)工具上，这样就构成了运行臂架式旋转起重机。如汽车式起重机、轮胎式起重机、塔式起重机、门座式起重机、浮式起重机、铁路起重机等。

(一)门座式起重机

门座式起重机是指可转动的起重装置安装在门形座架上的一种臂架型起重机，以其门形机座而得名，门形座驾的 4 条腿构成 4 个“门洞”，可供车辆通过，如图 4-6 所示。这种起重机多用于造船厂、码头装卸等场所。在门形机座上装有起重机的回转部分，门形机座实际上是起重机的承重部分。门形机座的下面装有运行机构，可在地面设置的轨道上行走。回转部分上装有臂架和起升、回转、变幅机构。四个机构协同工作，可完成设备或船体分段的安装，或者进行货物的装卸作业。门座式起重机是码头最常用的主要岸机，其工作的特点是起升高度大、臂幅大、工作区域大、使用灵活、定位性好、通用性好。

图 4-6　门座式起重机

(二)流动式起重机

流动式起重机一般可分为汽车起重机(汽车吊)、轮胎起重机(轮胎吊)、履带起重机(履带吊)、越野轮胎起重机、全路面起重机、特种起重机等。以下重点介绍前三种。

1. 汽车起重机

汽车起重机是将起重机安装在通用或专用汽车底盘上，底盘性能等同于整车总重的载重汽车，符合公路车辆的技术要求，因而可在各类公路上通行无阻。此种起重机一般备有上、下车两个操纵室，作业时必须伸出支腿保持稳定。起重量的范围很大，8～1000 吨不等，底盘的车轴数，2～10 根不等。汽车起重机是产量最大，使用最广泛的起重机类型(见图 4-7)。

图 4-7　汽车起重机

2. 轮胎起重机

轮胎起重机，起重部分安装在特制的充气轮胎底盘上的起重机，上下车合用一台发动机，行驶速度一般不超过 30 千米/时，车辆宽度也较宽，因此不宜在公路上长距离行驶(见图 4-8)。具有不用支腿吊重及吊重行驶的功能，适用于货场、码头、工地等移动距离有限的场所的吊重作业。由于不用支腿吊重及吊重行驶中经常出现一些事故，目前国内各大吊装公司已经逐渐地取消了吊重行驶功能。轮胎起重机的主要特点是：其行驶驾驶室与起重操纵室合二为一，由履带起重机(履带吊)演变而成，将行走机构的履带和行走支架部分变成有轮胎的底盘，克服了履带起重机(履带吊)履带板对路面造成破坏的缺点，行驶的速度也较履带起重机(履带吊)快；作业稳定、起重量大、可在特定范围内吊重行走，但必须保证道路平整坚实、轮胎气压符合要求、吊离地面不得超过 50 厘米；禁止带负荷长距离行走。为保证作业安全，目前国内基本上已禁止不打支腿进行的吊装作业。汽车起重机与轮胎起重机的区别如表 4-8 所示。

图 4-8　轮胎起重机

表 4-1　汽车起重机与轮胎起重机的区别

项目	汽车起重机	轮胎起重机
底盘	通用汽车底盘或专用汽车底盘	专用底盘
行驶速度	汽车原有速度，一般 50 千米/时以上	≤30 千米/时
起吊性能	吊重时一般不能行走，仅在侧后方工作	能吊重行走 四周方向均能作业
发动机	中小型起重机，用汽车原有发动机作起重的动力，大型起重机需在回转平台上再增加一台发动机	不论大中小型，均用一台发动机，设在回转平台上，或在底盘上，其功率以满足起重作业为主
驾驶室	除汽车原有驾驶室外，回转平台上再设一操纵室	只有一个驾驶室，一般设在回转平台上
行驶性能	转变半径大，越野性差，机动性差，轴荷符合道路运输法规要求	转变半径小、机动性好
使用特点	能经常作较长距离的转移	工作场地固定，在公路上移动较少

3. *履带起重机*

履带起重机是把起重工作装置和设备装设在履带式底盘上的起重机，如图 4-9 所示。履带吊的主要特点是其行驶驾驶室与起重操纵室合二为一、接地面积大、对地面的平均压力较小、稳定性好，可在松软、泥泞地面作业；牵引系数高、爬坡度大、可在崎岖不平的场地上行驶；但履带吊行驶速度慢，且行驶过程要损坏路面，因此转场作业时需要通过平板拖车装运、机动性差。

图 4-9　履带起重机

（三）浮船（式）起重机

浮船（式）起重机是以专用浮船作为支承和运行装置，浮在水上作业，可沿水道自航或拖航的水上臂架起重机。它广泛应用于海河港口，可单独完成船—岸间或船—船间的装卸作业。浮船（式）起重机根据其工作装置的工作特性可分为全回转浮式起重机和非回转浮式起重机两种类型。

全回转浮式起重机是起重装置可绕回转中心线相对浮船作 360°以上连续转动的浮

式起重机。主要用于船舶进行杂货或散货装卸及特种作业等。如图 4-10 所示。

非回转浮式起重机，一般臂架支承在甲板上，有臂架固定式及臂架变幅式，由于其工作性能差，目前已较少采用。如图 4-11 所示。

图 4-10　全回转浮式起重机

图 4-11　非回转浮式起重机

第三节　起重机械常见安全事故及防范

在日常起重作业中，常见的伤害事故有脱钩砸人、钢丝绳断裂抽人、移动吊物撞人、滑车砸人以及倾翻事故、坠落事故、提升设备卷扬事故、起重设备误触高压线或感应带电体触电等。这些事故的原因有多方面，但主要因素有操作因素和设备因素。

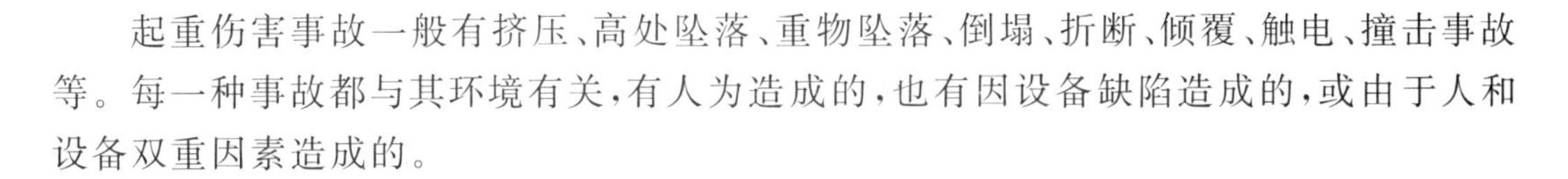

起重伤害事故一般有挤压、高处坠落、重物坠落、倒塌、折断、倾覆、触电、撞击事故等。每一种事故都与其环境有关，有人为造成的，也有因设备缺陷造成的，或由于人和设备双重因素造成的。

一、起重机挤压事故

起重机挤压事故的发生及预防有以下三种情况：一是起重机机体与固定物、建筑物之间的挤压。这种事故多是发生在运行起重机或旋转起重机与周围固定物之间。如桥式起重机的端梁与周围建筑物的立柱、墙之间，塔式起重机、流动式起重机旋转时其尾部与其他设施之间发生的挤压事故等。事故多数由于空间较小，被害者位于司机视野的死角，或是司机缺乏观察而造成的。因此，在起重机与固定物之间要有适当的距离，至少要有 0.5 米的间距，作业时禁止有人通过。二是吊具、吊装重物与周围固定物、建筑物之间的挤压。对此，首先应合理布置场地、堆放重物。货物的堆放应有适当间隙，巨大构件和容易滚动及翻倒的货物要码放合理，便于搬运。其次，应选择适合所吊货物的吊具和索具，合理地捆绑与吊挂，避免在空中旋转或脱落。禁止直接用手拖拉旋转重物，信号指挥人员要按原定的吊装方案指挥。三是起重机、升降机自身结构之间的挤压事故。如检查维修人员在汽车起重机转台与其他构件之间发生的挤压事故。物料升降机中以建筑升降机问题较多，主要是防护装置不全，如无上升限位器、无防护栏杆或无防护门等。防护措施是：操纵卷扬机的位置要得当；没有封闭的吊笼，其通道应该封闭，不准过人；通道入口应设防护栏杆；检修接近上极限装置时，要注意防止撞头；底坑工作时，要注意桥箱和配重落下，避免事故发生。

二、起重作业高处坠落事故

起重机的操纵、检查、维修工作多是高处作业。梯子、栏杆、平台是起重机上的工作装置和安全防护设施。在上述操作地点，都必须按规定装设护圈、栏杆的平台，防止人员坠落；桥箱、吊笼运行时，要注意不准超载；制动器和承重构件，必须符合安全要求；防坠落装置必须可靠；电器设备要有保险装置，并要定期检查，防止事故发生。

三、起重机械吊具或吊物坠落事故的预防

吊物或吊具坠落是起重伤害中数量较多的一种。这类事故的发生，主要是由于绑挂方法不当，司机操作不良，吊具、索具选择不当，起升、超载限制器失灵等造成的。因此，必须加强预防措施：首先，提升高度限位器要保证有效，避免过卷扬事故，司机在作业前要检查提升高度限位器是否有效，失效时应不准启动；其次，要注意检查吊钩是否有磨损或有无裂纹变形，该报废的不准使用；第三，要检查钢丝绳的状况，每班操作前都必须将钢丝绳从头到尾细致地检查一遍，是否有磨损、断丝、断脱，有无显著变形、扭结、弯折等，不符合的要及时更换。

四、起重机倾翻、折断、倒塌事故

倾翻事故多数发生在流动式起重机和沿轨道运行的塔式起重机上。造成事故的原因主要是超载,支护不当,在基础不稳固状态下起吊重物,或负载转弯、超速运行等。预防措施是:起重机司机应该严格执行操作规程,防止麻痹大意;塔式起重机除防止超载外,还要注意按要求配重、压重、铺设轨道和安装合格。

折断、倒塌事故包括结构折断和零部件折断,如吊臂折断、主轴断裂等,这种事故主要是由于超载、机构及零部件的缺陷、违章操作和自然灾害等造成的。每次使用都要对各主要部件和安全装置进行检查,防止由于机械部件的损坏而发生折断倾翻事故。此外,在作业过程中,当风速超过 20 米/秒时,要停止作业。在安装中如果遇到 13 米/秒的刮风、下雨、下雪等恶劣天气,应停止作业。

五、起重机械事故

起重机发生触电事故比较多。一种情况是维修、保养人员在起重机上发生的触电事故,主要是违章带电作业,碰到滑线或线路漏电;或者是保养人员在作业过程中,其他人员不知起重机上有人作业,误合电闸而造成。因此,在维修作业时,必须停电拉闸,且有人监护;同时要注意检查起重机的接地电阻和绝缘电阻,保证接地和绝缘良好。再一种情况是,起重机靠近输电线路造成触电事故。

【思考题】

1. 简述起重机械的类型、特点及应用场合。
2. 门式、桥式起重机械由哪几部分组成?各部分的功用如何?
3. 如何选用门式、桥式起重机械?其主要性能参数有哪些?
4. 汽车起重机和轮胎起重机的主要区别是什么?
5. 起重机械常见安全事故有哪些?
6. 起重机械安全防范措施有哪些?
5. 选择起重机械应考虑的因素有哪些?

第五章　连续输送机械

【学习目的】 了解连续输送机械的特点及分类，熟练掌握和理解连续输送机械的主要技术参数，掌握主要连续输送机械的组成部分和工作特征，了解典型连续输送机械的特点和应用范围。

第一节　连续输送机械的工作特点及分类

一、连续输送机械的概念

连续输送机械也称连续输送设备，是以连续的方式沿着一定的线路从装货点到卸货点均匀输送货物和成件包装货物的机械。

由于连续输送机械可在一个区间内连续搬运大量货物，搬运成本非常低廉，搬运时间比较准确，货流稳定，因此被广泛应用于现代物流系统中。输送机械是生产加工过程中机械化、连续化和自动化的流水作业运输线不可缺少的组成部分，是自动化仓库、配送中心和大型货场的生命线。

二、连续输送机械特点

（一）优点

连续输送机械有以下优点。

(1)可以沿一定的线路不停地输送货物，其工作构件的装载和卸载都是在运动过程中进行的，无须停车，即起制动少；被输送的散货以连续形式分布于承载构件上，输送的成件货物也同样按一定的次序以连续的方式移动。

(2)可采用较高的运动速度，且速度稳定，具有较高的生产率。

(3)在同样生产率下，自重轻，外形尺寸小，成本低，驱动功率小。

(4)传动机械的零部件负荷较低而冲击小。

(5)结构紧凑,制造和维修容易。

(6)输送货物线路固定,动作单一,便于实现自动控制。

(7)工作过程中负载均匀,所消耗的功率几乎不变。

(二)缺点

只能按照一定的路线输送,每种机型只能用于一定类型的货物,一般不适于运输重量很大的单件物品,通用性差;大多数连续输送机械不能自行取货,因而需要采用一定的供料设备。

三、连续输送机械的分类

(一)按安装方式不同分类

依此分为固定式输送机械和移动式输送机械两大类。

1. 固定式输送机械

固定式输送机械(见图 5-1)是指整个设备固定安装在一个地方,不能再移动。它主要用于固定输送场合,如专用码头、仓库中货物移动,工厂生产工序之间的输送,原料的接收和成品的发放等。它具有输送量大、单位电耗低和效率高等特点。

图 5-1　固定式输送机械

图 5-2　移动式输送机械

2. 移动式输送机械

移动式输送机械(见图 5-2)是指整个设备安装在车轮上,可以移动。它具有机动性强、利用率高和能及时布置输送作业达到装卸要求的特点,这类机械输送量不太高,输送距离不长,适用于中小型仓库。

(二)按输送机械结构特点分类

依此分为有挠性牵引构件的输送机械和无挠性牵引构件的输送机械。

1. 有挠性牵引构件的输送机械

有挠性牵引构件(见图 5-3)的输送机械的工作特点是物料或货物在牵引构件的作用下,利用牵引构件的连续运动使货物向一定方向输送。牵引构件是往复循环的一个封闭系统,通常是一部分输送货物,另一部分牵引构件返回,常见的有带式输送机、链式输送机、斗式提升机和悬挂输送机等。

2. 无挠性牵引构件的输送机械

无挠性牵引构件的输送机械(见图 5-4)的工作特点是利用工作构件的旋转运动或

振动，使货物向一定方向运送，它的输送构件不具有往复循环形式。常见的有气力输送机、螺旋输送机和振动输送机等。

图 5-3　有挠性牵引构件的输送机械

图 5-4　无挠性牵引构件的输送机械

（三）按输送货物的种类分类

按输送货物的种类可分为输送件货输送机（见图 5-5）和输送散货输送机（见图 5-6）。

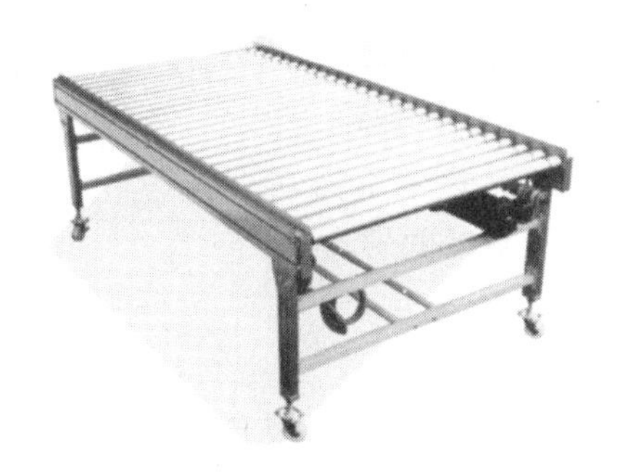

图 5-5　输送件货输送机

图 5-6　输送散货输送机

（四）按输送货物力的形式分类

按输送货物力的形式可分为机械式（见图 5-7）、惯性式（见图 5-8）、气力式（见图 5-9）和液力式（见图 5-10）等几大类。

图 5-7　机械式

图 5-8　惯性式

图 5-9　气力式

图 5-10　液力式

第二节　连续输送机械的主要技术参数

连续输送机械是以连续的方式沿着规定的线路从装料点到卸料点均匀输送物料的

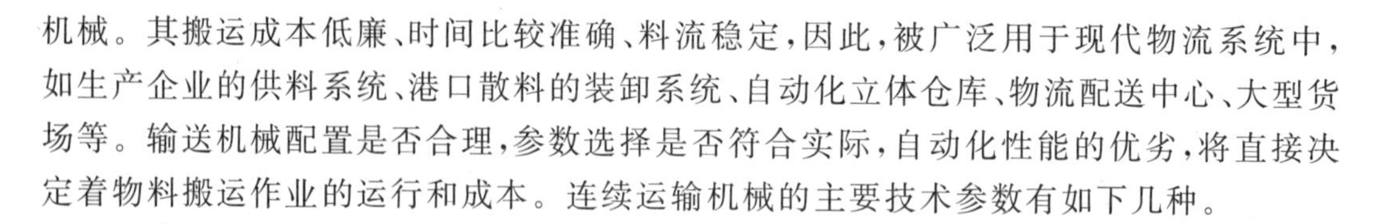

机械。其搬运成本低廉、时间比较准确、料流稳定，因此，被广泛用于现代物流系统中，如生产企业的供料系统、港口散料的装卸系统、自动化立体仓库、物流配送中心、大型货场等。输送机械配置是否合理，参数选择是否符合实际，自动化性能的优劣，将直接决定着物料搬运作业的运行和成本。连续运输机械的主要技术参数有如下几种。

一、生产率

生产率是指输送机在单位时间内输送货物的质量，用 Q 表示，单位为吨/时（t/h）。它是反映输送机械工作性能的主要指标，它的大小取决于输送机械承载构件上每米长度所载物料的质量和工作速度。所有的输送机械生产率均可用下式计算：

$$Q=3.6\times q\times v$$

其中，q 表示单位长度承载构件上货物或物料的质量，单位为千克/米（kg/m）；v 表示输送速度，单位为米/秒（m/s）。

尖峰生产率是指连续输送机械在考虑到物料性能、最大充填系数、最有利的输送布局、最有利的工艺路线及在特定条件下短时间内所能达到的最大生产率。

二、输送速度

输送速度是指被运货物或物料沿输送方向的运行速度。其中，带速是指输送带或牵引带在被输送货物前进方向的运行速度；链速是指牵引链在被输送货物前进方向的运行速度；主轴转速是指传动滚筒转轴或传动链轮轴的转速。

三、充填系数

充填系数是表示输送机承载件被物料或货物填满程度的系数。

四、输送长度

输送长度是指输送机械装载点与卸载点之间的展开距离。

五、提升高度

提升高度是指货物或物料在垂直方向上的输送距离。

此外，还有安全系数、制动时间、启动时间、电动机功率、轴功率和单位长度牵引构件的质量传入点张力、最大动张力、最大静张力、预张力和拉紧行程等技术性能参数。

第三节　典型输送机械

一、带式输送机

（一）带式输送机概述

带式输送机是以封闭无端的输送带作为牵引构件和承载构件的连续输送货物的机

械。输送带的种类很多,有橡胶带、帆布带、塑料带和钢芯带 4 大类,其中以橡胶输送带应用最广。采用橡胶带的输送机一般称为胶带输送机(见图 5-11)。

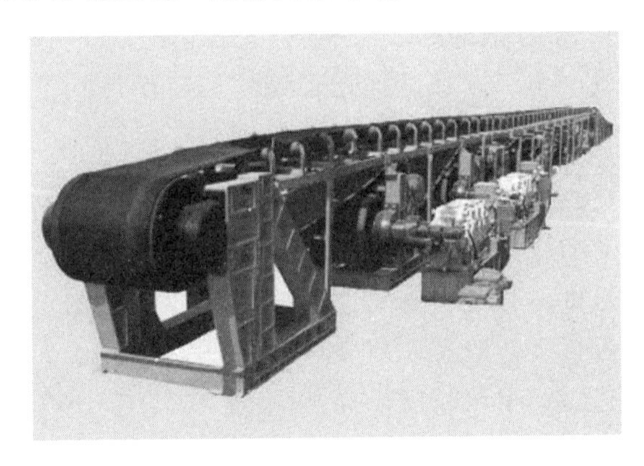

图 5-11 胶带输送机

根据工作需要,带式输送机可做成工作位置不变的固定式输送机或可以运行的移动式输送机,也可做成能改变输送方向的可逆式输送机,还可做成机架伸缩以改变距离的可伸缩式输送机。

带式输送机主要用于水平方向或坡度不大的倾斜方向连续输送散粒货物,也可用于输送重量较轻的大宗成件货物。

(二)带式输送机的特点

输送距离大;输送能力大,生产率高;结构简单,基建投资少,营运费用低;输送线路可以呈水平、倾斜布置或在水平方向、垂直方向弯曲布置,因而受地形条件限制较小,工作平稳可靠;操作简单,安全可靠,易实现自动控制。正是由于其优越的特点,使其应用场所遍及仓库、港口、车站、工厂、煤矿、矿山和建筑工地。但带式输送机不能自动取货,当货流变化时,需要重新布置输送线路,输送角度不大。

(三)带式输送机的一般结构及工作过程

带式输送机由金属结构机架,装在头部的驱动滚筒和装在尾部的改向滚筒,绕过头、尾滚筒和沿输送机全长上安置的上支承托辊、下支承托辊的无端的输送带,以及包括电动机、减速器等在内的驱动装置、装载装置、卸载装置和清扫装置等组成。它的一般结构如图 5-12 所示。

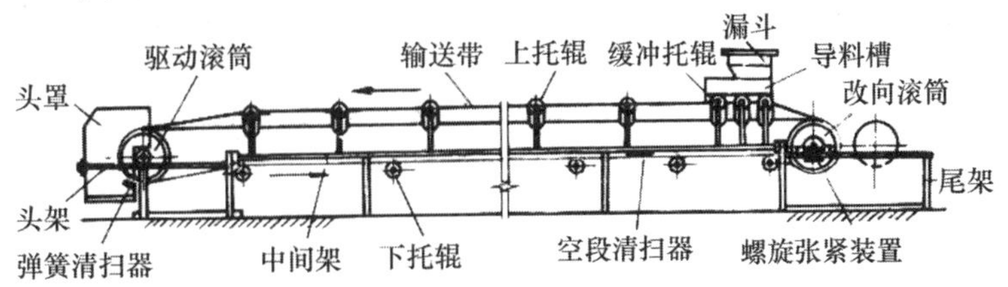

图 5-12 带式输送机

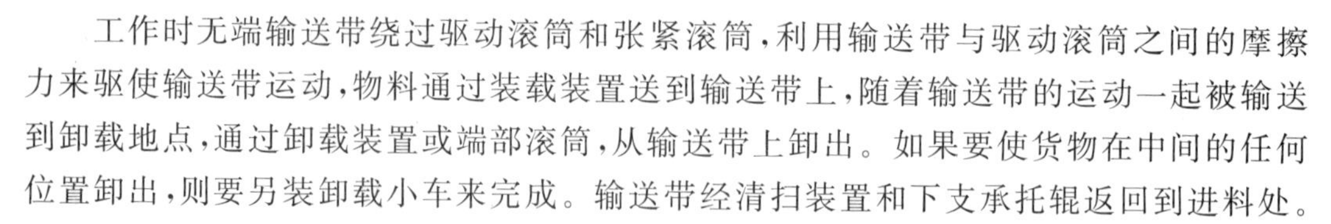

工作时无端输送带绕过驱动滚筒和张紧滚筒，利用输送带与驱动滚筒之间的摩擦力来驱使输送带运动，物料通过装载装置送到输送带上，随着输送带的运动一起被输送到卸载地点，通过卸载装置或端部滚筒，从输送带上卸出。如果要使货物在中间的任何位置卸出，则要另装卸载小车来完成。输送带经清扫装置和下支承托辊返回到进料处。

（四）带式输送机的运用

带式输送机的输送长度受输送带本身强度和运动稳定性限制。输送距离越大，驱动力越大，输送带所承受的张力也越大，输送带的强度要求就越高。当输送距离长时，若安装精度不够，则输送带运行时很容易跑偏成蛇形，使带的使用寿命减短。所以采用普通胶带输送机时，单机长度一般不超过 40 米，采用高强度的夹钢丝绳芯胶带输送机和钢丝绳牵引的胶带输送机，单机长度已高达 10 千米。

带式输送机布置形式有水平式、倾斜式、带凸弧曲线式、带凹弧曲线式和带凸凹弧曲线式 5 种基本形式。在具体使用时，应根据输送工艺的需要进行选择。

带式输送机工作时，首先要检查胶带松紧程度，并进行空载启动以降低启动阻力。其次，所有托辊都应回转，如托辊不转，则会造成胶带运动阻力增大，功率消耗增大，同时，还将造成胶带和托辊严重磨损。因此，应经常检查托辊回转情况，及时消除发现的故障。再次，带式输送机的进料必须保持均匀；带式输送机必须在停止进料且机上物料卸完后才能停机。如中途突然停机，在事故排除后，应卸下带上的物料，再启动；多台带式输送机联合工作，开机从卸料端那台输送机开始启动，停机时先停止进料，从进料端那台输送机关机，开始停止输送机工作，然后逐一向前停机。如中间某台机器发生故障，则应先停止进料、停止进料端的输送机，进行维修，否则就会造成物料的堵塞。最后，带式输送机不使用时，应盖上油布，防止日晒、夜露和雨淋致使输送机腐蚀和生锈。若较长时间不使用，调松胶带，入库保存。

（五）带式输送机的类型

1. 气垫带式输送机

气垫带式输送机用托槽与输送带之间的一定厚度的空气层作为滑动摩擦的“润滑剂”，使运动阻力减小。

2. 磁垫带式输送机

利用磁铁的磁极同性相斥、异性相吸的原理，将胶带磁化成磁弹性体，则此磁性胶带与磁性支承之间产生斥力，使胶带悬浮。磁垫带式输送机的优点在于它在整条带上能产生稳定的悬浮力，工作阻力小且无噪声，设备运动部件少，安装维修简单。

3. 封闭型带式输送机

在托辊带式输送机的基础上加以改进，输送带改成圆管状（或三角形、扁圆形等）断面的封闭型带，托辊采用多边形托辊组环绕在封闭带的周围。其最大的优点是可以密闭输送物料，在输送途中物料不飞扬、洒落，从而减少污染。

二、刮板式输送机

(一)刮板式输送机的结构组成与工作原理

刮板式输送机的结构组成与工作原理如图5-13所示。在牵引构件(链条)上固定着刮板,并一起沿着机座槽运动。牵引链条环绕着头部驱动链轮和尾部张紧链轮,并由驱动链轮来驱动,由张紧链轮进行张紧。被输送的物料可以在输送机长度上的任意一点装入敞开槽内并由刮板推动前移。输送机的卸载同样可以通过槽底任意一点所打开的洞孔来进行,这些洞孔是用闸门关闭的。刮板输送机分为上下工作分支,上工作分支供料比较方便,可在任何位置将物料供入敞开的导槽内;具有下工作分支的输送机在卸料方面较为方便,因为物料可以直接通过槽底的洞孔卸出。

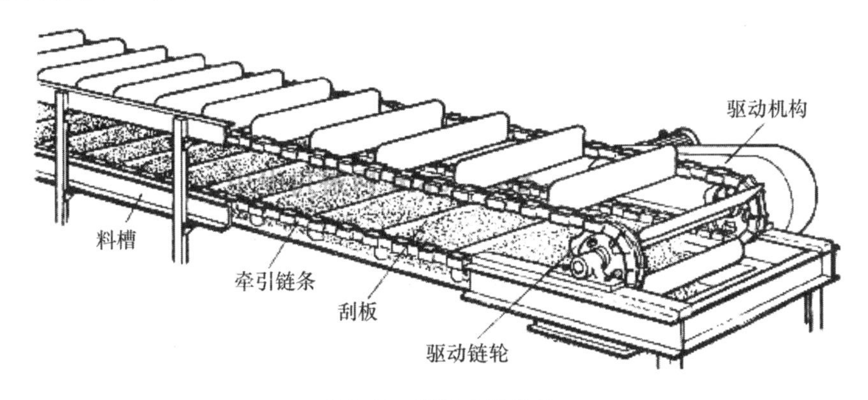

图5-13　刮板式输送机

(二)刮板式输送机的特点与适用范围

刮板式输送机的主要优点是:结构简单,当两个分支同时成为工作分支时,可以同时向两个方向输送物料,可同时方便地沿输送机长度上的任意位置进行装载和卸载;可以用来输送各种粉末状、小颗粒和块状的流动性较好的散粒物料。它的缺点是:物料在输送过程中会被碾碎或者挤压碎,所以,不能用来输送脆性物料。

由于物料与料槽及刮板与料槽的摩擦(尤其是输送摩擦性大的物料时),会使料槽和刮板的磨损加速,同时也增大了功率的消耗。因此,刮板输送机的长度一般不超过60米,而生产率不超过200吨/时。只有在采煤工业中,当生产率在100～150吨/时的情况下,其输送机的长度可达到100米。

三、埋刮板式输送机

(一)埋刮板式输送机的结构组成与工作原理

埋刮板式输送机如图5-14所示,是由刮板式输送机发展而来的,但其工作原理与刮板输送机不同,在其机槽中,物料不是一堆一堆地被各个刮板刮运向前输送的,而是以充满机槽整个断面或大部分断面的连续物料流形式进行输送。

由于刮板链条埋在被输送的物料之中,与物料一起向前移动,故称为埋刮板式输送

图 5-14　埋刮板输送机

机。刮板链条既是牵引构件，又是带动物料运动的输送元件，因此，它是埋刮板式输送机的核心部件。

埋刮板式输送机除了可以进行水平、倾斜输送和垂直提升之外，还能在封闭的水平或垂直平面内的复杂路径上进行循环输送。

埋刮板式输送机的工作原理是利用散粒物料具有内摩擦力以及在封闭壳体内对竖直壁产生侧压力的特性，来实现物料的连续输送。在水平输送时，由于刮板链条在槽底运动，刮板之间物料被拖动向前成为牵引层。当牵引层物料对其上的物料层的内摩擦力大于物料与机槽两侧壁间的外摩擦力时，上层物料就随着刮板链条向前运动。

在垂直输送时，机槽内的物料不仅受到刮板向上的推力和下部不断供入的物料对上部物料的支撑作用，同时，物料的侧压力会引起运动物料对周围物料产生向上的内摩擦力。

当以上的作用能够克服物料与槽壁间外摩擦力及物料自身的重力作用时，物料就形成连续整体的物料流随刮板链条向上输送。

（二）埋刮板式输送机的适用范围

埋刮板式输送机既适用于水平或小倾角方向输送物料，也可以向垂直方向输送。水平输送距离最大为 80～120 米，垂直提升高度为 20～30 米，通常用在生产率不高的短距离输送中。

所运送的物料以粉状、粒状或小块状物料为佳，物料的湿度以用手捏团后仍能松散为度；不宜输送磨损性强、块度大、黏性大和腐蚀性大的物料，以避免对设备造成损伤。

埋刮板式输送机结构简单可靠，体积小，维修方便，进料卸料简单。埋刮板式输送机分为普通型和特殊型。普通型埋刮板式输送机用于输送物料特性一般的散粒物料，而特殊型埋刮板输送机用于输送有某种特殊性能的物料。

四、螺旋输送机

（一）螺旋输送机的应用场合和特点

螺旋输送机（见图 5-15）是利用带有螺旋叶片的螺旋轴的旋转，使物料产生沿螺旋面的相对运动，物料受到料槽或输送管臂的摩擦力作用不与螺旋一起旋转，从而将物料轴向推进，实现物料输送的机械。

螺旋输送机分慢速（转速不超过 200 转/分）和快速（转速超过 200 转/分）两种；按

图 5-15　螺旋输送机

结构形式又分为固定式和移动式两种。固定式输送机一般属慢速输送机，它可以进行输送距离不太长的水平输送或低倾角的输送，通常用于车间内，稳步作短距离的水平输送；移动式输送机一般属快速输送机，它可完成高倾角和垂直输送，通常用于物料出仓、装卸和灌包等作业。

螺旋输送机的输送量一般为 20～40 米^3/时，最大可达 100 米^3/时，广泛用于各行业中，主要用于输送各种粉状、粒状和小块状物料，所输送的散粒物料有谷物、豆类和面粉等粮食产品，太泥、黏土和沙子等建筑材料，盐类、碱类和化肥等化学品，以及煤、焦炭和矿石等大宗散货。螺旋输送机不宜输送易变质、黏性大、块度大及易结块的物料。除了输送散粒物料外，亦可利用螺旋输送机运送各种成件物品。螺旋输送机在输送物料的同时，可完成混合、搅拌和冷却等作业。

螺旋输送机具有以下特点：结构比较简单，成本较低；工作可靠，维护管理方便；尺寸紧凑，占地面积小；能实现密封输送，有利于输送易飞扬、炽热及气味强烈的物料；装载卸载方便；单位能耗较大；物料在输送中容易磨损及研碎，螺旋叶片和料槽的磨损也较为严重。

（二）螺旋输送机的组成

螺旋输送机由固定的料槽与在其中旋转的具有螺旋叶片和轴的旋转体所构成。轴由两端轴承和中间的悬挂轴承所支承，螺旋体通过传动轴由电动机驱动。物料由进料口进入机槽以滑动方式作轴向运动，直至卸料口卸出。如图 5-16 所示。

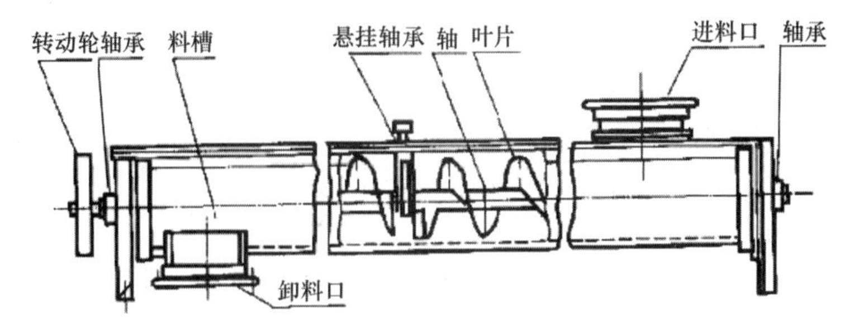

图 5-16　螺旋输送机

在水平螺旋输送机中，料槽的摩擦力是由物料自重力引起的；而在垂直螺旋输送机中，输送管壁的摩擦力主要是由物料旋转离心力所引起的。

五、气力输送机

（一）气力输送机的应用场合和特点

气力输送机（见图 5-17）是采用风机使管道内形成气流来输送散粒物料的机械。它的输送原理是将物料加到具有一定速度的空气气流中，构成悬浮的混合物，通过管道输送到目的地，然后将物料从气流中分离出来卸出。

图 5-17 气力输送机

气力输送机主要用于输送粉状、粒状及块度不大于 30 毫米的小块物料，有时也可输送成件物品。对于不同物料，应选择不同的风速，既要保证物料在管道内成悬浮状态，不堵塞管道，又要尽可能多地输送物料，做到既经济又合理。

气力输送机的优点是：可以改善劳动条件，提高生产效率，有利于实现自动化；可以减少货损，保证货物质量；结构简单，没有牵引构件；生产率较高，不受管路周围条件和气候影响；输送管道能灵活布置，适应各种装卸工艺；有利于实现散装运输，节省包装费用，降低成本。

气力输送机的缺点是：动力消耗较大，噪声大；被输送物料有一定的限制，不宜输送潮湿的、黏性的和易碎的物料；在输送磨损性大的物料时，管道等部件容易磨损。当前输送机的生产率可达 4000 吨/时，输送距离达 2000 米，输送高度可达 100 米。

（二）气力输送机的种类

气力输送机主要由送风装置（抽气机、鼓风机或气压机）、输送管道及管件、供料器、除尘器等组成。物料和空气的混合物能在管路中运动而被输送的必要条件是，在管路两端形成一定的压力差。按压力差的不同，气力输送机可分为吸送式、压送式和混合式三种。

1. 吸送式气力输送机

它可以装多根吸料管同时从多处吸取物料，但输送距离不能过长。由于真空的吸力作用，供料装置简单方便，吸料点不会有粉尘飞扬，对环境污染小，但对管路系统密封性要求较高。此外，为了保证风机可靠工作和减少零件的磨损，进入风机的空气必须除尘。

2.压送式气力输送机

它可实现长距离的输送,生产效率较高,并可由一个供应点向几个卸料点输送,风机的工作条件较好。但要把物料送入高于外界大气压的管道中,供料器比较复杂。

3.混合式气力输送机

它综合了吸送式和压送式气力输送机的优点,吸取物料方便且能较长距离输送;它可以由几个地点吸取物料,同时向几个不同的目的地输送,但结构比较复杂。

【思考题】

1.连续输送机有哪些特点?

2.连续输送机分哪几大类?

3.典型连续输送机有哪几种?各适用于哪些场所?

第六章　堆垛设备

【学习目标】　了解堆垛机的基本概念、特点和分类，了解巷道式堆垛机、桥式堆垛机的结构和使用范围，熟练巷道式堆垛机、掌握桥式堆垛机的主要技术参数及含义，掌握选用堆垛机的原则。

第一节　堆垛机的概念、特点和分类

一、堆垛机的概念

堆垛机是立体仓库中的主要起重运输设备，是随立体仓库发展起来的专用起重机械设备。运用这种设备的仓库最高可达 40 多米，大多数在 10～25 米之间。堆垛机的主要用途是在立体仓库的巷道间来回穿梭运行，将位于巷道口的货物存入货格，或将货格中的货物取出运送到巷道口。这种设备只能在仓库内运行，还需配备其他设备让货物出入库。

二、堆垛机的特点

堆垛机减轻了工人的劳动强度，提高了仓库的利用率和周转率，它具有如下特点。

(1) 堆垛机的整机结构高而窄，适合在巷道内运行。

(2) 堆垛机有特殊的取物装置，如货叉、机械手等。

(3) 堆垛机的电力控制系统具有快速、平稳和准确的特点，保证能快速、准确、安全地取出和存入货物。

(4) 堆垛机具有一系列的连锁保护措施。由于工作场地窄小，稍不准确就会库毁人亡，所以堆垛机上配有一系列机械的和电气的保护措施。

三、堆垛机的分类

堆垛机有以下几种分类方式。

（一）按堆垛机起升高度不同可分为高层型、中层型、低层型

高层型是指起升高度在 15 米以上的堆垛机，主要用于一体式的高层货架仓库中；中层型是指起升高度在5～15米之间的堆垛机；低层型是指起升高度在 5 米以下的堆垛机，主要用于分体式高层货架仓库和简易立体仓库中。

（二）按堆垛机有无轨道可分为有轨堆垛机和无轨堆垛机

有轨堆垛机是指堆垛机工作时沿着巷道内的轨道运行，其工作范围受轨道的限制，须配备出入库设备；而无轨堆垛机顾名思义是没有轨道的堆垛机，又称高架叉车，没有轨道限制，工作范围较大。

（三）按堆垛机自动化程度不同可分为手动、半自动和自动堆垛机

手动和半自动堆垛机上带有司机室，由人工操作控制堆垛机；而自动堆垛机可实现无人操作，由电脑自动控制堆垛机的整个操作过程，实现自动寻址，自动完成取出或存入作业。

（四）按堆垛机的用途不同可分为巷道式堆垛机和桥式堆垛机两种

巷道式堆垛机是在高层货架的窄巷道内作业的起重机。桥式堆垛机具有起重机和叉车的双重结构特点，像起重机一样，具有桥架和回转小车。桥架在仓库上方运行，回转小车在桥架上运行。同时，桥式堆垛机具有叉车的结构特点，即具有固定式或可伸缩式立柱，立柱上装有货叉或其他取物装置。

第二节　巷道式堆垛机

一、巷道式堆垛机的特点和分类

巷道式堆垛机的整机可以沿货架水平方向移动，载货平台可以沿堆垛机支架上下垂直移动，载货平台的货叉可借助伸缩机构向平台的左右方向移动，这样可实现所存取货物的三维移动，且操作简便。巷道式堆垛机具有如下特点。

(1) 电气控制方式有手动、半自动、单机自动及计算机控制，可任意选择一种电气控制方式。

(2) 大多数堆垛机采用变频器调速，光电认址，具有调速性能好，停准精度高的特点。

(3) 采用安全滑触式输电装置，保证供电可靠。

(4) 运用过载松绳，断绳保护装置确保工作安全。

(5) 配移动式工作室，室内操作手柄和按钮布置合理，座椅舒适。

(6) 堆垛机机架重量轻，抗弯、抗扭刚度高。起升导轨精度高，耐磨性好，可精确

调位。

(7) 可伸缩式货叉减小了对巷道的宽度要求，提高了仓库面积的利用率。

巷道式堆垛机按有无轨道可分为有轨巷道堆垛机和无轨巷道堆垛机，它们各有千秋，选用时主要考虑经济条件和仓库的规模。另外在立体仓库中使用较多的还有一种设备就是叉车，在此放在一起做一个比较。它们的主要性能特点比较如下(见表 6-1)。

表 6-1　有轨巷道堆垛机、无轨巷道堆垛机和叉车的性能特点比较

设备名称	巷道宽度	操作高度	操作灵活性	自动化程度	价格
有轨巷道堆垛机	最小	＞12 米	受轨道的限制，只能在高层货架内操作，须配备出、入库设备	可手动、半自动、自动和远距离集中控制	高
无轨巷道堆垛机	中	5～12 米	可服务于两个以上的巷道操作，并可完成出入库作业	可手动、半自动、自动和远距离集中控制	中
普通叉车	最大	＜5 米	只要巷道宽度够，来去自由	一般手动操作，自动化程度低	低

巷道式堆垛机按用途可分为单元型巷道堆垛机和拣选型巷道堆垛机。单元型巷道堆垛机是以托盘单元或货箱单元进行出入库作业，可手动、半自动和自动控制，自动控制时堆垛机上无司机，可用于“货到人”式拣选作业(“货到人”式是设备由计算机控制自动拣选货物并运出仓库)。拣选型巷道堆垛机是由在堆垛机上的操作人员从货架内的托盘单元或货物单元中取少量货物，进行出库作业，一般为手动或半自动控制，机上有司机室，用于“人到货”式拣选作业(“人到货”式是操作人员在堆垛机上，由人来拣选货物)。

二、有轨巷道堆垛机的结构和性能参数

有轨巷道堆垛机(stacker crane)是用在立体仓库中负荷单元的存取搬运设备，按照应用巷道数量可分为直道型(一个巷道一台)、转弯型(两个或三个巷道一台)、转轨型(三个以上巷道一台)。按照载荷重量可分为轻型、中型和重型堆垛机。按支承形式可分为地面支承型、悬挂型和货架支承型(见图 6-1)。按结构可分为单立柱、双立柱型巷道堆垛机(见图 6-2 和图 6-3)。它们各自的性能特点(见表 6-2)。

图 6-1　有轨巷道堆垛机

（一）有轨巷道堆垛机的结构

有轨巷道堆垛机由机架、司机室、起升装置、运行机构、载货台、存取货机构、电气控制系统、安全保护装置与措施等组成。

1. 机架

机架由立柱部件、上横梁部件和下横梁部件组成。

立柱部件又由立柱、拖链支板和机械挡块等构成。立柱包括上、下法兰及导轨，用工字钢和钢板焊接成箱式结构，用冷拉扁钢作升降道轨，耐磨性好，抗弯抗扭强度大。上横梁部件由上横梁、上导轮支架、上导轮及滑轮组等组成。下横梁部件由下横梁、聚氨酯缓冲器等组成。上、下横梁部件与立柱间通过法兰用高强度螺栓联结，使整个机架牢固结实。

2. 司机室

司机室装在载货台上，室内有电气操作柜、照明灯和座椅。司机室通过导向装置相对于载货台运动，使操作人员能够很清楚地看到货物，从而降低了出错率。

图 6-2　单立柱型巷道堆垛机

3. 起升装置

起升装置可以由电动机、制动器、减速器、链轮或柔性件等组成，常用的柔性件有钢丝绳和起重链等。用钢丝绳作柔性件质量轻、噪声小、工作安全；用起重链作柔性件结构比较紧凑。堆垛机上常用的减速机有蜗轮蜗杆减速机和行星齿轮减速机。起升速度应备有低档低速，主要用于平稳停准以及取、放货物时，货叉和载货台作极短距离的升降。

4. 运行机构

常用的运行机构有地面行走式的地面支承型、上部行走式的悬挂型和货架支承型。地面行走式用 2～4 个车轮在地面单轨或双轨上运行，立柱顶部设有导向轮。上部行走式

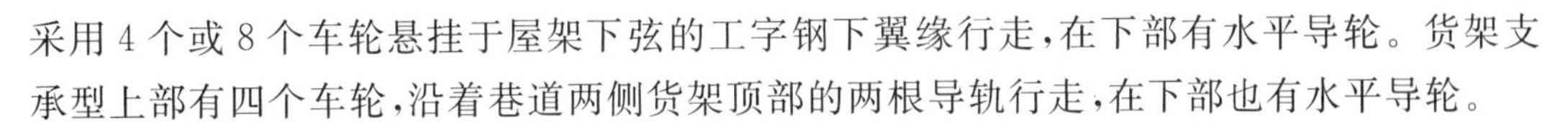

采用4个或8个车轮悬挂于屋架下弦的工字钢下翼缘行走，在下部有水平导轮。货架支承型上部有四个车轮，沿着巷道两侧货架顶部的两根导轨行走，在下部也有水平导轮。

5. 载货台

载货台是货物的承载装置。对于拣选式堆垛机载货台上不设存取货装置，而只放置盛货容器，一般的堆垛机上都有存取货装置。载货台由导轮架、载货台体、导向座、支撑轮装置及滑轮组等组成。其上部有存取货装置、司机室、升降认址装置、起升的主侧导向轮，断绳装置和货物位置异位检测装置等。

表 6-2　有轨巷道堆垛机的分类、特点和用途

	类型	特点	用途
按结构分类	单立柱型巷道堆垛机	①机架结构有一根立柱，上横梁和下横梁组成一个矩形框架 ②结构刚度比双立柱差	适用于起重量在2吨以下，起升高度在16米以下的仓库
	双立柱型巷道堆垛机	机架结构有两根立柱，上横梁和下横梁组成一个矩形框架 ①结构刚度比较好 ②质量比单立柱大	①适用于各种起升高度的仓库 ②一般起重量可达5吨，必要时还可以更大 ③可用于高速运行
按支承方式分类	地面支承型巷道堆垛机	①支承在地面铺设的轨道上，用下部的车轮支承和驱动 ②上部导轮用来防止堆垛机倾倒 ③机械装置集中布置在下横梁，易保养维修	①适用于各种高度的立体库 ②适用于起重量较大的仓库 ③应用广泛
	悬挂型巷道堆垛机	①在悬挂于仓库屋架下弦装设的轨道下翼沿上运行 ②在货架下部两侧铺设下部导轨，防止堆垛机摆动	①适用于起重量和起升高度较小的小型立体仓库 ②使用较少 ③便于转巷道
	货架支承型巷道堆垛机	①支承在货架顶部铺设的轨道上 ②在货架下部两侧铺设下部导轨 ③货架应具有较大的强度和刚速	①适用于起重量和起升高度较小的立体仓库 ②使用较少

6. 存取货机构

存取货机构是堆垛机存取货物的执行机构，装在载货台上。存取货机构采用三级直线差动式伸缩货叉，由上叉、中叉、下叉及起导向作用的滚针轴承等组成，以减少巷道的宽度且使之具有足够的伸缩行程；采用三相异步电动机和摆线针轮减速器，结构紧凑，重量轻，并且在电动机的输出转子端装有离合器，以防止货叉伸缩时卡住或遇障碍而损坏货叉和电动机。货叉完全伸出后，其长度一般为原来的两倍以上。货叉行程通过行程开关控制。

7. 电气控制系统

(1)控制方式

现代的机械电气控制一般有四种：手动、半自动、全自动和远距离集中控制，有轨巷道堆垛机也有这四种方式。

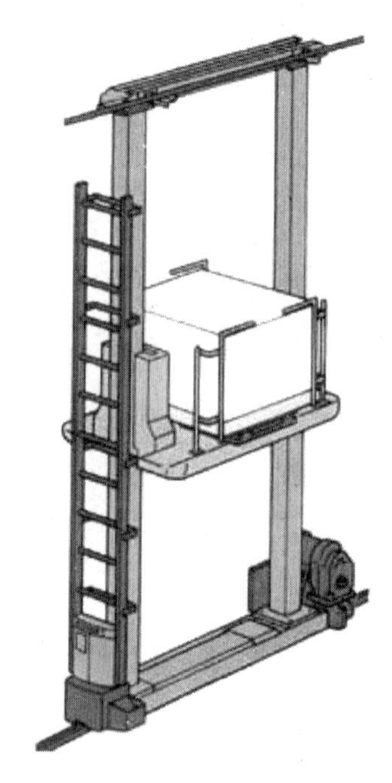

图 6-3　双立柱型巷道堆垛机示意

①手动控制方式

运用手动操作完成货物的存取作业。运行速度慢，用于出入库频率不高，规模不大的仓库。

②半自动化控制方式

其控制设备除手动操纵器外，一般还设有简单的继电器逻辑控制装置。除自动停准功能外，能自动换速、自动认址、自动完成货叉伸缩存取货物的功能。适用于出入库比较频繁，规模不大的仓库。

③全自动控制方式

在机上便于地面操作的部位装有设定器，操作人员站在巷道口的地面，通过机上设定器，设定出入库作业方式和地址等数据，启动后堆垛机自动运行。适用于出入库频率高，堆垛机台数不多且未配置输送机的中小规模(货位一般不超过 2000 个)的仓库。

④远距离集中控制方式

设定器安装在地面集中控制室内，操作者通过设定器设定出入库地址和作业方式，并输入到地面或机上的控制装置(计算机)中，经过计算和判断，发出堆垛机运行的控制命令，实现堆垛机的远距离集中控制。适用于出入库频繁、规模大、有多台堆垛机和输送机、仓库容量(货格在 2000 个以上)较大的仓库，特别是低温、黑暗等特殊环境的仓库。仓库内实现无人化操作，可以节省人力，改善劳动条件，提高仓库作业效率，缺点是初期投资和维护费用较高。

(2)自动认址和定位

自动控制的堆垛机必须具有自动认址系统。自动认址系统有数字式和非数字式两

种，而数字式认址系统又可以分为相对数字认址系统和绝对数字认址系统。

①相对数字认址系统

每个货格有一个列号和一个层号。当操作人员输入货格地址时，计数器里就记下了目的地地址的列数和层数，从中减去堆垛机在接受这个命令时所处位置的列数和层数后，其差值就分别代表堆垛机从目前所处位置走到目的地地址需要沿巷道纵向经过的列数和沿垂直方向经过的层数。堆垛机沿巷道运行时，每经过1个货列就计1个数，计够了一定数(离目的地的距离较近)时就减速，到达目的地后就停驻。在货台升降时，也用同样的方法认址。

②绝对数字认址系统

每一个货位的列数和层数分别用编码表示。堆垛机运行时就用相应的检测装置，对标号牌进行读数，检测所在的实际地址，然后送入地址运算程序与目的地地址比较，当其差值为一定数值时即进行减速，差值为零时，发出机构停业信号。

③非数字式认址系统

在每个货格前装一个发号元件(如干簧管)。当堆垛机来到目的地地址前时，磁场使堆垛机上的检测元件动作，堆垛机即能确认已经到了目的地，自动停止完成存取货作业。

8.安全保护装置与措施

(1)运行保护

①在运行和升降方向，距终端开关一定距离处设强迫减速开关，以确保及时减速和停驻(限位器装置)。

②货叉伸缩机构只有在堆垛机运行机构不工作和起升机构不工作时才能启动。反之，如果货叉离开中央位置，堆垛机运行机构便不能启动，而起升机构只能以慢速工作(运动互锁装置)。

(2)钢丝绳过载和松弛保护

当载货台上承受载荷超过最大或最小允许值时，通过钢丝绳的拉力大小，调节装置中的弹簧产生不同行程，从而切断起升装置电机电源，让装置及时停止运转(过载保护装置)。

(3)钢丝绳断绳保护

断绳保护装置是由螺杆、压缩弹簧、左右安全钳及连杆机构等组成。一旦钢丝绳断裂，保护装置便夹紧在起升导轨上，从而保证载货台在断绳时不致坠落。

(4)下降超速保护

不论什么原因，一旦载货台下降发生超速现象时，下降超速保护装置立刻将载货台夹住，不再下行。

(5)其他保护装置和措施

①货格虚实探测装置：在入库作业中，货叉将货物单元存入货格之前，先用一个机械的、光电的或超声波的探测装置检查一下该货格内有无货物，如果无货，则伸出货叉将货物存入货格；否则，就报警停止进行后续的动作。

②空出库检测：在出库作业中货叉伸进货格完成取货动作之后，如果在货位上检测不到货物信息，则报警。

③伸叉受堵保护:货叉伸出受堵时,伸缩机构传动系统中装设的安全离合器打滑进行保护。如果延续一定时间后,货叉尚未伸到头,即报警。

④货物位置和外形检测:如果货物单元在载货台上位置偏差超过一定限度,或者倒塌变形,检测装置便报警,堆垛机不能继续工作。

⑤堆垛机停准后才能伸货叉。

⑥货叉在货格内作微升降时,用检测开关限制微升降行程或限制其动作时间,以防止货叉微升降过度,损坏货物、机构或货架。

(二)有轨巷道堆垛机的性能参数

不同的厂家,不同的产品型号,它们的性能参数各不相同,在此只是举例说明(见表 6-3)。

表 6-3　有轨巷道堆垛机的性能参数

型式	轻型巷道堆垛机	中型巷道堆垛机	重型巷道堆垛机
货物类型	周转箱	货箱单元；托盘单元	托盘单元
起重量(千克,吨)	20；40；50；80；100；200(千克)	250；500；750；1000；1500(千克)	2.0；2.5；3.0(吨)
整机高度(米)	≤ 20	≤ 30	≤ 15
托盘尺寸(毫米,米)	300×400;400×600;600×800(毫米或定制)	1.0×0.8,1.2×1.0,1.2×1.2(米或定制)	定制
结构形式	单立柱	单立柱	单立柱、双立柱
货叉类型	单货叉	单货叉、双货叉、多货叉	双货叉、多货叉
水平运行速度(米/分)	0～240(变频调速)	0～180(变频调速)	0～160(变频调速)
起升速度(米/分)	0～60(变频调速)	0～50(变频调速)	3.3/20(双速)或0～40(变频调速)
货叉伸缩速度(米/分)	0～30(满载)/40(空载)	0～20(满载)/40(空载)	0～20(满载)/40(空载)
导电方式	安全滑触线	安全滑触线	安全滑触线
通信方式	远红外通信	远红外通信，载波通信	远红外通信，载波通信
信息传输	现场总线	串口通信,现场总线	串口通信，现场总线
控制方式	手动,半自动,单机自动,联机自动		
调速方式	开环调速,闭环调速	开环调速,闭环调速	开环调速，闭环调速
出入库方式	拣选式,单元式,混合式	拣选式,单元式,混合式	单元式
定位方式	激光测距＋旋转编码，光电认址	激光测距＋旋转编码，光电认址	激光测距＋旋转编码,光电认址
定位精度(毫米)	±3,±5	±3,±5	±3,±5

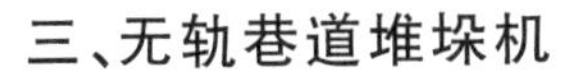

三、无轨巷道堆垛机

（一）无轨巷道堆垛机

无轨巷道堆垛机(rack fork)的特性：无轨巷道堆垛机又称高架叉车，是专门用于窄巷道自动化仓库的堆垛设备。它是在前移式叉车基础上发展起来的，是一种变型叉车。其最大堆放高度可达 12 米，主要用于高度小于 12 米，作业不太频繁的仓库，既保留了叉车的一些特性，又发展了适用于在高货架巷道中工作的性能，具有如下特性。

(1) 无轨巷道堆垛机采用多节门架，起升高度比一般叉车高，但比普通堆垛机所能达到的高度低得多。

(2) 备有特殊的货叉机构，其货叉不仅能单独侧移、旋转，而且也能侧移与旋转联动，从而大大缩小了仓库巷道宽度，能有效地利用仓库面积。所需巷道宽度比一般叉车窄得多，但比普通堆垛机要求的巷道宽。

(3) 机动性比普通堆垛机好，可以在巷道外作业，一台设备可服务于多个巷道，也可在仓库外作为一般叉车使用。

(4) 控制方式分为有人操作和无人操作两种，有人操作又分为手动和半自动；无人操作分为自动和远距离集中控制(多数用计算机控制)。

(5) 一般都采用蓄电池作为电源。蓄电池可直接装入车内，但由于耗电量大，蓄电池需要频繁充电。运行机构普遍采用直流串励电动机，通过改变电动机的端电压值实现调速。起升机构一般采用液压传动，其升降速度可通过液压或电一液系统进行调节，从而使货叉能准确定位并缩短作业时间。货叉的侧移和回转机构有液压马达和电动机两种拖动方式，一般不需要调速。

（二）无轨巷道堆垛机的分类

1. 托盘单元型

由货叉进行托盘货物的堆垛作业。托盘单元型叉车又分以下两种。

(1)司机室地面固定型，起升高度较低，因而视线较差(见图 6-4a)

(2)司机室随作业货叉升降型，起升高度较高、视线好(见图 6-4b)。

2. 拣选型

无货车作业机构，司机室和作业平台一起升降，由司机对两侧高层货架内的物料进行拣选作业(见图 6-4c)。

a

b

c

图 6-4　无轨巷道堆垛机

四、有轨巷道堆垛机与无轨巷道堆垛机的比较

无轨巷道堆垛机与有轨巷道堆垛机相比，无论是各种运行速度，还是起升高度，都比有轨巷道堆垛机差，但无轨巷道堆垛机可在多条货架巷道中工作，机动性能好，操作方便，包括转向、牵引、起升、前移、侧移、倾仰等多个自由度；车辆转弯半径小，适用于主体高架仓库；采用复合操作手柄，只需单手操作，灵活性好；控制系统全部采用电控，特别是转向系统也采用电控，控制性能良好；整个控制系统采用多主结构的多机系统[5个 CPU(中央处理器)]，系统按功能分布，交互由网络结构完成，采用 CAN(controller area network)总线组成网络，为将来全自动仓库的无人管理创造了良好的条件。

有轨巷道堆垛机的优点是采用钢轮在钢轨上运行，整体结构高、窄、稳固，适合在高层货架中穿行，运行速度快，定位准确，占地面积小；缺点是造价高。

无轨巷道堆垛机优点是灵活机动，可为多个巷道服务；缺点是采用轮胎运行，轮压不稳定，采用多极门架，货叉在水平和垂直方向上定位不够准确。

有轨巷道式堆垛机与无轨巷道式堆垛机的区别如表 6-4 所示。

表 6-4　有轨巷道堆垛机与无轨巷道堆垛机的区别特征表

设备比较	有轨巷道堆垛机	无轨巷道堆垛机
实物图		

续表

设备比较	有轨巷道堆垛机	无轨巷道堆垛机
定义	有轨巷道式堆垛机是由叉车、桥式堆垛机演变而来的。桥式堆垛机由于桥架笨重因而运行速度受到很大的限制，它仅适用于出入库频率不高或存放长形原材料和笨重货物的仓库。巷道堆垛机的主要用途是在高层货架的巷道内来回穿梭运行，将位于巷道口的货物存入货格；或者，取出货格内的货物运送到巷道口	无轨巷道式堆垛机，又称高架叉车，亦称三向堆垛叉车，即叉车向运行方向两侧进行堆垛作业时，车体无须作直角转向，而使前部的门架或货叉作直角转向及侧移，这样作业通道就可大大减少，提高了面积利用率；此外，高架叉车的起升高度比普通叉车要高，一般在 6 米左右，最高可达 13 米，提高了空间利用率
主要构成	轨道、立柱、底架、升降台、水平运行机构、垂直提升机构、货叉、电气控制装置及安全装置等	多节门架、特殊的货叉机构、控制系统、蓄电池电源设备等
特点	有轨巷道堆垛机具有如下特点： 1. 电气控制方式有手动、半自动、单机自动及计算机控制。可任意选择一种电气控制方式 2. 大多数堆垛机采用变频调速，光电认址，具有调速性能好，停车准确度高的特点 3. 采用安全滑触式输电装置，保证供电可靠 4. 运用过载松绳，断绳保护装置确保工作安全 5. 配备移动式工作室，室内操作手柄和按钮布置合理，座椅较舒适 6. 堆垛机机架重量轻。抗弯、抗扭刚度高。起升导轨精度高，耐磨性好，可精确调位 7. 可伸缩式货叉减小了对巷道的宽度要求，提高了仓库面积的利用率	无轨巷道堆垛机具有如下特点： 1. 无轨巷道堆垛机采用多节门架，起升高度比一般叉车高，但比普通堆垛机所能达到的高度低得多 2. 备有特殊的货叉机构，其货叉不仅能单独侧移、旋转，而且也能侧移与旋转联动。从而大大缩小了仓库巷道宽度，能有效地利用仓库面积。所需巷道宽度比一般叉车窄得多，但比普通堆垛机要求的巷道宽 3. 机动性比普通堆垛机好，可以在巷道外作业，一台设备可服务于多个巷道，也可在仓库外作为一般叉车使用 4. 控制方式分为有人操作和无人操作两种，有人操作又分为手动和半自动；无人操作分为自动和远距离集中控制(多数用计算机控制) 5. 一般都采用蓄电池作为电源。蓄电池可直接装入车内，但由于耗电量大，蓄电池需要频繁充电。运行机构普遍采用直流串励电动机，通过改变电动机的端电压值实现调速。起升机构一般采用液压传动，其升降速度可通过液压或电一液系统进行调节，从而使货叉能准确定位并缩短作业时间。货叉的侧移和回转机构有液压马达和电动机两种拖动方式，一般不需要调速
适用	有轨巷道堆垛机巷道宽度要大于 12 米，堆垛机只能在高层货架巷道内作业，必须配备出入库输送系统或设备，可以为手动、半自动、自动控制和远距离集中控制	无轨巷道堆垛机巷道宽度 5～12 米。堆垛机可以服务于两个以上的巷道，并完成部分高架区外的作业。可以为手动、半自动、自动控制和远距离集中控制

续表

设备比较	有轨巷道堆垛机	无轨巷道堆垛机
分类	1.按结构分类 单立柱型巷道堆垛机,双立柱型巷道堆垛机 2.按支撑方式分类 地面支承型巷道堆垛机,悬挂型巷道堆垛机;货架支承型巷道堆垛机 3.按用途分类 单元型巷道堆垛机,拣选型巷道堆垛机	1.托盘单元型 由货叉进行托盘货物的堆垛作业 (1)操作室地面固定型。起升高度较低,因而视线较差 (2)操作室随作业货叉升降型。起升高度较高,视线好 2.拣选型 无货车作业机构。操作室和作业平台一起升降,由驾驶员对两侧高层货架内的物料进行拣选作业
主要参数	单立柱结构,高度5500毫米左右的有轨堆垛机: 运行噪声:<75分贝 可容纳托盘尺寸1200×1000毫米 最大载重500千克(含托盘重量) 行走速度:5~60米/分 起升速度:4~25米/分 货叉速度:3~10米/分,均为变频无级调速 运行速度停准±10毫米 起升速度停准±10毫米 货叉速度停准±5毫米 地轨采用24千克/米以上轨道钢,天轨采用10#以上角铁	普通2吨升高1.6米的无轨堆垛机的主要参数: 额定载荷:2000千克 载荷中心:450毫米 最大起升高度:1600毫米/2000毫米 货叉有效长度:900毫米 货叉宽度:280~820毫米 货叉最大宽度:820毫米 车腿外宽:760毫米 货叉最低放高度≤100毫米 最小转弯半径≤1650毫米 提升电机:12伏,1.5千瓦

自动化仓库配备的库区作业设备一般有三种:有轨巷道堆垛机、无轨巷道堆垛机(又称高架叉车)和普通叉车。三种配置方式的自动化仓库性能比较如下。

(1)普通叉车巷道最大宽度要小于5米,叉车可以在库区任意移动,作业最灵活,一般为手动,自动化程度低。

(2)无轨巷道堆垛机巷道宽度5~12米。堆垛机可以服务于两个以上的巷道,并完成部分高架区外的作业。可以为手动、半自动、自动控制和远距离集中控制。

(3)有轨巷道堆垛机巷道最小宽度要大于12米,堆垛机只能在高层货架巷道内作业,必须配备出入库输送系统或设备,可以为手动、半自动、自动控制和远距离集中控制。

第三节　桥式堆垛机

桥式堆垛机(见图6-5)像起重机一样,有能运行的桥架结构(又称大车)和设置在桥架上能运行的回转小车,桥架在仓库上方的轨道上纵向运行,回转小车在桥架上横向运行;桥式堆垛机还像叉车一样,有固定式或可伸缩式的立柱,立柱上装有货叉或其他取物装置,可垂直方向移动。这样桥式堆垛机可以完成三维空间内的取物工作,同时可以服务于多条巷道(见图 6-6)。

桥式堆垛机安装在仓库的上方,在仓库两侧面的墙壁上装有固定的轨道,要求货架和仓库顶棚之间有一定的空间,以保证桥架的正常运行;另外,桥式堆垛机的堆垛和取货是通过取物装置在立柱上运行来实现的,受立柱高度的限制,桥式堆垛机的作业高度不能太高。所以桥式堆垛机主要适用于 12 米以下中等跨度的仓库,且巷道的宽度要较大,适于笨重和长大件物料的搬运和堆垛。

图 6-5　桥式堆垛机

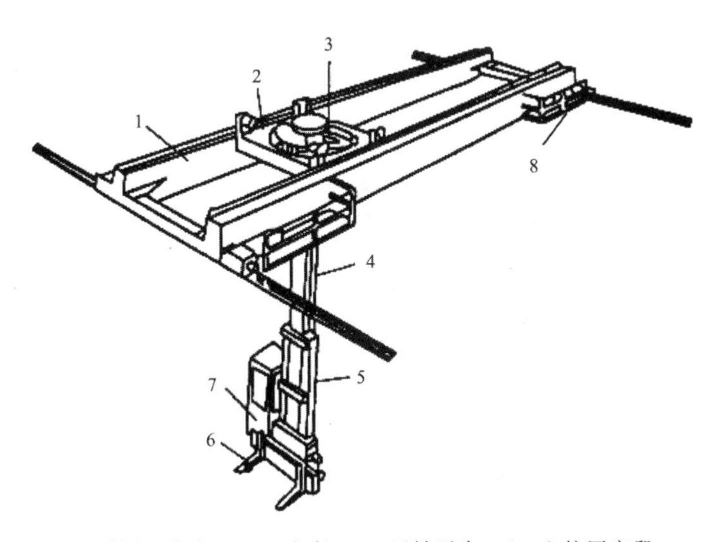

1—桥架(大车)　2—小车　3—回转平台　4—立柱固定段
5—立柱伸缩段　6—货叉　7—司机室　8—轨道

图 6-6　桥式堆垛机示意

一、桥式堆垛机的分类

桥式堆垛机按回转小车的安装方式不同可分为支承式桥式堆垛机和悬挂式桥式堆垛机,支承式是回转小车在桥架之上,而悬挂式是回转小车在桥架之下,见图 6-7 和图 6-8;按立柱的结构不同可分为固定立柱的桥式堆垛机和可伸缩立柱的桥式堆垛机,固定立柱是立柱长短不变,取物装置在立柱上滑行垂直运动,可伸缩立柱是利用立柱的长短变化带动取物装置垂直运动,见图 6-6 和图 6-9。由图 6-9 我们还可以看出,利用桥式堆垛机的桥架纵向运行和回转小车的横向运行,桥式堆垛机可在多条巷道内来回运动,可以一座仓库只装一台桥式堆垛机。

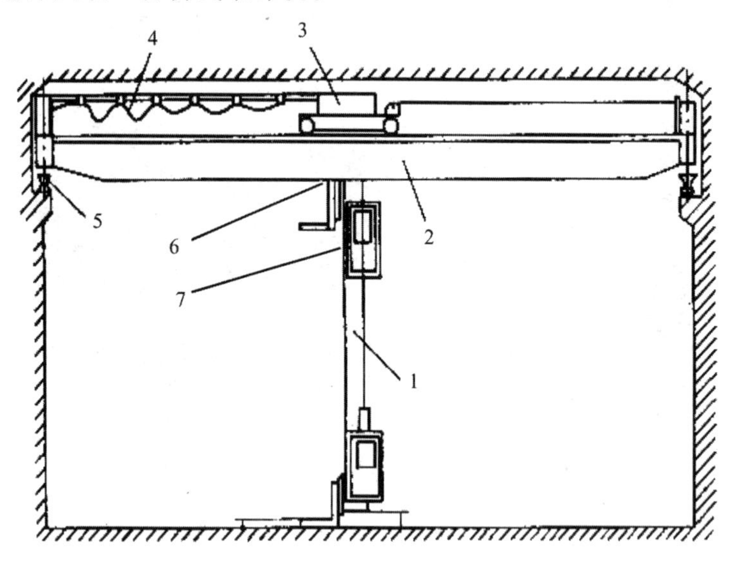

1—固定立柱　2—桥架　3—回转小车　4—供电装置　5—轨道　6—取物装置　7—司机室

图 6-7　支承式带固定立柱的桥式堆垛机

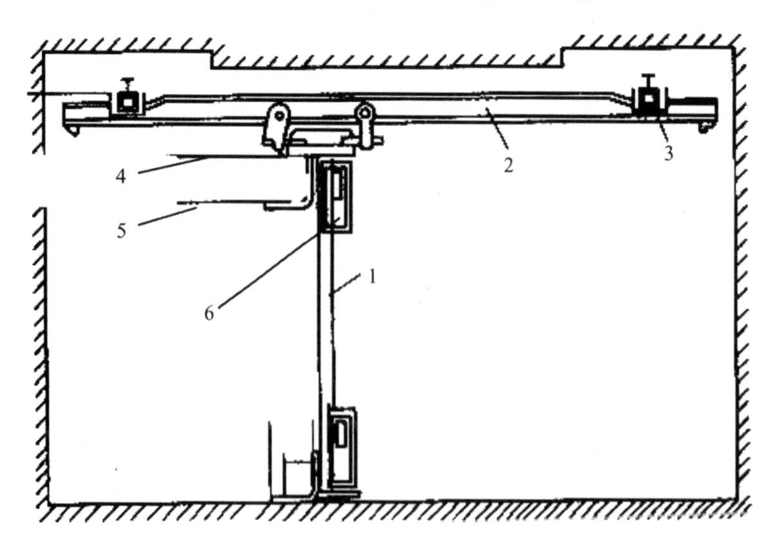

1—固定立柱　2—桥架　3—轨道　4—回转小车　5—取物装置　6—司机室

图 6-8　悬挂式带固定立柱的桥式堆垛机

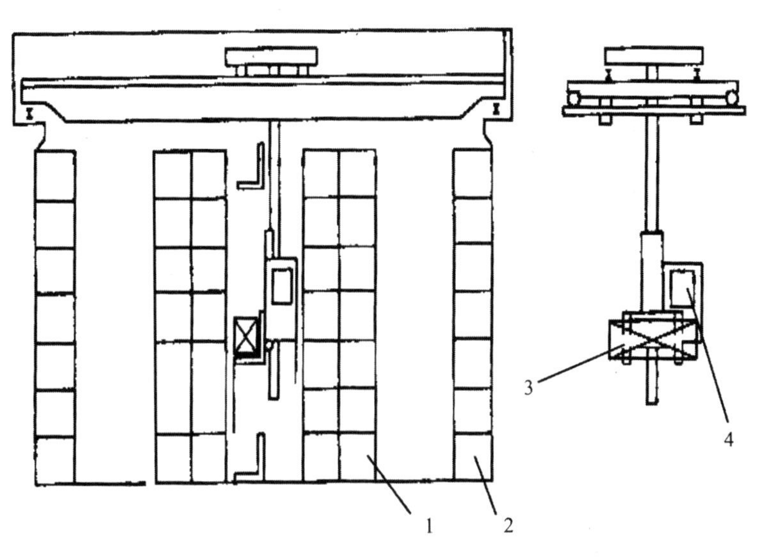

1— 货架　2—巷道　3—可伸缩立柱　4—司机室

图 6-9　支承式带伸缩立柱的桥式堆垛机

二、桥式堆垛机的主要技术性能参数

（一）额定起重量

额定起重量(Q)是指桥式堆垛机在正常使用的情况下安全作业所允许叉起的最大物料的重量和取物装置重量的总和，单位是千克(kg)或吨(t)。在选用桥式堆垛机时必须考虑额定起重量，因为额定起重量选得过小，不能满足装卸作业的要求；过大会造成基建投资的浪费。

（二）最大起升高度

最大起升高度(H)是指桥式堆垛机在额定起重量下货物起升到最高位置时，货叉水平段的上表面距地面的垂直距离，单位是米(m)。仓库的高度决定着所选用的桥式堆垛机的最大起升高度。

（三）工作速度

桥式堆垛机的工作速度(υ)主要是指起升速度、回转速度、小车运行速度和整车运行速度，单位是米/秒(m/s)或米/分(m/min)。

起升速度是指取物装置或物品上升(或下降)的速度，有快速、慢速和微速之分。

回转速度是回转小车旋转时的速度。叉取的货物越重，旋转速度就要越慢。

小车运行速度是指小车在桥架上滑动的速度。

整车运行速度是指桥架在轨道上的运行速度。

（四）堆垛机货叉的下挠度

堆垛机货叉的下挠度是指在额定起重量下，货叉上升到最大高度时，货叉最前端弯下的距离。这个参数很重要，它反映货叉抵抗变形的能力。挠度太大说明货叉材质太软，取货物时容易滑落而出危险。

（五）生产效率

生产效率是指桥式堆垛机在规定作业条件下每小时堆垛或卸垛货物的总质量，单位为吨/时(t/h)。堆垛机的生产效率不仅取决于设备本身的性能参数，还与货物的种类、工作条件、操作熟练程度等密切相关。要提高堆垛机的生产效率，可从提高起重量、增加每小时的工作循环次数、推行先进的生产作业组织方式和提高操作熟练程度等方面入手。

第四节　堆垛机的选型

合理选择堆垛机的类型和主要使用性能参数，是正确使用堆垛机的重要前提条件。对提高堆垛、卸垛和搬运的作业效率，充分发挥堆垛机的有效功能，降低使用成本，提高经济效益，确保运行安全都有现实的重要意义。选型的基本要求是技术先进、经济合理、适合生产需要。选型的主要内容有：类型选择、具体结构形式选择、技术参数性能的选择、所需数量的确定、性能价格比评价、技术经济评估。选购的过程中应遵循的基本工作程序如图 6-10 所示。

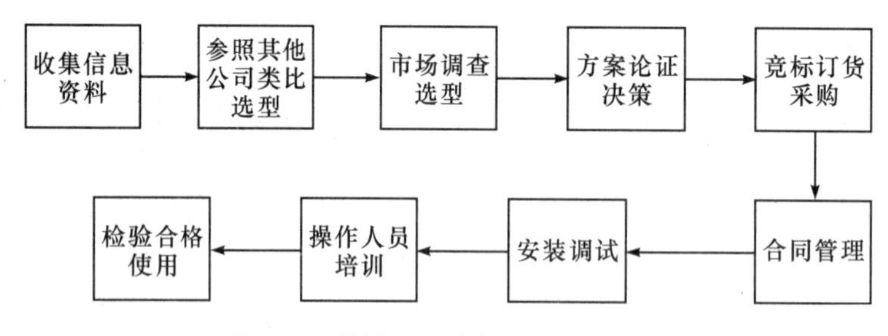

图 6-10　堆垛机选购的基本工作程序

一、堆垛机的类型选择

根据堆垛机堆垛搬运的场所、货物的种类、堆垛机作业性质等进行堆垛机类型的选择。

堆垛机应用的仓库的规模不同，所需的类型就不同。大型仓库选用有轨巷道堆垛机，中型仓库选用无轨巷道堆垛机或桥式堆垛机，小型仓库就选用一般的叉车，经济适用。堆垛机类型选定以后，接着应根据使用场合和货物的种类，选定其具体的工作机构、取物装置和操纵方式等。特别说明，在进行机型选择时，必须充分考虑相关的技术标准要求。

二、堆垛机的结构形式选择

选择合适的结构形式，可使堆垛机在各种特定安装尺寸和作业方式下更好地满足使用要求。选择时首先考虑堆垛机的主体结构。主体结构的选择要坚持两个原则：一

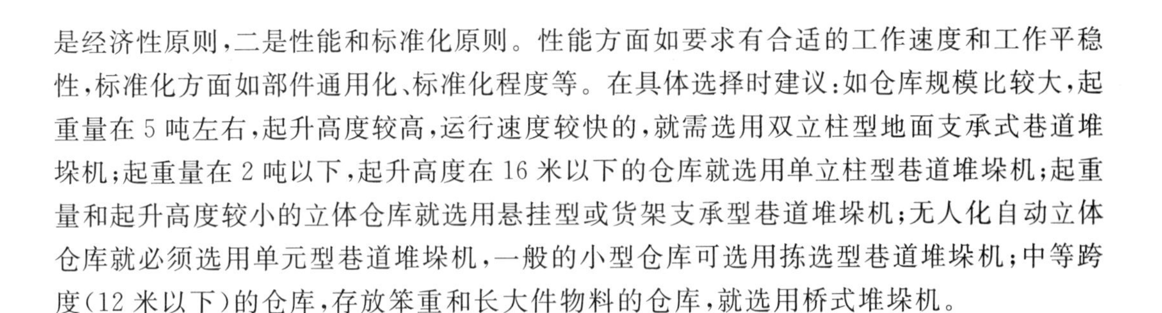

是经济性原则，二是性能和标准化原则。性能方面如要求有合适的工作速度和工作平稳性，标准化方面如部件通用化、标准化程度等。在具体选择时建议：如仓库规模比较大，起重量在 5 吨左右，起升高度较高，运行速度较快的，就需选用双立柱型地面支承式巷道堆垛机；起重量在 2 吨以下，起升高度在 16 米以下的仓库就选用单立柱型巷道堆垛机；起重量和起升高度较小的立体仓库就选用悬挂型或货架支承型巷道堆垛机；无人化自动立体仓库就必须选用单元型巷道堆垛机，一般的小型仓库可选用拣选型巷道堆垛机；中等跨度（12 米以下）的仓库，存放笨重和长大件物料的仓库，就选用桥式堆垛机。

三、堆垛机主要技术性能参数的选择

堆垛机的技术性能参数的选择也至关重要，它直接表明堆垛机的工作能力。一般应根据使用的场合、作业性质、作业量的大小、各作业环节之间的配套衔接等因素进行选择。

（一）额定重量的确定

一般应以堆垛机在工作过程中可能遇到的最大起吊物的重量来确定，在使用过程中，堆垛机不允许超载运行，因此，在选择该参数时应留有一定的余量。

（二）起升高度的选择

首先应符合国家关于起重机的起升高度标准系列，根据使用过程中堆垛机所要堆放货物的最低货位标准高度和最高货位标准高度来选择相适宜的堆垛机。另外，起升高度还要受到仓库高度的限制。

（三）跨度的选择

跨度是针对桥式堆垛机而言的，是桥式堆垛机的两条轨道之间的距离。它要根据一台桥式堆垛机供几条巷道使用，由巷道的总宽度和货架的总宽度来确定其跨度的大小（见图 6-9），三条巷道的总宽度和六条货架的总宽度之和就是这台桥式堆垛机的跨度，单位为米（m）。

（四）工作速度的选择

堆垛机工作速度的选择是否合理，对堆垛机的工作性能影响很大，堆垛机的工作效率与各个机构的工作速度有直接的关系，当起重量一定时，工作速度越高，工作效率也越高。速度太高也会给堆垛机带来诸多不利的因素，如惯性过大，起动和制动时引起的动载荷增大，机构的驱动功率相应增大，结构强度应相应增加。因此，工作速度的选择应综合考虑以下多方面的因素。

1. 堆垛机的工作性质和使用场合

对于生产效率要求较高，经常性工作的自动化程度要求较高的仓库，堆垛机的工作速度应选择高速；自动化程度要求较低的仓库，工作速度应选择低速。

2. 堆垛机的起重能力

对于中小型起重量的堆垛机，其工作速度应选择高速，以提高生产率为目的；而对于大型起重量的堆垛机，其工作速度应选择低速，以求工作平稳安全。

3. 堆垛机的工作行程

工作行程小的堆垛机，工作速度宜选择低速；而工作行程大的堆垛机，工作速度宜选择高速。其原则是在正常工作时机构能达到稳定运动。

4. 各机构工作速度的协调性

堆垛机的主要工作机构(如起升机构、货叉的伸缩机构等)的工作速度，应根据各工作机构的作业特点，调整合适的工作速度，以达到工作效率最高的目的。

四、数量的确定

对于有轨巷道堆垛机，仓库的规模决定了多少条货架，由货架的数量(n 条)就可以确定有轨巷道堆垛机的数量($n/2$ 条)。如图 6-9 所示，6 条货架，若选用有轨巷道堆垛机就需要 3 台。若选用桥式堆垛机就只需一台。那么，到底是选用有轨巷道堆垛机还是桥式堆垛机呢？一由工作效率的要求来决定，工作效率要求高的选用巷道堆垛机，低者选用桥式堆垛机；二由经济实力来决定，经济充裕者买巷道堆垛机，不充裕者买桥式堆垛机。

五、价格与功能评价

价格是选择堆垛机的重要因素之一。在进行价格评价时，不仅要考虑堆垛机本身的购买价格，还要考虑堆垛机整个寿命周期的全部费用(如维修费、维护费、操作工人的培训费和寿命的长短等)。更应该考虑其功能，功能评价是价格评价的基础。进行功能和价格评价的基本方法通常是将堆垛机的基本功能、必需功能和附加功能逐个列表比较，在保证基本功能，满足必需功能的条件下，适当地列入所需要的附加功能，并分项给出价格比值，然后对所选机型进行功能价格比的综合评价。

六、经济技术评估

为保证堆垛机技术先进、经济合理，在堆垛机选型时，要对堆垛机进行经济和技术评估。

经济评估就是对堆垛机技术性因素做出经济性评价。经济评估通常包括定性评估和定量评估两种方法，其中定量评估主要包括投资额、运行费用、修理费用、收益等方面的内容。

技术评估就是对堆垛机的技术性能做出合理的评价，评价的内容应主要包括堆垛机的适应性、先进性和实用性。所谓适应性，就是指所选的机型应符合事物发展的要求，如对产业结构发展的适应性、对使用条件变化的适用性等；所谓先进性，就是指所选机型在技术上要有超前性，不能选择在技术上已落后的设备；所谓实用性，就是考虑技术上的实用性，不能华而不实。如设计的不是自动化的立体仓库，只是普通的仓库，却选用自动化程度较高的堆垛设备，这样只是好看，不能充分发挥设备的使用性能，从而造成资金的浪费。

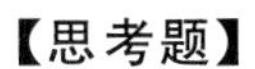

1. 堆垛机有哪些特点？如何分类？
2. 有轨巷道堆垛机的结构是怎样的？
3. 无轨巷道堆垛机与有轨巷道堆垛机相比有哪些特点？
4. 桥式堆垛机的主要性能参数有哪些？
5. 堆垛机是如何选型的？

第七章　物流装卸搬运系统及方案设计

【学习目标】 了解物流装卸搬运系统的内容、分析方法和设计步骤，掌握物料装卸搬运方案的设计方法和审核原则。

第一节　物流装卸搬运系统概述

一、物流装卸搬运系统

在物流系统的操作过程中，装卸搬运作业效率的高低，与装卸搬运作业系统的设计是否合理密切相关。高效率的装卸搬运，不是简单地大量应用装卸搬运设备，而需要对装卸搬运过程作全面分析，优化装卸搬运的工艺流程，确定最佳装卸搬运的设备类型和数量及装卸搬运路线，所以设计一个合理、高效、柔性的物料装卸搬运系统，对减少库存资金、缩短装卸搬运时间是非常重要的。而重大的装卸搬运工艺的技术改造，必须与货物、运输工具等的改革结合起来进行。正是从"系统"这个现代化的观念出发，在评价运输工程价值时，不宜孤立地看待一个工程的质量，而是应着眼到整个运输系统中去进行深入的分析。

影响装卸搬运工艺现代化最大的因素是装卸搬运的对象——货物。合理地改变货物的运输状态和扩大货物的单元是实现装卸搬运工艺现代化的最根本的途径。

（一）合理地改变货物的运输状态

从石油运输来看，在19世纪，石油是用桶来装运的，石油的计量单位"桶"正是由此而来。石油运输从桶装改为散装以后，才有可能发展为用油轮、泵、管道、油罐等来输送，这些装卸搬运和贮存的新工艺使劳动生产率大大提高。也正是这次重大的工艺变化孕育了现代超级油轮的诞生。这是运输工艺史上发生的第一次革命。

在第一次世界大战即将结束时，运输界又发生了一次革命，就是谷物由袋装改为散

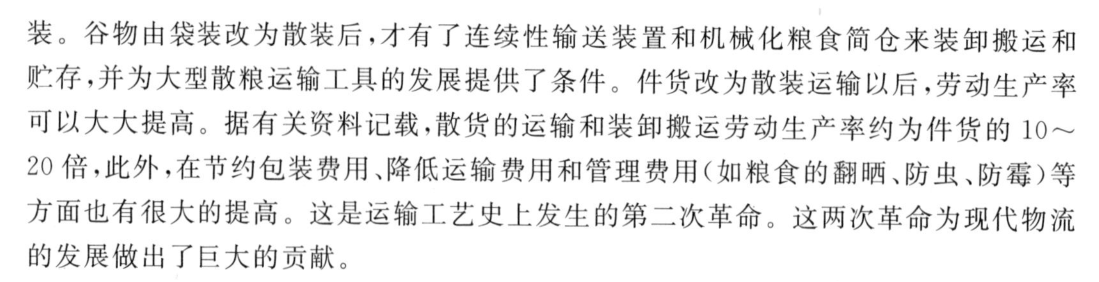

装。谷物由袋装改为散装后，才有了连续性输送装置和机械化粮食筒仓来装卸搬运和贮存，并为大型散粮运输工具的发展提供了条件。件货改为散装运输以后，劳动生产率可以大大提高。据有关资料记载，散货的运输和装卸搬运劳动生产率约为件货的10～20倍，此外，在节约包装费用、降低运输费用和管理费用（如粮食的翻晒、防虫、防霉）等方面也有很大的提高。这是运输工艺史上发生的第二次革命。这两次革命为现代物流的发展做出了巨大的贡献。

（二）扩大货物单元

货物单元的扩大，使装卸搬运从人工劳动变为机械操作，机械一次转运的货物重量比人工显著增大，从而使装卸搬运时间缩短，劳动效率得到显著提高。

扩大货物单元可采用各种形式（货板、集装网络、绳索等）的成组包装，这样货物单元可达1～3吨。在现代化的大型物流企业中，成组的材料作为商品包装的一个组成部分，在整个物流活动中跟随商品一起运输，这样可以减少包装费，减少货损、货差。如鲜果、蔬菜等采用托盘和集装架运输后，不仅改善了装卸搬运劳动条件，缩短了装卸搬运时间，更重要的是改善了货物的质量，扩大了销路，带来了很好的经济效益。物流过程中装卸搬运流程如图7-1所示。

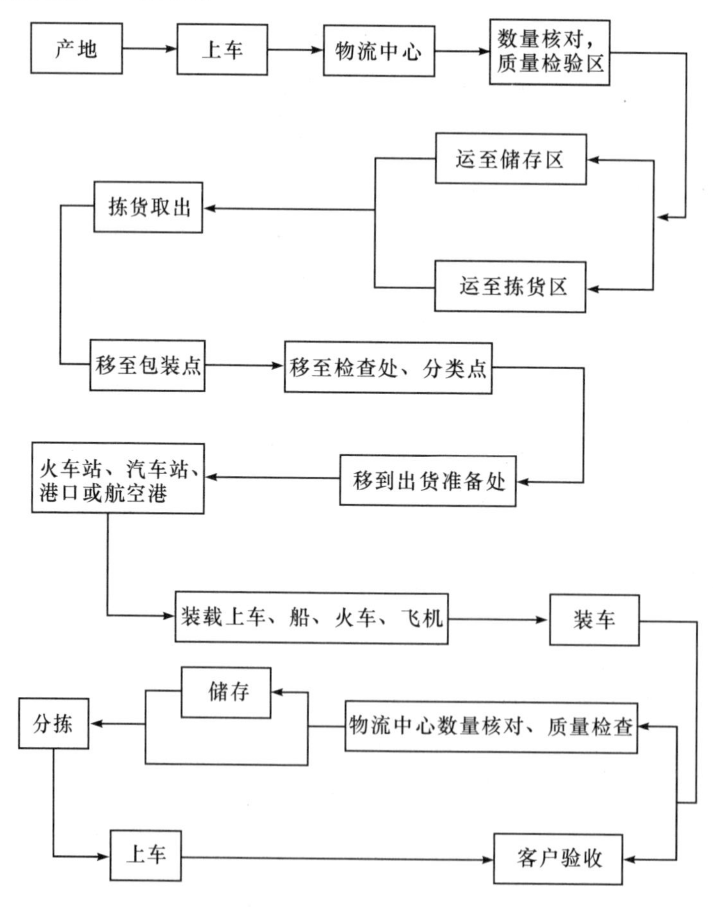

图7-1 物流过程中装卸搬运流程

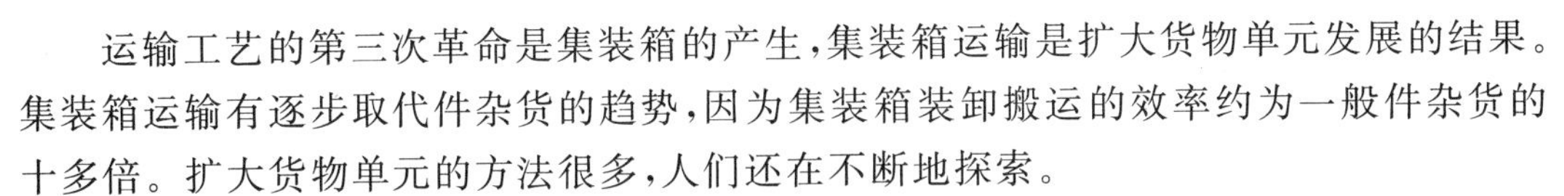

运输工艺的第三次革命是集装箱的产生，集装箱运输是扩大货物单元发展的结果。集装箱运输有逐步取代件杂货的趋势，因为集装箱装卸搬运的效率约为一般件杂货的十多倍。扩大货物单元的方法很多，人们还在不断地探索。

物料装卸搬运是物流系统的重要组成部分。它是物流系统中的物料（包括单件物体、包装件、散装物体、液体等）按照生产工艺的要求运动，以实现物流系统的目标。物料装卸搬运在生产领域的各个生产环节中起着相互连接与转换的作用，保证生产能连续、正常地进行。在物流领域，装卸搬运作业包括从运输系统装上和卸下货物，从卸货点搬运至物流中心，物流中心内的搬运和从物流中心内取出货物等过程。物流过程中发生的装卸搬运活动如图 7-1 所示。

由图 7-1 可知，装卸搬运工作是一个非常繁杂的活动。物料装卸搬运系统的合理与否，直接影响着生产率和企业的经济效益。在物料装卸搬运时，要注意三个基本因素：一是距离，距离越短，移动越经济；二是数量，移动的数量越多，每单位移动的成本越低；三是工艺流程，流程越短越经济。

物料装卸搬运系统是完成装卸搬运工艺过程中各个作业环节的一台或一组配套的设施、设备及其配套工具的有机组合。为了改善装卸搬运活动，应从搬运的对象，搬运的距离，搬运的空间，搬运的时间，搬运的手段等方面来分析。下面就这五个方面加以说明，如表 7-1 说明。

表 7-1　改善装卸搬运的方法

因素	目标	措施	改善原则	改善方法
搬运对象	减少总重量，总体积	减少重量体积	尽量减少搬运操作的次数	调整厂房布置
				合并相关作业
搬运距离	减少搬运总距离	减少回程	顺道行走	调整厂房布置
		回程顺载	掌握各点相关性	调整单位相关性布置
		缩短距离	直线化、平面化	调整厂房布置
		减少搬运次数	单元化	栈板、货柜化
			大量化	利用大型搬运机
				利用中间转运站
搬运空间	降低搬运使用空间	减少搬运	充分利用三维空间	调整厂房布置
		缩减移动空间	降低设备回转空间	选用比较合适、不占空间、不需要太多辅助设施的设备
			协调错开搬运时机	合理安排时程

续表

因素	目标	措施	改善原则	改善方法
搬运时间	缩短搬运总时间	缩短搬运时间	高速化	利用高速设备
			争取时效	搬运均匀化
		减少搬运次数	增加搬运量	利用大型搬运机
	掌握搬运时间	估计预期时间	时间顺序	时程规划控制
搬运手段	利用高效率手段	增加搬运量	机械化	利用最合适的机械设备
			高速化	利用高速设备
			连续化	利用输送带等连续设备
		采用有效管理方式	争取时效	搬运均匀化
				循环、往复搬运
		减少劳力	利用重力做功	使用斜槽，滚轮输送带等重力设备

二、物料装卸搬运系统的分析方法

物料装卸搬运系统可以从以下四个方面来分析：流程、起讫点、流量、搬运高度。

（一）流程分析（流程图）

流程分析是把物料从进货到出货的整个过程中的有关资料，或是一项作业进行过程中的所有相关信息，用“流程图”的形式表示出来。流程分析必须考虑整个过程，一次只能分析一种产品、一类材料或一项作业。用流程图的好处就是直观、易懂，指挥操作简单明了。表 7-2 是流程图表符号的意义，图 7-2 是铁路零担货物装车流程图。

表 7-2 流程图表符号的意义

符号	活动或作业	意 义
○	操作	有意识地改变物体的物理或化学特性，或者把物体装配到另一种物体上或从另一物体上拆开的作业叫操作。当发出信息、接收信息、做计划或者做计算时所需进行的作业也叫操作
→	移位	物体从一处移到另一处的过程中所需进行的作业叫搬运
¢	挪动	为了进行下一项作业（如搬运、检验、储存或分类）而对物体进行安排或准备时所需进行的作业叫挪动
□	检验	在验证物体是否正确合格，核对其一切特性的质量或数量时所需进行的作业叫检验
▽	堆码拆取	要存放货物或要取出货物所进行的作业，叫堆码拆取
⊙	分拣配货	按照货种和数量来分配货物
Θ	停滞	除了为改变物体的物理或化学特性而有意识地延续时间外，情况不允许或不要求立即进行计划中的下一项作业时稍作停留叫停滞
+	加固	货物在堆放好之后，要对其捆绑加固，避免在运输途中发生意外
	复合作业	如果不是同时进行的多项作业，或者要表示同一工位上的同一操作者所进行的多项作业，就要把这些作业的符号组合起来表示

表 7-3　铁路零担货物装车流程

顺序号	工序	作业方式	分析	改进	备注
1	从汽车卸到仓库内	人工	□ℭ→⊙▽＋		
2	按卸货站的不同分拣	人工	□ℭ→⊙▽＋		
3	过磅（填运单、对标签）	人工	□ℭ→⊙▽＋		
4	搬向指定的托盘	人工	□ℭ→⊙▽＋		
5	按规定码盘	人工	□ℭ→⊙▽＋		
6	盘满后加固	人工	□ℭ→⊙▽＋		
7	按卸货站的不同将托盘搬到指定的位置	叉车	□ℭ→⊙▽＋		
8	按去向（卸货站）配货	人工	□ℭ→⊙▽＋		
9	依次搬入棚车	叉车	□ℭ→⊙▽＋		
1 0	拆托盘	人工	□ℭ→⊙▽＋		
1 1	车内码垛	人工	□ℭ→⊙▽＋		
1 2	加固	人工	□ℭ→⊙▽＋		
1 3	检查、关闭车门	人工	□ℭ→⊙▽＋		

（二）起讫点分析

起讫点分析不需要观察操作过程中的每一种状况，只是观察每一次搬运的起点和终点，或是以一个固定点为记录目标，来对搬运状况做分析。起讫点分析有两种不同方式。

1. 路线图表法

每次分析一条流通路线，观察并收集每一移动的起讫点资料，即在这条路线上各种货品的流通状况。

2. 流入流出图表法

观察并收集流入或流出某一区域的一切物料的有关资料，编制物料进出表。

起讫点分析中的路线图表是探讨每一路线中货品移动的状况。路线图适用于路线不多、物料品种很少的场合。若路线很多、物料品种繁多时，最好使用流入流出图表来描绘不同货品在某一区域的流入流出情形，这样比较直观。

（三）物料流量分析

物料流量就是指物料在某一区域内流动的多少。物料在部门单位间移动往往呈现极不规则的现象，为追求时效，规划时必须尽量使所有移动工作都以最简捷的方向，最短的距离来完成。而物料流量分析便是将整个移动路径概略绘出，来观察物料移动的流通形态，再加以分析总结，规划出更合理的路径。

物料流量分析的主要目的如下所示。

（1）运用物料流量分析法来计算各配送计划下可能产生的物料流量，再用预测的物料流量的大小来作为设计装卸搬运方法、选择搬运设备的参考。

（2）评判被分析场所的布置方式的合理性。

（3）配合物料流通类型的不同来调整设施和设备的布置方式。

（4）根据设备和物流单大小的情况来调整物料搬运路径的宽窄。

（5）便于掌握作业时间，预测各阶段操作的进程。

物料流量分析的方法可分两类：一是部门间直线搬运法，它是假设各部门间的流通是直线式的，中间无阻碍，以直线距离来分析流量，此法与实际状况会有些出入；二是最短路径搬运法，它是模拟实际搬运作业的方法，通过计算机来分析处理，使各单位间的搬运路径最短，以及使各路径的物料流通量和配送计划下的总搬运量平衡协调。

物流量（单位时间内在一条直线上移动物料的数量）可以用下式表示：

$$I=nP$$

式中：I——物流量；

n——单位时间内流经某区域或路径上产品或物料的单元数；

P——产品或物料的计量单位。

运输工作量的计算公式为：

运输工作量（TW）＝物流量（I）×搬运距离（D）。

例题1：某仓库的第二条巷道上每小时搬运货物30托盘，每托盘重0.7吨，该条巷道总长20米。求该条巷道上的物流量是多少？运输工作量是多少？

解：已知 $n=30$ 托盘，$P=0.7$ 吨，则：

根据公式 $I=nP$ 可知：

$I=30\times0.7$

$=21$（吨）

又知这条巷道总长20米，那么平均搬运距离约为10米。

根据公式 $TW=I\times D$ 可知：

$TW=21\times10$

$=210$ 吨·米

答：这条巷道上的物流量每小时21吨。搬运工作量为每小时210吨·米。

此外，为求更精确的计算，在进行物料流量分析时，还可以用表7-4物料流量分析表的形式来表示。

表7-4 每小时某仓库物料流量分析表

起讫	物料	搬运	各路径	物流量计算
分群	重量	路径	路径代号	流量
入库至第二条巷道内的货架上	每托盘0.7吨	第二条巷道口至货架上	B	21吨
______至______				

（四）搬运高度分析（又称现状展开图分析法）

搬运活动在高度不同的场所进行时（如物料的提升、倾斜、卸下等），时间和能量消耗较多，尤其是人工搬运在高度不同的场所进行时，爬上爬下对体力消耗过大，所以老的厂房、建筑、设备配置等，大多数是水平规划。但在现代化的今天，因为寸土寸金，所以立体仓库应运而生，搬运活动除了水平方向以外，更多的是垂直方向的运动，这就使得搬运高度分析的工作显得尤为重要。搬运高度分析法可以先依据搬运作业时的设备、设施、人员等的配置，展开画出现状（见图7-2），是把一种货物放在立体仓库的前5

列上的搬运高度展开图。在展开图里将各有关事项(如搬运方法、高度、人员、场所的情形、设备名称等)逐一记载,然后再加以分析和改进。

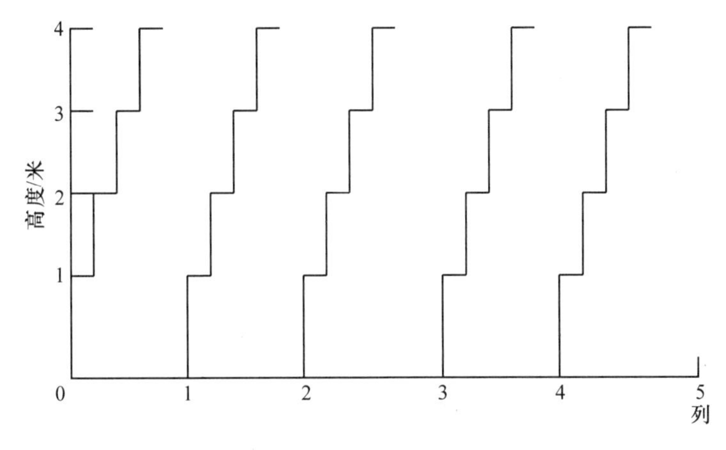

图 7-2　按每一列存放满后再放入第二列以此类推的搬运高度展开图

如图 7-2 所示,在低层可用人工堆放,在高层就需用叉车堆垛,这样才能节省人力和物力。但人工和机械不停地更换作业,不仅影响进度,而且容易发生人与机械相撞事件。若调整成图 7-3 所示的方案,把同一种货物放在同一排上存放,存取货物时要么用人工完成,要么用机械完成,就可以避免此类情况的发生。

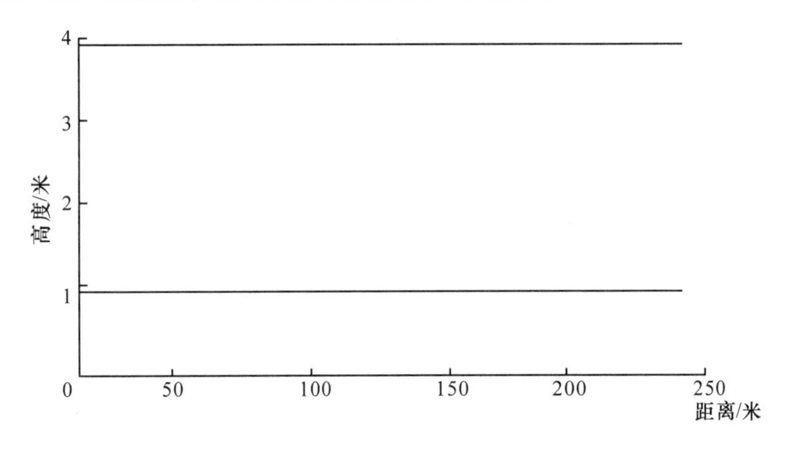

图 7-3　把同一种货物放在同一排上存放搬运高度展开图

如图 7-3 所示,若把同一种货物放在第一排,可以只用人工来搬运,不用机械设备,可以节省物力;若把另外一种货物放在第四排,可以只用叉车来搬运,不用人工,可以节省人力。这样人工和机械分开作业,既可以提高效率,又可以避免人机相撞事件的发生。

三、搬运方式分析

搬运方式是指搬运时采用何种线路,搬运的对象采用何种单位来运作。线路是否重复行走,物料是否合并传送等,要根据整个区域的物流运作情况、设备的使用情况和物料搬运量的多少来进行整体规划。

（一）搬运线路

搬运线路有三种主要形式：直达型、通路型和中心转运站型。如图 7-4 所示。

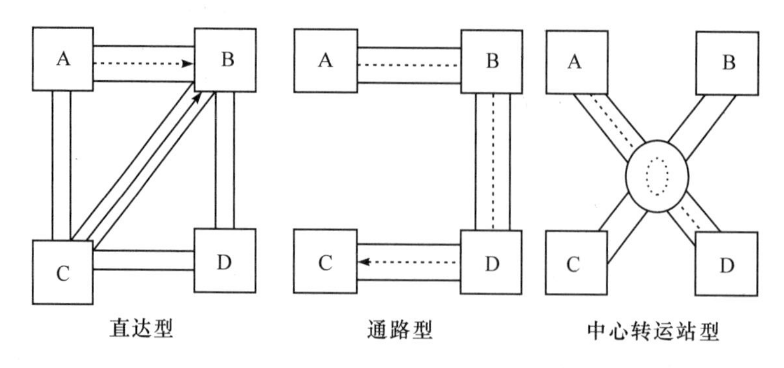

图 7-4　搬运线路主要形式

1. 直达型

直达型是指物料由起点到终点以直线式即最短的距离来运送的方式。在某一线路上物流量比较大，且移动的距离不长，应用此法最经济。实际操作中，紧急订单都用此法。如在车间内，零件从一个工位到下一个工位时都用直达型运送方式。

2. 通路型

通路型一般在装卸搬运的工作场所都有专用通道，这条通道连接各个工作站点，搬运物料不多时，可在一次搬运中运送多种物料，每到一个站点，卸下或取出相关的物料。如在一个大型的仓库中为客户拣货时，均用此法。

3. 中心转运站型

中心转运站型是指物料由起点至终点的过程中，需经过中间转运站加以分类、检验或指派，再送到目的地。中间多了一道手续，一般情况不用此法，有特殊控制的可用这种方法加以管制。

根据实践经验总结归纳，最后形成了距离、物流量与搬运方式关系图（见图 7-5）。

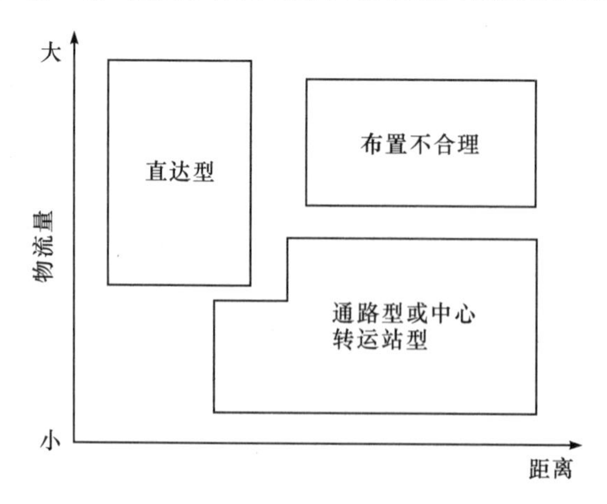

图 7-5　距离、物流量与搬运方式关系

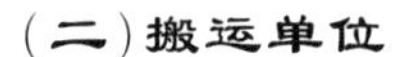

（二）搬运单位

物料移动的基本单位有三种类型：单件、包装件或散装。

体积很大的物品常用单件装运，利用大型搬运机械或辅助设施来搬运，如机械设备、混凝土制件等；易于损坏、贵重的、不易保存的货物常采用包装件搬运，利用固定包装设施可以保护货物不被损失，且便于利用专用设备来装卸和搬运；散装是最简单、最廉价的搬运单位，不需任何的包装费用，运用连续输送设备，运送量大、效率高，但易损坏和遗失货物。

第二节　装卸搬运工艺

进行物料装卸搬运工艺设计是一项很复杂、很细致的工作，因为实际的装卸搬运工作并不一定按我们所设计好的程序来操作，而是有很大的出入，所以设计时要考虑周全，安全系数一定要放大一些。

一、装卸搬运系统设计步骤

（一）收集资料

首先确定设计对象，是火车站、航空港、海港、河港，还是汽车站。参考与设计对象规模相似的同类型的港站，最好能收集到一些类似港站的资料，给设计师一个参照比。然后收集设计对象的一些有关资料，比如此港站的货运量、主要货物品种、货物装卸搬运单元、货物季节性强不强等。

（二）分析整理资料

根据设计任务书的要求，将收集的有关资料进行分类整理，包括分析整理已经落实的设计货运任务资料，做出设计货运量及设计操作过程的汇总表；分析整理所需车型、船型、货物特性及生产组织的要求，为设计打下基础。

（三）确定装卸搬运工艺流程

根据货运任务、特点、货物特性和车型、船型确定装卸搬运工艺流程，选择装卸搬运设备的类型，确定作业线上主要机型的额定工作量、生产效率和数量。

（四）计算确定装卸搬运参数

计算所需的库场面积、各种车辆的台数、机械驾驶人员数和装卸人员数、铁路及码头等装卸线的最小有效长度等。

（五）计算有关技术经济指标

比如用于装卸搬运的所有设施和设备的投资费、车船停留的时间、装机的总容量、单位装卸成本、装卸搬运机械化程度以及生产效率等。

（六）择优选取方案

由于装卸搬运活动的复杂性、装卸搬运方式的多样性，在设计时至少要做两个以上的方案来进行比较，择优推荐。把所有的设计人员、技术人员、高层领导等召集一起，由每位工艺设计人员说明每一种方案的优缺点和设计的理念，再请各位专家对每种方案进行定性和定量的比较，集思广益，找出最佳方案。

定性比较是对方案技术先进性、理念超前性和安全性做一个比较全面的评判；定量比较是把主要设备的主要技术参数、有关的技术经济指标做全面的比较(见表7-5)。

表7-5　方案比较表

项目	方案		
	Ⅰ	Ⅱ	Ⅲ
1.方案的可行性			
2.技术的先进性			
3.工艺流程的合理性			
4.操作人员的劳动条件和劳动强度			
5.设备安装、维修、操作的难易程度以及费用等			
6.所使用设备标准化程度			
7.工程上马的难易及速度			
8.对作业对象的适应性			
9.预留发展的余地			
10.安全性问题			

(七) 编制设计文件

把被选取的方案进行全面的整理，细化每一条文本，包括概述、装卸工艺流程、所有技术参数和经济指标，最后推荐意见也要写上。

二、装卸搬运工艺流程

装卸搬运工艺流程是让操作人员一看就知道如何工作的流程图，它包括装卸操作方法、生产组织和作业技术标准。一般作业技术标准在每一个工作场地有一种统一的标准，所以流程图上一般不注明。装卸操作方法和生产组织在流程图上阐明得很清楚，流程图就是各项作业工序的连续。装卸搬运工艺就是指把货物从某种运输工具上转移到场、库中等的作业过程和范围，它由一个或一个以上的操作过程来完成，常见的装卸搬运工艺过程有：运输工具(火车、汽车或船)—搬运车—场(库)—搬运车—运输工具。

下面介绍几种典型场所的装卸搬运工艺流程。

(一) 普通平房仓库

普通平房仓库根据规模的不同、所使用的装卸搬运机械的不同，有几种不同的装卸搬运系统，下面一一介绍。

1. 平板车、堆垛机系统

运输工具(包括火车、船、飞机、汽车等)将货物运送至货场,人工卸货至平板车上,推进库房,使用人力或电动液压堆高机将货物提升至合适高度后,再由人工堆码。如图 7-6 所示。

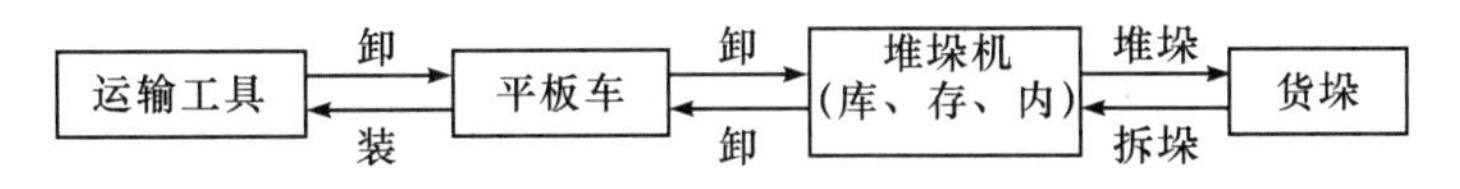

图 7-6　平坂车、堆垛机系统工艺流程

此系统的特点是:①搬、推或拉、堆等操作由人工完成,使用无动力或半动力机具配合作业。②通道一般为 1.2 米,仓库高度 3 米即可,普通房间都可作为仓库使用,仓库平面面积利用率较高。③液压堆高机提升后由人工堆垛,劳动强度较大。此系统效率较低,但成本也较低,目前普通仓库一般都用这种工艺流程。出货时就按反过来的流程操作。

2. 叉车托盘化系统

货物由运输工具运送至货场,卸货至卡车上运至仓库,小件货由人工码放在托盘上,较重货物由小型吊车搬运至托盘上,再由叉车叉起托盘送进库内并堆垛,用托盘的形式存放货物。如图 7-7 所示。

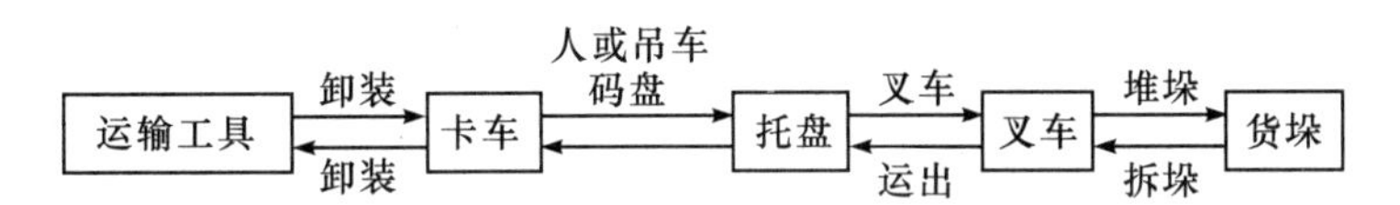

图 7-7　仓库内叉车托盘化系统工艺流程

此系统的特点是:①大部分操作由机械完成,减少了人力劳动强度。②用托盘的形式存放货物,不仅加快了装卸速度,而且降低货损,综合效率得到了提高。

3. 厂、库一条龙配套系统

工厂与仓库协作服务,托盘在工厂和仓库之间循环使用。工厂日常将生产的产品直接码放在托盘上入成品库。出厂时由叉车连货带托盘装入运输车,送至仓库后直接用叉车将托盘送入库内堆垛。发货时再用叉车直接叉起托盘出库装车,如图 7-8 所示。

此系统中,货物从出厂到入库、出库的整个过程中,装卸搬运时不碰货物,叉车只叉起托盘,货物是以托盘为搬运单位,提高了装卸效率,可以充分保证货物不受任何的损失。几乎不用人力劳动,属于机械化作业。仅适用于工厂与仓库之间较近且工厂规模较大、产品生产量较大的场所(如工厂和仓库在一个城市内)。

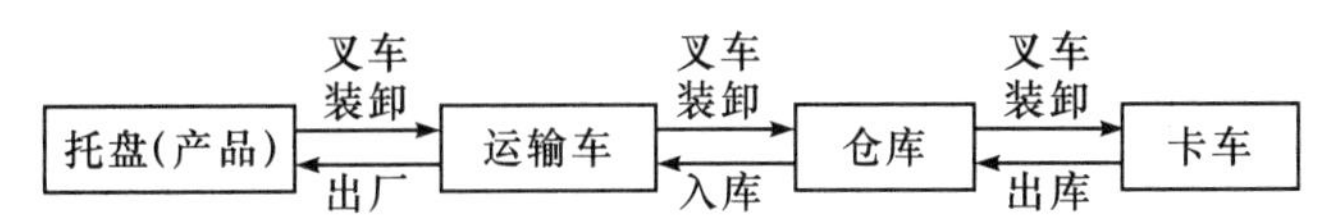

图 7-8　厂、库一条龙配套系统工艺流程

4. 普通立体仓库系统

立体仓库不再只是一座空房子，而是有一排排的货架。货物由卡车送至仓库，用人工分拣码入托盘，由叉车将托盘送上载货台，再由巷道堆垛机入库装上货架。发货时再由巷道堆垛机将托盘由货架上取出放至载货平台，用叉车送出装货，如图 7-9 所示。

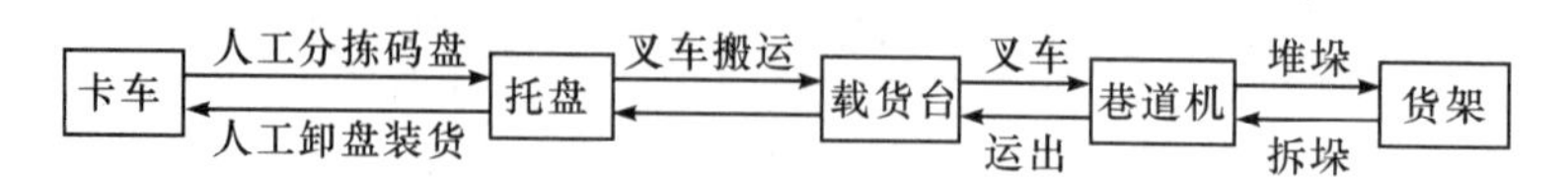

图 7-9 普通立体仓库系统工艺流程

此系统的特点是：①由于使用了巷道堆垛机，使仓库高度可达 13 米，提高了仓库的空间利用率。②普通仓库的货物是堆放的，一件压一件，需等上面的货物取出后才能取下面的，即货物是先进后出；而立体仓库的货物是放在货格内的，可以先进先出，避免货物由于压放时间过长而过期。③此系统基本上是机械化作业，效率较高。由于成本较高，一般吞吐量比较大的公司才会用此类仓库。

5. 桥式起重机系统

卡车直接进入库内，由桥式起重机在卡车上吊取货物并卸到货位上，如图 7-10 所示。

图 7-10 桥式起重机系统工艺流程

此类系统的特点是：①机械化作业，效率较高。②一台桥式起重机的工作范围是一个长方体的空间，只需一条通道让卡车出入仓库，其他的面积都可堆放货物，仓库面积利用率较高。此类仓库适用于质量比较重，体积比较大的货物，如钢材、机械设备、混凝土制品等。

（二）楼层库

一般在寸土寸金的城区内，要建立大型仓库是不划算的，楼层库在城区内应用较多。下面就讨论楼层库内的装卸搬运系统。

1. 楼层平板车、堆垛机系统

人力将货物由卡车上卸到平板车上，人工推或拉至电梯内，由电梯垂直运送到仓库楼层，再推或拉平板车至仓库内，用堆垛机将货物提升到所需高度，最后还用人力堆垛，如图 7-11 所示。

此系统的特点是：①半机械操作，人力劳动强度特别大，效率也较低，但由于使用了楼层，成本较低，市内应用较多。②只适合于货物较轻，而且货物一定要分散堆放，原因是楼板承载能力有限。如鞋类、服装类等。

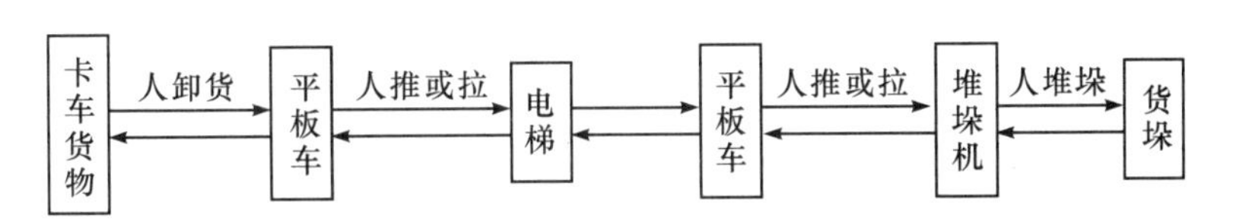

图 7-11　楼层平板车、堆垛机系统工艺流程

2. 楼层叉车托盘系统

人力将货物由卡车内卸至托盘上堆码，叉车将托盘和货物一起铲入电梯内，叉车退出，电梯垂直送托盘至楼层仓库，再由库内叉车将托盘送至货垛处并堆垛。出库时也由叉车铲托盘逆向操作即可，如图 7-12 所示。

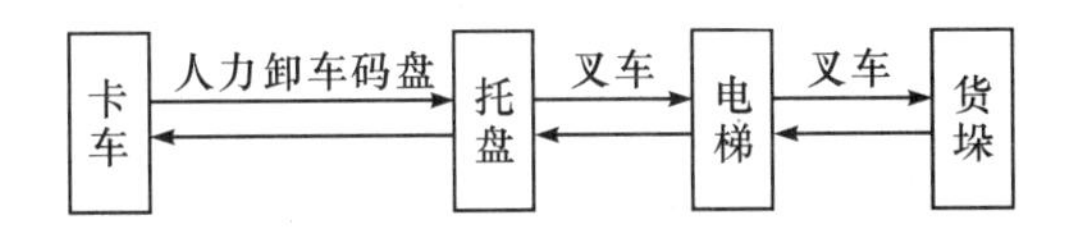

图 7-12　楼层叉车托盘系统工艺流程

此系统的特点是：①机械化作业效率较高。②整个过程用托盘操作，货损很少。适用于货物批量大、质量轻的情况。要求楼板有较强的承载能力。

第三节　装卸搬运设施设备的配套性

在任何一个系统中，都存在着一个配套性的问题。配套性问题就是在一个系统中的各个环节能否很好衔接的问题。装卸搬运设施设备的配套性就是要求设备的作业能力与现场的设施、作业量之间形成最佳的配合状态。若设备的作业能力达不到现场作业量的要求，货物受阻，整个流通环节不畅通，就会降低整个系统的工作效率；若设备作业能力超过了作业量的要求，又会形成设备的闲置，造成不必要的浪费；若某个系统中某一环节的工作能力较弱，而其他的设施和设备却都很强，就会形成“瓶颈”现象，使工作速度受阻。这些都是装卸搬运设施与设备不配套造成的，在现实工作中要尽量避免。

现代化的装卸搬运工艺系统首先是以设施为基础的，设施一旦做好了，若再想更新，就会影响港站的正常工作，所以设计基础设施时要准确地估计港站的年吞吐量，并要有预见性，要让设施能适应港站发展的需求。其次就是以先进的装卸搬运设备为主体，装卸与搬运设备之间的配套性与许多因素有关，重点要充分考虑港站的货物、运输工具、自然条件、建筑物、运输组织和机械标准化等几个方面的问题。

一、货物

设计机械化系统时，要关注货物的特性、吞吐量和流向。

（一）货物的特性

货物的种类、性质不同，装卸这些货物的设备也不同，如表 7-6 所示，反映的是不同种类的货物，装卸搬运时所用的设备完全不同。

表 7-6　搬运各类货物的典型设备一览

货物种类	典型装卸搬运设备
件杂货	门座起重机、叉车、巷道堆垛机等
干散货	带式连续输送机、堆场斗式取料机
集装箱	岸壁式装卸搬运桥、堆场轮胎式龙门吊
液体货	输送管道系统

根据货物特性来选择设备时，主要从以下几个方面来考虑。

1. 货物的体积、比重影响对起重机额定起重量的选择

起吊体积大而比重小的货物宜用额定起重量较小的起重机；反之，起吊体积小比重大的货物宜用额定起重量较大的起重机。

2. 货物包装的牢固性影响装卸方法和货物的高度

对于包装较牢固的货物，可采用自重法或高空作业法装卸搬运，可放在仓库的最内端，越货搬运；而对于易碎的、包装不牢固的货物最好采用托盘轻拿轻放的操作方法，且搬运高度不要太高，采用低空作业，搬运存放的距离不要太远，就近堆放。

3. 货物的冻结性和凝固性影响着设备的使用效率

如盐、化肥散运时在空气中会因吸潮而凝结结壳，煤炭、矿石在冬季运输时会冻结，凝结或冻结的货物不能很好地自流，从而影响连续输送机的工作效率，甚至会使底开车门的自卸车产生架桥而不能自动卸出货物。为了预防货物冻结和凝结，或使已冻的货物松碎，需对这类货物进行适当的处理，如脱水、加防冻剂、加热、机械松碎等。例如在我国北方设计石油装卸输送系统时，一定要设计加热保温设施，确保低温下石油不冻结。

4. 易燃易爆和扬尘性要求货物的运输

货物的易燃、易爆和扬尘性要求装卸搬运机械化系统要有防燃、防爆、防扬尘的设施，否则整个系统就不能使用。

5. 品种多样性货物的要求

货物品种的多样性要求装卸搬运机械化系统具有通用性和灵活性，否则机械使用效率极低。如在港口码头上，一条装卸搬运系统必须适合运输多种货物，沙、矿石、煤等可在一条连续输送机上分时段运输，玉米、谷物、小麦等可共用一条连续输送机。设计装卸搬运系统时货物种类不能不分（货物不能混杂），但又不能分得太细，太细会降低设备使用效率。

（二）货物的吞吐量

货物吞吐量的大小决定着机械设备的规模和种类。吞吐量大时，可采用自动化程度高，规模大的机械设备，来提高整个装卸搬运系统的效率。如在海运码头，货物量大，可采用专用化的泊位和专用化的设备，以提高码头的利用率，缩短船舶的停滞时间。吞吐量较小时，就选用规模较小，构造简单的设备，以降低成本。

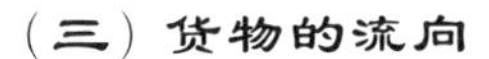

（三）货物的流向

货物的流向就是指货物下一步朝什么方向运输，是走陆路还是水路。比如货物是用铁路运输、汽车运输还是船上运输，还是几个方向都有；是双向货流还是单向货流；货物是全部经过货场、部分经过货场还是全部换装。这些因素也决定着装卸设备选用何种类型。

双向货流是要求装卸设备在两个方向都能工作，即既能装又能卸，如码头上要求机械在岸与船、船与岸之间都能工作。货物是否经过货场，对机械化系统影响也很大。货物全部不经过货场，选用的设备只需在两种运输工具之间换装，不需要堆场，且设备可选用功能较单一的机械，如臂架类起重机在船与船、车与车之间来回卸装就可完成任务；但是大部分货物一般都需经过货场，因为如直接换装的运输工具衔接不上、货物需要分类、分票、加工（比如大件分成小件、粮食的精选、干燥和熏蒸等）等，这就要求港口或车站要有大量的仓库或堆场来周转，且机械设备的种类要多、功能要齐全。

设计装卸搬运机械化系统时，首先要把货物进行分类，由货物的种类去找对应的机械设备，另外还要搜集货物以下的有关资料。

(1) 件杂货物要搜集其中重、大件货物的数量、流向，最大件货物的重量和体积，这些是选用设备的额定起重量和起升高度、幅度的决定因素。

(2) 集装箱货物要搜集何种集装箱的数量最大，由此来决定岸壁式装卸搬运桥和堆场轮胎式龙门吊的跨度、额定起重量和高度。

(3) 对于散货要搜集其品种、数量、流向、块度（块的大小）、容重、自然堆集角（货物自然堆放时的坡度），以及散装流体货的黏度、相对密度、最低燃点温度和浓度、爆炸极限等，这些是决定装卸环境的重要因素。

(4) 危险品货物的主要品种、数量、性质及安全要求，这些决定了场地所必须具备的辅助设施和设备。

(5) 季节性运输货物的品种、数量及运输季节，决定着设备何时使用，何时保养维护。

(6) 其他在运输中有特殊要求的货物品种、数量、流向及特征。

(7) 进出口货物的品种、数量、流向和有关不同国家和地区对货物的不同要求。

在上述资料收集齐全以后，再全面考虑，选取最适合的装卸搬运机械化系统。

二、运输工具

运输工具包括火车、船舶、汽车、飞机、管道运输和集装载货容器六个方面。

（一）火车

火车是铁路运输中的主要工具，它具有运输速度快、准确性高、连续性强、运载量大、运输成本低、安全可靠、受气候因素影响较小等优点。其选型和运输次数由旅客量和货物的种类、数量等来决定。

1. 客车

运送旅客的客车通常由硬座车（YN）、硬卧车（YW）、软座车（RZ）、软卧车（RW）、

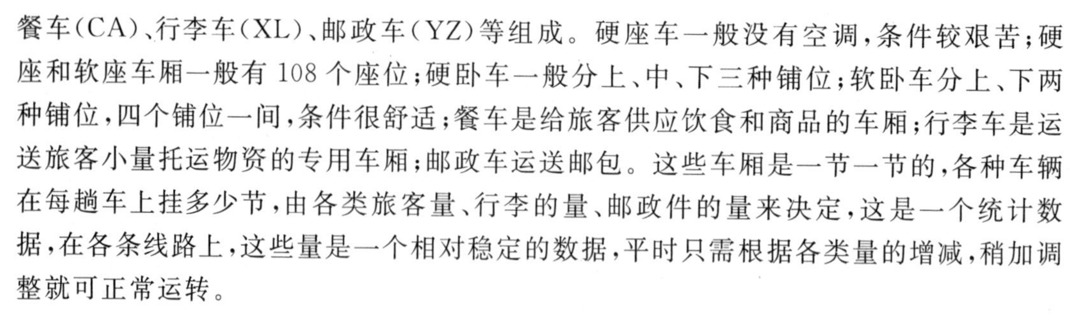

餐车(CA)、行李车(XL)、邮政车(YZ)等组成。硬座车一般没有空调,条件较艰苦;硬座和软座车厢一般有108个座位;硬卧车一般分上、中、下三种铺位;软卧车分上、下两种铺位,四个铺位一间,条件很舒适;餐车是给旅客供应饮食和商品的车厢;行李车是运送旅客小量托运物资的专用车厢;邮政车运送邮包。这些车厢是一节一节的,各种车辆在每趟车上挂多少节,由各类旅客量、行李的量、邮政件的量来决定,这是一个统计数据,在各条线路上,这些量是一个相对稳定的数据,平时只需根据各类量的增减,稍加调整就可正常运转。

2. 货车

货车主要用于运送货物。由于货物的种类繁多,各类货物的运输要求也不一样,所以货车车厢的种类也很多,现代最常见的是货柜(集装箱)车,它们可以由起重机吊起,从车厢运到船或货车上。有些国家的货柜车厢采用附带方式,又称为“背载式运输”(piggyback),货柜车可以把货柜连拖架一起驶上列车车厢。到达目的地后直接由货柜车头把货柜开走。英国、法国之间的英吉利海峡隧道便是采用这种设计。

货车车厢按货物种类的不同主要可分为:运送长大笨重货物的平车;散装货物的敞车;冷冻食物的冷藏车;运送猪或牛等动物的棚车;运送矿物类、粮食类的漏斗车;运送液体、半液体或粉状货物的罐车及运送阔大货物的大物车等。

按车厢所载重量的不同可分为:20吨以下、25～40吨、50吨、60吨、65吨、75吨、90吨等多种不同的车辆,我国目前以60吨车厢为主。

货车车厢的搭配以货物的种类、量的大小等来决定,足够一列车,才会发车,否则就必须等货物。有时你的货有可能等几天,有时可能一到就发车,你要能理解,更要跟顾客解释清楚,以免发生不必要的误会。

货车的卸货系统:轻、小件杂货一般由人工卸货,平台车搬运,稍重的可用叉车装卸搬运;干散货采用自动卸货,专用斗车搬运;液体货采用全自动卸货,专用罐车搬运;其他大、重、笨类货物一般用龙门起重机在专用位置装卸,用电动车或汽车搬运。

(二) 船舶

船舶的全长决定着泊位的长度,船宽决定着岸上机械的臂幅,船舷及上层建筑高度决定着起重机门架及输送机栈桥的高度和岸上机械具备升降式或伸缩式悬臂的必要性,舱口的数量决定岸上机械的数量,舱口尺寸决定作业方法和装卸效率,舱口面积与货物面积之间比例的大小影响舱内作业量,而舱内作业往往成为限制装卸效率的主要因素,船舱结构(舱内是否有支柱、隔板等)影响舱内机械的使用。

一般情况下,专业化的船舶使用专业化的装卸设备有利于提高效率,但是我国的船类型很多,设计装卸搬运系统时必须充分考虑船的类型,主要要了解以下参数。

(1) 船舶载货吨数,重点舱载货吨数。

(2) 船舶总长、总宽、总深,空船和满载时的吃水深度。这些参数决定起重机的最大起升高度,决定着连续输送机的倾斜角。

(3) 舱口的数量、尺寸,各舱口之间的距离,甲板层数。

(4) 上层建筑的位置和高度,机舱的位置,船舶吊杆的负荷量。

这些参数决定着所选用的设备的主要参数。

(三) 汽车

一般液体货物的运输都采用专业车型，与它们配套的装卸搬运也采用专用设备。其他货物的装卸一般轻的靠人工装卸，用手动车、牵引车或平板车来完成搬运过程，装卸搬运的效率较低，工人劳动强度和环境较差；稍重的中小型货物一般用叉车来完成；而大、笨、长、重的货物则用流动式的臂架类起重机来完成。采用汽车运输大多数是“门对门”式的服务，装卸搬运一般都在客户方进行，所以汽车站的装卸搬运设施和设备都较简单，购进流动式的装卸搬运设备(主要有叉车、汽车起重机、轮胎式起重机和履带式起重机等)较适合。流动式的装卸搬运设备类型的选择由具体某站的货物的种类来决定；其台数的多少，由汽车站的规模来决定。

(四) 飞机

由于用飞机运输费用较高，所以只有较贵重的、轻小型的、对运输时间有严格要求的货物才会用飞机运输。由此可知飞机货物的装卸不用专用设备，人工操作即可完成；机场搬运都用平板车来完成。

(五) 管道运输

管道运输是货物在管道内借助高压气泵的压力进行运输的一种特殊的运输方式。管道是固定不动的，它既是运输工具，又是运输通道，把运输工具和通道合为一体，具有高度专业化的特点。货物在管道内无须换装、装卸和搬运，进货口由专用设备对货物加压送进，出货口只需接货分装。

(六) 集装载货容器

集装载货容器主要有集装箱和托盘，利用它们把货物集中起来，利于装卸搬运和运输。

1. 集装箱

集装箱按尺寸大小可分为：1A 型，40 英尺(12192 毫米)；1B 型，30 英尺(9144 毫米)；1C 型，20 英尺(6096 毫米)；1D 型，10 英尺(3048 毫米)。集装箱的容积越大其载重量也越大。

集装箱的装卸搬运一般采用专用设备，专用设备的型号和吊具由集装箱的大小来决定。专用装卸搬运设备有正面吊运机、轮胎式龙门起重机、集装箱跨运车等。集装箱量不大的场合使用正面吊运机，规模比较大的场合则必须配备轮胎式龙门起重机和集装箱跨运车，其台数由该站(或港)集装箱的吞吐量来决定。

2. 托盘

(1)托盘概述

托盘又称为货盘，用于集装、堆放、搬运和运输的放置作为单元负荷的货物和制品的水平平台装置。这种平台的下方有供叉车从下部进入并将平台托起的叉入口。

托盘最早产生于美国、日本等发达国家。初期它是作为叉车的附属装卸工具来使用的，后来发展成为一种储存工具，现代已经发展成为一种物流工具，渗透到物流系统的每个环节，成为一种不可缺少的装卸、搬运、运输、储存和销售工具。

(2)托盘的分类

随着物流业的发展,托盘的种类越来越多。按托盘结构来分,有以下五种。

①平托盘

由于平托盘使用范围最广,利用数量最大,通用性最好,所以平常所说的托盘大多数是指平托盘。平托盘按照托盘使用时的工作面、叉车叉入的方向和制作材料不同,有三种分类方法。

a.根据台面分类

有单面型、单面使用型、双面使用型和翼型等,如图7-13所示。

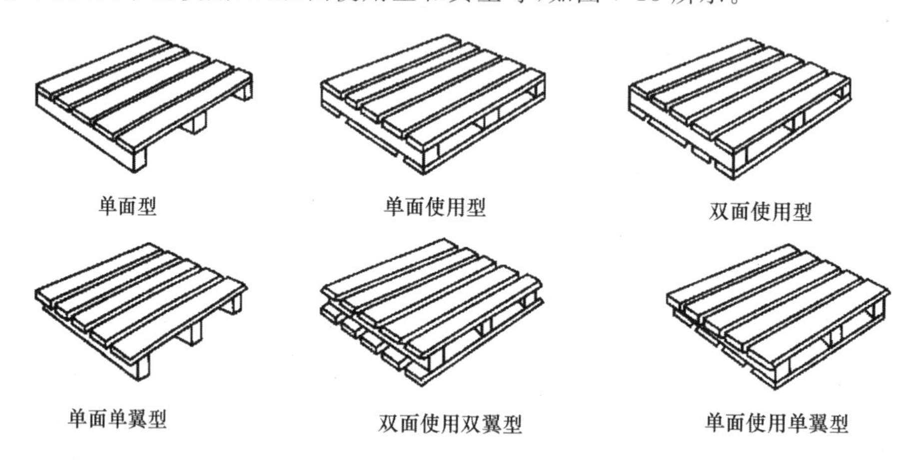

图7-13　根据台面分类的平托盘类型

b.根据叉车叉入方式分类

有双向叉入型、四向叉入型等两种,如图7-14所示。

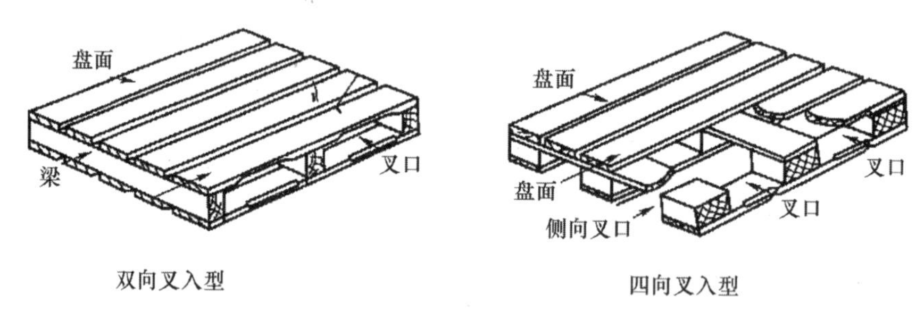

图7-14　根据叉车叉入方式分类的平托盘类型

c.根据材料分类

木制平托盘、钢制平托盘、塑料制平托盘、复合材料平托盘以及纸制平托盘等五种。木制平托盘(见图7-15)制造方便,便于维修,质量轻,使用广泛;钢制平托盘(见图7-16)强度高,不易损坏和变形,不需要熏蒸、高温消毒或者防腐处理,可以回收再利用,若制成翼形平托盘,不仅可用叉车装卸,也可利用两翼套吊吊具进行吊装作业;塑料制平托盘(见图7-17)是一个整体,平整美观、无钉无刺、无毒无味、不腐烂、不助燃、无静电火花、易冲洗消毒、质轻,且可着各种颜色分类区分,可回收,使用寿命是木托盘的5～7

倍，是现代化运输、包装、仓储的重要工具，是国际上规定的用于食品、水产品、医药、化学品、立体仓库等各行业之储存必备器材，但承载能力不如钢、木制平托盘；复合材料平托盘（免熏蒸）具有抗高压、承重性能好、成本低的优点，避免传统木托盘的木结、虫蛀、色差、湿度高等缺点，适用于各类货物的运输，是木托盘的最好替代品；纸制平托盘（见图 7-18）具有质轻，可回收利用等优点，用于质轻且干燥的货物的集装。

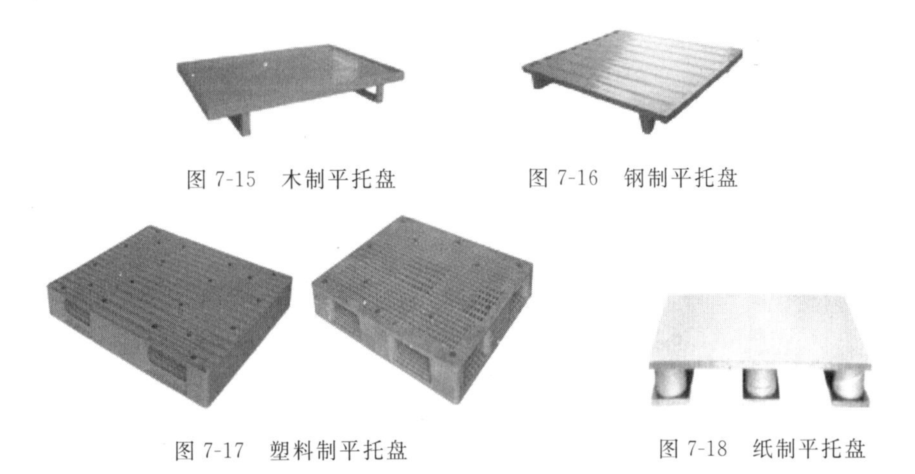

图 7-15　木制平托盘　　图 7-16　钢制平托盘

图 7-17　塑料制平托盘　　图 7-18　纸制平托盘

②柱式托盘（见图 7-19）

柱式托盘是指托盘的 4 个角上有钢制立柱，柱子上端可用横梁联结，形成框架结构。按柱子固定与否可分为固定式和可卸式两种。柱式托盘的主要作用，一是利用立柱支撑承重，向上叠放不用担心压坏托盘上的货物；二是可防止托盘上放置的货物在运输和装卸过程中发生塌垛现象。

③箱式托盘（见图 7-20）

箱式托盘是四面有侧板的托盘，有的箱体上有顶板，有的没有顶板。箱板有固定式、折叠式、可卸下式三种。四周栏板有板式、栅式和网式，因此，四周栏板为栅栏式的箱式托盘也称笼式托盘或仓库笼。箱式托盘防护能力强，可防止塌垛和货损；可装载异型不能稳定堆码的货物，应用范围很广。

图 7-19　柱式托盘　　图 7-20　箱式托盘

④轮式托盘(见图 7-21)

轮式托盘与柱式托盘和箱式托盘相比,多了下部的小型轮子。因而,轮式托盘显示出能短距离移动、自行搬运或滚上滚下式的装卸等优势,用途广泛,适用性强。但装货时不能装得太满,以免堆垛时轮子压坏货物。现在有一种新型的轮式托盘:底板安装在弹簧上,随着存取货物时重量的变化,底板自动上下移动,以减少工人装卸的弯腰次数,降低工人的劳动强度。

图 7-21　轮式托盘

图 7-22　特种专用托盘

⑤特种专用托盘(见图 7-22)

由于托盘作业效率高、安全稳定,制作简单,造价低,尤其在一些要求快速作业的场合,突出托盘的方便性,所以各国纷纷研制了各种各样的专用托盘,如平板玻璃集装托盘、轮胎专用托盘、长尺寸物托盘、油桶专用托盘等。平板玻璃集装托盘也称平板玻璃集装架,有 L 型单面装放平板玻璃单面叉入式,有 A 型双面装放平板玻璃双面叉入式,还有吊叉结合式和框架式等。玻璃顺着车辆的前进方向,以保持托盘和玻璃的稳固。轮胎专用托盘,可多层码放,不挤不压,解决了轮胎怕挤、怕压的问题,大大地提高了装卸和储存效率。长尺寸物托盘,是一种专门用来码放长尺寸物品的托盘,有的呈多层结构。物品堆码后,就形成了长尺寸货架。油桶专用托盘,是专门存放、装运标准油桶的异型平托盘,双面均有波形沟槽或侧板,以稳定油桶,防止滚落,优点是可多层堆码,提高仓储和运输能力。

a. ISO(国际标准化组织)制定的 4 种国际托盘规格。

ⅰ 欧洲规格:1200 毫米×800 毫米。

ⅱ 欧洲(部分)、加拿大、墨西哥规格:1200 毫米×1000 毫米。

ⅲ 美国规格:1219 毫米×1016 毫米。

ⅳ 亚洲规格:1100 毫米×1100 毫米。

我国 GB/T2934－1996 中规定了联运通用平托盘的尺寸 800 毫米×1200 毫米、800 毫米×1000 毫米和 1000 毫米×1200 毫米三种,载重量均为 1 吨。

总之,托盘的种类很多,选用时注意不同的货物选用不同种类的托盘,以免伤害货物。各种托盘数量的多少,由各种货物的年吞吐量的比例来决定。一般重货选钢制托盘,轻货选塑料或木制托盘。若是某种货物在同一场所量很大,就考虑选用专用托盘。

b. 为了提高托盘的使用性能，经常用的防止散垛的方法有很多，主要用以下几种

ⅰ 捆扎：用绳索或布条捆扎绑紧。

ⅱ 加网罩紧固：用专用固定网罩罩住后，四边拉紧紧固 。

ⅲ 加框架紧固：用相对应的配套的框架捆绑紧固。

ⅳ 中间夹摩擦材料紧固：对于用塑料袋装的货物，为了增加袋与袋之间的摩擦力，采用布块做衬垫较好。

ⅴ 专用金属卡具固定：有些托盘配有金属卡具，把货物堆放规矩后再用卡具卡住，方便快捷。

ⅵ 黏合：使用黏合剂把货物粘在一起（很少用，货物黏好后不易分离，或分离后外表面不美观）。

ⅶ 胶带粘扎：用透明胶粘接缠绕固定。

ⅷ 平托盘周边垫高：为了防止货物向外倒，把平托盘周边先用泡沫或布块垫高后再堆放货物，让货物重心向内，四周货物都向内压，就不易倒垛。

ⅸ 收缩薄膜紧固：现在有一种新型的薄膜，遇热后就自然收缩拉紧，所以在托盘上堆好垛后，用收缩薄膜先四周缠绕，然后把它推到烘箱内稍微加热，收缩膜收缩后就自然紧固了。

ⅹ 拉伸薄膜紧固：还有一种新型的薄膜叫拉伸薄膜，缠绕时只要用力拉伸，它就自然紧固了。

c. 在托盘堆放货物时，码垛方式各种各样，综合起来分以下四种。

ⅰ 重叠式：货物从下到上一条线式的码放，每一层堆放方式不变，不论包装箱或袋的四方方向的尺寸如何，码放成垛后总能成体，方便简单，但易倒垛。

ⅱ 纵横交错式：奇数层横放，偶数层就纵放，要求包装箱的横向和纵向尺寸要成部数关系，码放成垛后才能成体（长方体或正方体），码放后不易倒垛。

ⅲ 正反交错式：在奇数层上箱子就纵向一排，横向一排；偶数层上再反过来，横向码一排再纵向码一排，货物相互叠压，不易倒垛。

ⅳ 旋转交错：箱子围绕托盘的外周环绕码放，而且奇偶层码放的方向要相反，这样外周可以保证成体，且不易倒垛。

总之，不论怎么码放，一是托盘四周货物要成体，以方便紧固；二是每层货物要交错叠加，防止整体倒垛。如图 7-23 所示。

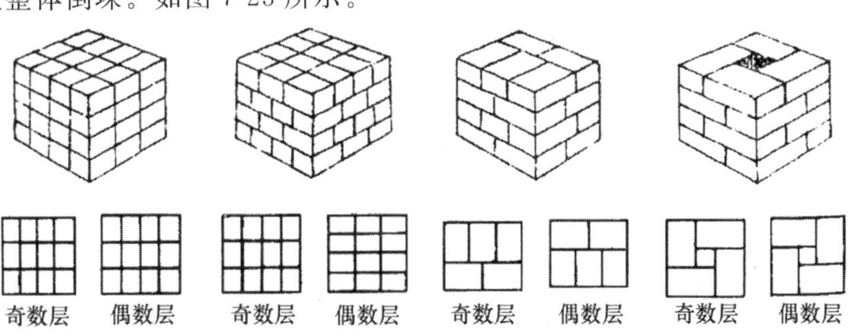

图 7-23　堆垛的方法

三、自然条件

自然条件对机械设备的影响主要表现在地质、地形、气象条件等方面，从而制约着设备的使用效率，对设备的灵活性提出了更高的要求。

（一）地质和地形

地质条件对港站的结构、造价和机械设备的选用都有重大的影响。如在土质松散的条件下（码头是建在河岸边上的，而岸边大多为沙地）安装重型机械或建造大型的贮货仓和油罐，就必须加固地基，不仅技术上有困难，制造成本也会大大增加；在土质太坚硬的条件下（如岩石上、钢渣填土等），建造大型的装卸搬运机械化系统会在施工挖掘上消耗大量资金。

地形的不同直接影响着设备的选择。如斜坡太大的地方，选用连续输送机时需分几段来完成，水位变化太快或太大的地方（如潮汐的变化），要求选用的设备适应性要强，要随着水位的变化能即时地做出相应的变化，不能因停工而耗时。

（二）气象条件

在较冷的地方（如我国北方地区），要做好防冻的工作；在多雨的季节（如南方地区），要做好防雨的准备；在潮湿的季节要做好防潮的工作。总之在设计装卸搬运机械化系统时，不仅要考虑机械的适用性，更要考虑气象条件对操作系统带来的负面影响，从而有效地加以克服。

四、建筑物

建筑物对机械设备的影响主要从以下三个方面来讨论：仓库的类型、结构及位置，铁路和公路与码头的相对位置，码头的结构形式。

（一）仓库的类型、结构及位置

仓库的类型不同，所选用的装卸搬运设备是完全不同的。一般的平放仓库直接把货物堆放在地上，只需用简单的桥架式起重机即可完成所有的工作；料架仓库因有货架，桥架式起重机已不起作用，而需用叉车或巷道式堆垛机才能完成存取货的任务；自动化立体仓库使用的设备则完全不同，它需智能型的全自动机械化系统来完成库内工作，实现了库内无人化；多层式仓库则需在多层楼房内设置垂直式输送机或提升机与叉车配合来完成操作任务。

仓库的结构不同，所选用的设备也完全不同。库场地面的许可负荷和平整度、仓库的高度等决定着设备的大小，许可负荷越大，平整度越高，仓库越高，就可选择大型的装卸设备，货堆也可以更高一些，地面面积使用率也得到提高，工作效率自然也高一些。仓库内的支柱的多少、库门的尺寸也限制着设备的选择，支柱越多，库门越小，所用设备就需越小，否则周转不开，从而影响设备的使用效率。

库场与码头的相对位置决定着货物的搬运距离，距离远，就需选择高速度的搬运机械，以提高搬运效率；距离近，就可选择灵巧型的设备，以提高通用性。

（二）铁路和公路与码头的相对位置

在我国大型的港口，铁路线和公路线都已进入码头区域，合理地布置铁路线、公路线与码头的距离和位置对装卸效率影响很大。原则是铁路线与公路线互不干扰，同时两线更不能干扰装卸区。直接转运的大件货可用空中装卸（如桥架式吊车或臂类起重机）的方法直接完成装卸操作，此时铁路线或公路线就在码头上；散货可用连续输送机直接送至货车内进行转运。这是最经济的装卸搬运系统。但大部分货物是必须先存放在货场或仓库内的，此时铁路线和公路线必须远离码头，在货场内再进行一次分装操作。

（三）码头的结构形式

码头是供船舶停靠、装卸货物和上下游客的水工建筑物，是港口的主要组成部分。按码头的平面布置分，有顺岸式、突堤式、墩式等。墩式码头又分为与岸用引桥连系的孤立墩或用联桥连系的连续墩；突堤码头又分窄突堤（突堤是一个整体结构）和宽突堤（两侧为码头结构，当中用填土构成码头地面）。按断面形式分，有直立式、斜坡式、半直立式和半斜坡式。按结构形式分，有重力式、板桩式、高桩式、斜坡式、墩柱式和浮码头式等。按用途分，有一般件杂货码头、专用码头（渔码头、油码头、煤码头、矿石码头、集装箱码头等）、客运码头、供港内工作船使用的工作船码头以及为修船和造船工作而专设的修船码头、舾装码头。

五、标准化

标准化在物流系统中是指选择装卸搬运工艺方案以及设备时，应尽可能地采用标准化的成熟方案、设备系列、货物单元。

标准化的成熟方案是指世界上最流行、最通用的工艺方法。参考国际上或国内运用最多的工艺方案，然后加入先进的机械设备和设计理念，改造出最好的工艺流程。装卸搬运作业的标准化可以提高工人的操作熟练程度，从而提高工作效率。

标准化的设备是指所选购的设备必须是符合国家标准的机械。使用标准化的设备可以提高操作人员的熟练程度，且在设备维修过程中会带来很大的方便，且非常经济。方便是指找维修点随处好找，只要是标准化的机械，各省市都有维修点，若是非标准的设备，只有生产厂家才能维修，请专业维修人员上门要时间且要花路费。经济性是指维修中所需要的配件是标准件，好买；若是专用配件，只有生产厂家才有，不仅要花时间邮购，且价格也不会低，设备运行费用会急剧增加。标准化的设备，使用的零件也是标准化的，这样可以减少备件，从而降低成本。

不仅大型的装卸搬运设备需要施行标准化，小型的、简单的吊货工属具和成组工具也要标准化。如集装箱吊装的标准化大大扩展了集装箱的使用范围，大大提高了集装箱的使用量，使集装箱在全世界都可使用；托盘的标准化不仅降低了制造成本和维护费用，而且更重要的是提高了装卸搬运的效率。因为标准化的托盘可以随货物流通，从货物装上托盘直到最终到达目的地，中间转运的过程中货物不离开托盘，装卸搬运以托盘为单位进行，不仅可以保证货物质量，而且中间不需要把货物从托盘上取下，或把货物再次装上托盘，可以提高装卸效率。

货物单元的标准化是指货物包装、搬运单元的标准化。如集装箱的标准化简化了整个运输系统，配合使用专用的装卸搬运设备，不仅提高了工作效率，更重要的是提高了货物的质量，从而极大地提高了物流公司的信誉。

第四节　物料装卸搬运设备和人员的配套及方案的合理化原则

物料装卸搬运设备和人员的配置应根据项目的作业量、作业种类和所选择的机械化系统来分别计算各种设备的台数、各个工作岗位所需的人数。最后把整个装卸搬运系统方案与合理化原则对照，逐条进行检验，对方案做进一步的完善。

一、物料装卸搬运设备的配置

装卸搬运设备数量应按设备类型分别对各类设备的作业量进行计算。

$$n=\frac{Q_{机}}{T\times 24\times P\times K_{利}}$$

式中：n——所需设备台数；

$Q_{机}$——设备的年作业量(t)；

T——年日历天(d)；

P——设备的台时效率(t/h)；

$K_{利}$——设备的利用率。

如果没有实际资料，可按下列数据计算。每天一班制取0.15～0.2，二班制取0.3～0.35，三班制取0.4～0.5。

注：

①上式是按各类设备分别计算的。

②$Q_{机}$——设备的年作业量是该种设备在整个装卸作业系统中所完成的各操作过程的作业量的总和。

③P——设备的台时效率。各种设备的台时效率是不同的，根据说明书上提供的数据和实际操作过程中的数据结合来确定。

例1：以装卸桥—固定输送机—斗轮堆取料机单向物流装卸搬运系统为例做详细的说明。物料为煤炭，操作流程如表7-7所示，求所需各类设备的台数。

解：先计算各类设备所要完成的年作业量，再按上面的公式计算所需的各类设备的台数，如表7-8所示。

表 7-7　各类设备的作业量表

操作流程	年作业量(吨)	设备年作业量(吨)		
		装卸桥	固定输送机	斗轮堆取料机
船—驳	2100000	2100000		
船—货场	2300000	2300000	2300000	2300000
货场—车	180000			
货场—驳	1800000		1800000	1800000
总计		4400000		4100000

表 7-8　设备台数计算表

计算项目	装卸桥	斗轮堆取料机
设备的年作业量 $Q_{机}$(吨)	4400000	4100000
年日历天 T(天)	365	365
设备的台时效率 P(吨/时)	330	1033
设备的利用率 $K_{利}$	0.42	0.40
计算台数 n(台)	3.62	1.13
设计选用台数(台)	4	4

装卸桥台数 $n=\dfrac{4400000}{365\times24\times330\times0.42}=3.62$(台)；

斗轮堆取料机 $n=\dfrac{4100000}{365\times24\times1033\times0.40}=1.13$(台)。

由表 7-6 可以看出：①计算的装卸桥台数为 3.62 台，设计选用台数为 4 台，这是因为设计生产能力应大于实际的工作量，只有这样，整个机械化系统才能按时完成任务。计算的斗轮堆取料机的台数为 1.13 台，设计选用台数为 4 台，这是由设备的配套性决定的，一台装卸桥需配一台斗轮堆取料机。由此可看出斗轮堆取料机的工作量是不饱满的。总之一句话：设计选用设备的台数必须大于计算台数。但是不能大得太多，否则会造成设备的闲置而导致成本的浪费。②上例是一个单向物流装卸搬运系统，仅仅是从船上卸煤炭到其他的运输工具上。若是双向物流或是多个品种的货物，就需按照流向的不同、货物品种的不同分别求得各种设备的年作业量，然后计算各种设备的台数，根据系统的配套性合理地选取各种设备的设计台数。

二、物料装卸搬运人员的配置

装卸搬运人员和设备驾驶员人数根据生产任务的需要配备。下面根据实际经验介绍人员的配置情况。

（一）通用港站的装卸搬运人员数

$$工人数=\frac{Q_{操}}{T_{营}\times(1-K_{轮})\times K_{出}\times t_{班}\times K_{利}\times P\times K_{班制}}$$

式中：$Q_{操}$——年操作量；

$T_{营}$——年工作天；

$K_{轮}$——轮休率(1/7)；

$K_{出}$——工人出勤率；

$t_{班}$——班制工时，每班工作时间 7.33 小时；

$K_{利}$——工时利用率；

P——平均工时效率，为各操作过程中的平均纯人工工时效率；

$K_{班制}$——班制。

或采用下式计算：

$$装卸工人数=\frac{1.44\sim1.55}{365\ K_{利}\ K_{出}}\cdot\sum\frac{Q_{操}}{H_{操}}$$

式中：$Q_{操}$——年操作量；

365——年工作天；

$K_{利}$——工时利用率；

$K_{出}$——工人出勤率；

1.44～1.55——考虑工人轮休，任务不平衡时可增加的系数；

$H_{操}$——工日产量(工班效率)，即每个工人每一个班(8 小时)完成的操作量(吨)。

此公式计算出的是理论数据，实际工作中，可根据工作量的变化(如工作量不饱满或因季节的变化影响了工作量)、工作强度的大小，人数适当地增减，以保证即时完成装卸搬运任务。

（二）专业化港站的装卸搬运人员数：

$$n=(1.2\sim1.33)\cdot n_{班次}\cdot n_{作线}\cdot n_{工}$$

式中：$n_{班次}$——每昼夜作业班次数；

$n_{作线}$——泊位作业线；

$n_{工}$——每作业线配工人数。

（三）设备驾驶员人数

根据设备类型、数量和工作班制规定驾驶员人数，另外考虑出勤率人员数增加10%。设备的种类不同，配备驾驶员人数的方法不同，人数也就不同，如下所示。

1. 起重设备、皮带输送机

按照专人专机配备驾驶员人数(见表 7-9)。

2. 连续输送设备

按小组承包制配备操作人员(管理员)(见表 7-10)。

表 7-9　起重设备、皮带输送机专人专机配备驾驶员定额人数

设备名称	每班值勤驾驶员人数(人/台)	三班制(人/台)	二班制(人/台)	一班制(人/台)
门座起重机	2	7	4.7	2.3
推扒机	2	7	4.7	2.3
牵引机	1	3.5	2.3	1
轨道起重机	2	7	4.7	2.3
大型装煤机	2	7	4.7	2.3
起重船	2	7	4.7	2.3
斗式装卸车	1	3.5	2.3	1

表 7-10　连续输送机小组承包制操作员定额人数

设备名称	承包台数	每班值勤驾驶员人数(人/台)	三班制(人/台)	二班制(人/台)	一班制(人/台)
移动皮带机 10 米以上	3 台	1	1	0.7	0.3
移动皮带机 10 米以下	6 台	1	0.5	0.3	0.3
固定皮带机	100 米/台	1	3	2	1

根据表 7-7、表 7-8 的经验数据，例 1 中的各类设备配备的驾驶员人数如表 7-11 所示。

表 7-11　例 1 中的各类设备配备的驾驶员人数

设备名称	每班值勤电工人数	三班制定额	驾驶员数	
	人/台	人/台	设备台数	驾驶员数
桥式卸船机	2	7	3	23
斗轮堆取料机	1	5	3	16
推扒机	2	一班制 2.3	6	13
水平固定皮带机	2	6	3	18
垂直固定皮带机	3	10	3	30
斗式装车机	1	一班制 2.3	2	5
小计				105
机动增加 10%				10
总计				115

四、装卸搬运方案的合理化原则

装卸搬运方案设计完成以后，此方案是否可行，是否有经济效率，还须进行合理化的审核。合理化的原则主要体现在以下六个方面。

（一）安全第一的原则

只要是生产场地，我们都可以看见“安全第一”的巨幅牌子，安全就是生命、安全就是金钱。在物流领域，安全不仅仅是指人身安全，还包括设备、货物的安全。尽管人人都知道安全是必要的，但很多人并不能在生产过程中时刻保持安全的意识。在整个装卸搬运系统中，潜伏着很多不安全因素。如上面有吊车行走时要响铃，下面的操作工人要留意，小心货物落下来，最好是吊车上货物通过的线路，下面不要有人；散货卸船在清舱阶段用集装网络时，若在漏斗边用人工摘钩，就不安全，应用自动摘钩机构代替；在圆木装卸搬运中，以前是人工用钢丝绳在圆木堆上直接捆绑圆木，经常会因圆木的滚动而伤了工人，现在规模较大的木场都用木材抓斗取木，大大增加了安全性；圆形钢材用铁链捆扎不容易扎紧会滑落，用钢丝绳就安全多了；易碎的物品用滑板，怕挤压的货物用软性的吊具吊装会损坏货物。

总之在装卸搬运的全过程中，时时处处要细心，吊装货物时，重心一定要在吊具的中心，重心偏移易倾斜出事故；搬运货物时要捆绑加固，以免途中因颠簸而震落；所有的设备应安装安全保护装置，并尽可能地做到人货分流；库场内应有各种防火、防爆、防潮和防水的措施。

（二）环境保护的原则

环境保护是一个世界性的课题，引起了全世界的重视。环境保护需要从每个人做起。在我们设计的装卸搬运工艺中要有相应的设施、设备和方法。装卸过程中最易引起的环境污染有尘污染、油污染、噪声污染和毒性污染等。污染是不可避免的，但要找出产生污染的原因，把污染降到最低程度。

下面介绍一些常用的防止和减小污染的方法。①在散货装卸过程中可用吸尘、喷水等方法解决尘雾飞扬的问题；②油船装卸搬运时周围用围油栏挡住，防止油污扩散，并用集油器等设备将水面上的油污回收；③在港站装卸危险品时，需设专用码头，并在港池底部安装压缩空气管道，一旦有卸漏发生，就打开空气阀，让压缩空气从管道小孔中逸出，形成空气屏障，将散落在水面上的危险品控制在一定范围内，再用回收或化学反应的方法消除污染；④在吸粮机上安装消声器等设备以降低噪声；⑤ 在油品、危险品码头等地方应有对污水的处理设施，让污水达到一定的标准才能排放；⑥在某些港站应设有沉淀池澄清污水，再排放。

（三）充分发挥设备效益的原则

充分发挥设备效益一方面是在设计装卸搬运方案时尽可能多地运用设备，少用人工，尽量减少劳动强度；另一方面是指要充分利用设备，不要让设备闲置浪费。

装卸搬运作业是一项劳动强度很大的工作，我们设计装卸搬运工艺流程的主要思想是尽可能地减少工人劳动强度，大力推行装卸作业机械化，让装卸工人在轻松的环境下工作。现代的自动化立体仓库基本实现了无人化，普通立体仓库也多采用巷道堆垛机或桥式起重机、叉车等机械来操作，大大减少了工人的劳动强度。

充分利用设备就是要缩短设备在终端站的停留时间。一台装卸搬运机械只有在确实是运移货物的时间内才真正地创造“利润”，若设备停在货场等着装货，这样耽误了设备的运行时间，效率也就低；若使用挂车或托盘，设备在运行过程中，装货点已在挂车或托盘上装好了货物，设备只需在终点卸下满载的挂车或托盘，带上空的挂车或托盘返回，回来后再把空的挂车或托盘卸下，把装满货的挂车或托盘带上就走，大大地缩短了设备的停留时间，在同样的时间内，设备运行的次数就多得多，效率自然就提高了很多。

要充分利用设备，还需提高设备的适应性，使设备尽可能多地用于不同种类货物的装卸搬运，扩大设备的运用范围。如叉式装卸搬运车就比升降式搬运车优越，因为升降式搬运车只能与货台配合使用，而叉式搬运车既可用于货台，也可用于托盘，还可配备各种各样的工属具装卸搬运捆、桶、箱等各种货物。

要充分利用设备，在同类型的货物量很大的情况下，要尽可能地使用专业化的设备，因为专业化的设备是专门为某类货物而设计的，装卸搬运的效率会大大地提高。在物流史上，第一次革命是石油从件杂货中分离出来，实现专业化的液体运输，用管道搬运；第二次革命是粮食类货物如谷物、大豆、玉米等从件杂货中分离出来，实现散粮运输，连续机械搬运；第三次革命是件杂货的集装箱运输，使用系列化的集装箱装卸可用专业化的起重设备来作业。这三次革命使物流效率成几何级的上升，当然也给企业带来了可观的经济效益。

需要说明的是：设备的通用性与专业化是相对立的，究竟是采用专业化的设备有利，还是采用通用性大的设备更有利，关键在于货流量的大小，若同类型的货物流量大，使用大型的运输工具运输，那么就用专业化的设备更好；若货物种类较多且量不大，就用通用性好的设备装卸搬运最合适。具体的情况要由统计数据来计算和比较。

（四）合理布置工艺流程的原则

合理布置工艺流程要从以下几个方面着手。

1. 减少作业数

在实现同样作业需求的前提下，应采用工序数最少的方案。要完成一项装卸搬运任务，需做许多工作。如从船上卸货至仓库，先是人工在舱内清货捆绑组成货吊、挂吊钩、起重机吊到岸上、岸上工人摘挂钩、搬运车运货至货场堆垛或检验后运送至仓库、叉车堆垛等。此过程中要是运用自动或半自动的吊货机构（如机械手取货、自动摘钩机构等），成组装卸搬运（如集装网络、集装箱、托盘等）等方法可减少作业次数。

2. 直线搬运

众所周知，两点之间，直线最短。在设计搬运线路时，应尽量使用直线，这样可以减少货物的位移，缩短搬运时间。若港口的布置不合理，货物没有按装卸设备的行走路线在库场堆放或堆放场地离港口过远，连续输送机布置不当等都会造成交叉运输、迂回运输、过远运输等后果。

3. 工艺不能中断

在装卸搬运工作过程中，不能停停做做，要连续不断地进行。造成工艺中断的原因主要是等车、等船、等货。如在车、船直接换装的工艺中，若不能保证车辆连续不断地到来，就必须设置库场暂存货物，否则连续输送机就需停下等车辆到来，这样停停开开，必

然误工，而且会使船舶停留的时间加长，造成船舶和码头的利用率双双下降。

4．工艺流程中各个环节要相互协调

相互协调是指流程中的各项工序的作业能力应平衡。如用连续输送机搬运却用人工朝输送机上装货，效率能高吗？俗话说："好马配好鞍"，工艺流程上所用的所有设备机械化程度应相当，从取货到运货、计量、检验、包装、堆垛等各项流程效率要一致，若有的高、有的低，最终必然在低的工序上积存，从而影响货流。

具有相似工艺流程的作业线尽量布置在一起，以便相互协调。如在相邻的几个码头上使用皮带连续输送机卸货，若一台输送机出了故障需维修或任务量太大，相邻的输送机就可以支援这台输送机，从而提高效率。

（五）充分利用物料特性的原则

我们知道物料的种类不同，所使用的装卸搬运方法也不同，那么在设计方案时，就应分清货物种类，安排合理的装卸搬运工艺流程。

对于件杂货，要尽量地扩大装卸搬运单元，以便于使用机械化装卸。件杂货一般是小包装，搬运时使用托盘、集装网络、集装袋、集装箱等标准化工具成组装卸搬运，可以大大地提高设备利用率和装卸效率。

要充分地利用重力做功。如高站台低货位、滑溜化的作业方法在铁路系统中被广泛应用。矿石、煤炭、散粮、石油等均借助重力利用滑板、管道装车装船。件杂货也可利用重力装船，只是要控制好滑板的倾斜角度，防止因速度过快而撞击损坏货物。

用滑板装货的缺点有：货物包装因与滑板有相对运动而磨损；货物顺滑板下落，速度不容易控制而发生撞击；对于散货会产生扬尘污染。后来发展成用无动力驱动的皮带机输送，仍然依靠重力使皮带转动，但货物与皮带之间无相对滑动，不会使货物因摩擦而受损，速度可用制动机构或倾斜角度来调节，减少撞击力量。

尽量提高货物的机动性。此处所说的机动性就是货物从静止状态转变为流动状态的容易程度。货物移动时的机动性的大小反映出货物存放的合理化的程度。评价物流机动性能一般用"0～4"五个机动指数来表示。指数所对应的机动性见表 7-12。

表 7-12　货物存放机动性指标

货物的存放状态	示意图	机动指数	货物移动的机动性
直接着地		0	移动时必须依靠人力逐一搬到运输工具上
置于容器内		1	容器不能太大，人力可一次搬上运输车，不使用机械
置于托盘上		2	用机械（如叉车）可方便地移动许多货物

续表

货物的存放状态	示意图	机动指数	货物移动的机动性
置于车内		3	直接用车搬运，但成本较高
置于传送带上		4	货物已经在移动，可大批量地输送货物

由表 7-12 可以很直观地看出：机动指数越大，货物的机动性越高，所需的成本也相应增加。在装卸搬运过程中，要尽量使货物处于高机动性的状态，这样便于货物的移动，装卸搬运效率也就越高。所以托盘在任何一个库场都得到广泛的使用，它的机动指数虽然为 2，但它便于使用机械搬运，且成本较低。托盘规格标准化后，可在不同的公司内交换使用(即可随货流动)，搬运机械也可通用，大大地促进了托盘使用率和装卸搬运效率。

(六) 降低成本提高收益的原则

任何一个企业都要讲求收益。我们设计的方案是否有经济效应，要做一个总体的评估。

一方面我们要从与港站作业相关的整个大系统(由运输成本、港站装卸搬运成本、货物在港费用等方面组成)的经济性方面来考虑。只有利用经济指标来评估工艺方案是否合理才是最实在的。因为生产率高的工艺方案，成本当然也就高。而我们需要的是成本低、生产效率高的方案，这其中就有一个价格比的问题，我们要根据港站生产的特点，从大系统的观点考虑，从车船的利用率、货物时间和质量上的信誉度等方面考虑。因为装卸搬运生产率高的工艺方案，虽然港站的装卸搬运成本增加了，但能加快车船和货物的周转率，运输工具在港停留的费用和货物在途的资金积压都能相应地减少，整个大系统的经济效益上去了，此方案虽然从港站角度看不合理，但从大系统的角度看却是可行的。货物在时间上和质量上有保障，相应地港站多收取装卸搬运费也是合理的、容易被货主接受的。

另一方面我们要充分利用规模效应来降低成本。“薄利多销”就是规模效应的典型例子。在成本一定的情况下，我们利用增加货流量的办法来降低装卸搬运的成本。利用增加装卸搬运量来降低成本是港站扭亏为盈或获得更大利润的重要手段。

增加装卸搬运量之所以能够降低成本，是因为生产成本由两部分组成：一是变动成本，它会随着装卸搬运量的增加而增加；二是固定成本，它并不随装卸搬运量的增加而增加。所以随着装卸搬运量的增加，单位产品成本就会下降。这点可从图 7-24 中明显地反映出来。

由图 7-24 可以看出：总成本为固定成本与变动成本之和。装卸搬运量在盈亏点Ⅰ以下经营，总收入低于总成本，此时企业处于亏损状态；装卸搬运量在盈亏点Ⅰ和盈亏点Ⅱ时，收支相抵，不亏不盈；装卸搬运量在盈亏点Ⅰ和盈亏点Ⅱ之间，总收入高于总成

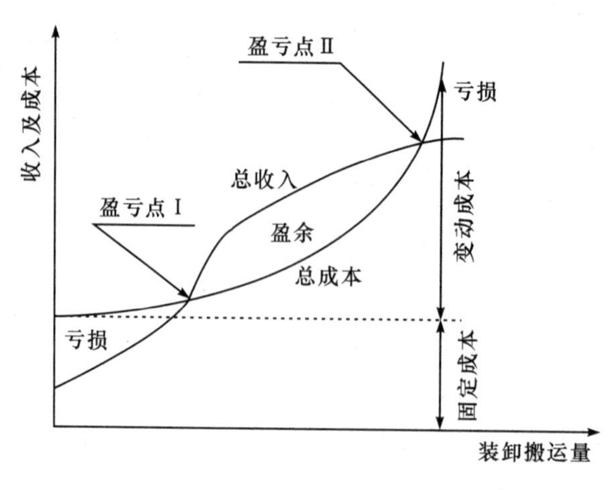

图 7-24　盈亏分析

本，此时企业处于盈利状态，且搬运量越多，盈利也就越多；装卸搬运量超过了盈亏点Ⅱ时，现有的设备已不能完成任务，工人和设备处于超负荷运转，一是容易发生事故，二是容易造成货物滞留，所以也会出现亏损，此时应增加设备，即固定成本，才能扭亏为盈。

每一个港站都应该画一下盈亏分析图，对港站的经营状况做一个全面的分析。有的企业会出现图 7-25 的情况。

图 7-25 反映出：总收入一直比总成本低，总收入线与总成本线几乎平行，即使增加装卸搬运量也不能扭转亏损状态。那么企业在这种状况下运营，有关的主管部门和企业老总就必须考虑企业能否生存下去了，有没有生存下去的转机和必要了。

上述六项原则不是绝对的，它们之间存在着相互制约的关系。对于一个具体的装卸搬运工艺流程方案来说，应着重注意哪几项原则，要视具体的情况而讨论，不能千篇一律。在实际工作中，要经常向管理人员和工人进行宣传，引导和鼓励他们对现行工艺进行分析讨论，找出工作中存在的问题，并提出改进建议，使港站的工艺流程在改进中不断地完善，从而提高港站的信誉和战斗率。

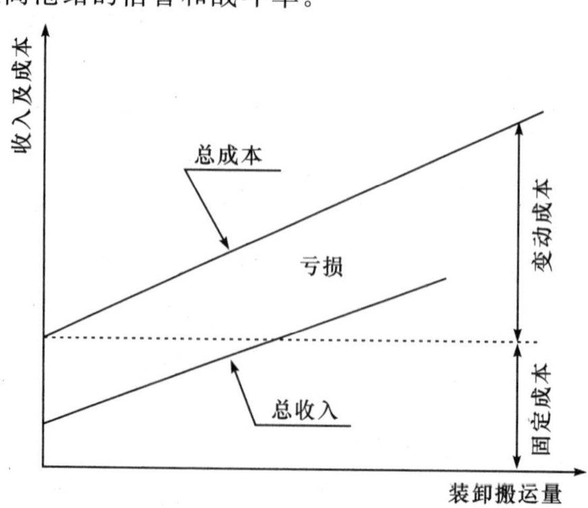

图 7-25　一直亏损的盈亏分析

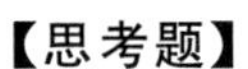

【思考题】

1. 物料装卸搬运系统应从哪几个方面来分析？
2. 试举例说明装卸搬运工艺流程是怎样的？
3. 装卸搬运系统设计有哪些内容，有哪几个步骤？
4. 试举例说明某港站的设备和人员是如何配置的？
5. 装卸搬运方案合理化的原则有哪些？

第八章　技术应用

【学习目标】 装卸搬运是物流系统正常工作的重要组成部分。物流每一个环节的转换都离不开装卸搬运。由于装卸搬运只增加成本，而不增加产品价值，因此，通过合理利用装卸搬运设备和技术进行有效作业，是降低成本的重要途径。本章根据不同货物装卸搬运的特点，分类论述不同货物装卸搬运的相关设备、技术和方法，并结合装卸搬运的具体案例进行分析。通过学习，要初步具有选择和应用装卸搬运技术的能力。

第一节　件杂货装卸搬运技术应用及案例分析

一、件杂货装卸搬运概述

(一)件杂货的定义

件杂货是指有包装和无包装的成件运输的货物。它是相对于散货、液体货而言的。如各种袋装货物、五金交电货物、日用百货、棉纺织品、钢锭、机械设备等都属于件杂货。

虽然按货运量的绝对量来说，件杂货与其他货种相比较所占的比重不大，但改进件杂货装卸工艺却有着十分重要的意义。因为我国相当一部分物资目前仍以单件装运，在装卸过程中要花费很多的手工劳动，占用众多的劳动力，并造成运输工具因装卸速度慢而长时间等待、商品流动资金积压的状况。所以研究如何提高件杂货的装卸搬运效益十分必要。

(二)件杂货分类

件杂货根据其包装的方式不同，可以分为袋装货物，捆装货物，桶装货物和圆筒状货物，箱装货物，筐、篓、坛装货物，裸装货物等。

1. 袋装货物

如袋粮、袋盐、袋装化肥、袋装水泥和某些矿产品等。

2. 捆装货物

如捆装的棉花、烟草等。捆装货物用带、绳索或铁丝等捆住。

3. 桶装货物和圆筒状货物

如桶装汽油、食油、桐油,及圆筒状的电缆等。

4. 箱装货物

箱装货物是指诸如箱装的日用百货、香烟、食物、罐头、小五金等。

5. 筐、篓、坛装货物

这类货物是用筐、篓、坛作为外包装的。

6. 裸装货物

生铁块、钢锭、钢材、废钢、砖等无外包装货物称为裸装货物。

(三)件杂货的特点及对装卸工艺的要求

1. 件杂货的特点

件杂货的特点是货种多、批量小、包装尺寸和重量相差很大,流向也很复杂。

2. 制定件杂货装卸工艺时的注意事项

港站或库厂装卸作业中,件杂货占劳动力较多、劳动强度大、装卸效率低,车船停留的时间长,实现机械化的条件又差,也难以采用专业机械化系统。由于件杂货中轻泡货占比重很大,因而起重机起重量大的特点难以发挥。因此,制定件杂货装卸工艺必须针对不同的货类采取不同的工艺,其中,主要是吊货工具和装卸机械的变更,在安排和制定件杂货装卸工艺时,必须注意以下事项。

(1)由于件杂货货种多、批量小,在一艘船舶或一个泊位上同时需要装卸各种各样的货物。这些货物包装、重量和大小尺寸不同,因此要求装卸机械及设备具有通用性。

(2)由于货种多、批量少,所以大部分件杂货都要经过库厂分票,或者在库厂集中。

(3)由于货种多,件杂货的进出口同时存在,既有进口、又有出口,因此要求装卸工艺能适应双向货流。

以上是指大部分件杂货所共同具有的特点。当然,在个别情况下,对大宗的、稳定的单一货种,也可以采用专业机械化系统。

3. 港站或库场对件杂货装卸搬运的要求

对比较贵重的件杂货,装卸时一定要保证其完整无损。为此在港站或库场对件杂货装卸搬运的要求具体如下。

(1)工作地点要整洁。对食品及粮食,如冷冻猪肉、袋装面粉等更要注意保持吊货工夹具、设备的工作机构和工作人员服具的清洁。

(2)选用合适的、牢固的吊货工具。

(3)正确地将货物安放在吊货工具上。

(4)平稳地升降货吊。

(5)将件杂货整齐地安放在水平运输设备上,必要时对货组进行捆扎,以免在运输过程中震落受损。

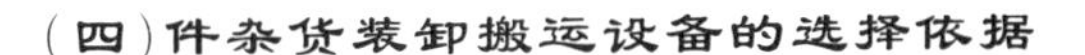

(四)件杂货装卸搬运设备的选择依据

(1) 重件和长大件的货物数量、重量、尺寸。

(2) 生铁块、钢材等一重量较大的货物数量所占的比重。

(3) 装卸机械的起重量和一吊成组货的重量。

(4) 露天存放还是仓库保管及比例。

(5) 限高货物的比例。

二、件杂货装卸搬运主要吊货工具

(一)吊货工夹具的要求

实际中件杂货的种类、形状、尺寸、重量是千变万化的,为了使装卸搬运设备具有广泛的适应性,一般应配置通用性设备。在工作中为了减轻工人的劳动强度,提高劳动生产率,装卸搬运设备还必须配备各式各样的件杂货吊货工夹具。当然,对二者的配合必须保证高效而安全,故选用吊货工夹具时应满足如下要求。

1. 保证货物的完整无损

港站或库场装卸作业必须要确保货物的质量,不合理地选用吊货工夹具就会产生货损货差。如装卸袋粮时,应使用网络,因为在起吊网络时,网络与袋粮的接触面大,网中袋粮的受力分散,不易发生破包。又如装卸纸箱香烟和纸袋装水泥所选用的货板要与纸箱和纸袋的尺寸相匹配,避免货板四角的起吊绳索使包装箱袋破损。

2. 牢固可靠,工作安全

这是选择件杂货吊货工夹具最基本、最重要的原则,也是港站或库场安全生产的重要保证。港站或库场装卸作业的事故隐患常常是由于在选择吊货工夹具时忽略了它的牢固安全性产生的。

3. 工人操作方便,减少工人劳动强度

一种装卸搬运工具应该保证工人操作的简便,既减轻工人的劳动强度,又可以提高装卸搬运作业效率。但是,往往在考虑工具的安全性能时会带来使用上的不便,如何解决好这对矛盾是选择和设计工具的关键。

4. 起重机的起重量得到充分利用

由于装卸搬运设备的额定起重量是吊具自重加允许被装卸搬运货物的重量,因此,在保证装卸生产安全、可靠的前提下,选用自重轻的吊具可以充分利用设备的起重量并提高装卸效率。对于轻泡货,可以采用成组装卸搬运技术,使每组装卸搬运的货物重量接近于设备的允许起重量。

5. 应避免多次改组货吊

为了提高作业效率,减轻工人的劳动强度,对于小件货物应采用成组方式进行装卸和搬运,例如可以采用货板、网络等成组工具将多件杂货物成组堆放,成组搬运和装卸。

(二)件杂货主要吊货工夹具

吊货工夹具种类很多,有吊钩、夹钳、吊索、网络、托盘与货箱、成组工具以及其他各式各样的专用工具。其大致可分为两类:通用型和专用型。

1. 通用型工具

通用型工具可以用于装卸不同种类货物,使用时通常人力劳动较多,工作较繁重,效率也不高,但从另一角度讲,使用通用吊货工夹具却往往可以达到避免多次改组货吊的效果。件杂货码头常用的通用型工具主要有吊钩、网络、托盘和货箱。

(1)吊钩

吊钩,是指挂在起重机吊钩上作业的带钩状的吊货工具,也是在港站(或库场)里最为普遍使用的工具。吊钩通常可分为马钩和成组网络钩两大类。

马钩是一种双分支吊钩,有链条马钩(见图 8-1a)、钢丝绳马钩(见图 8-1b)和组合马钩(见图 8-1c),它属于间接吊货工具,因为它不直接用来承载货物,而是配合起重机或船舶吊杆起吊件、捆或网络装载的各种货物。

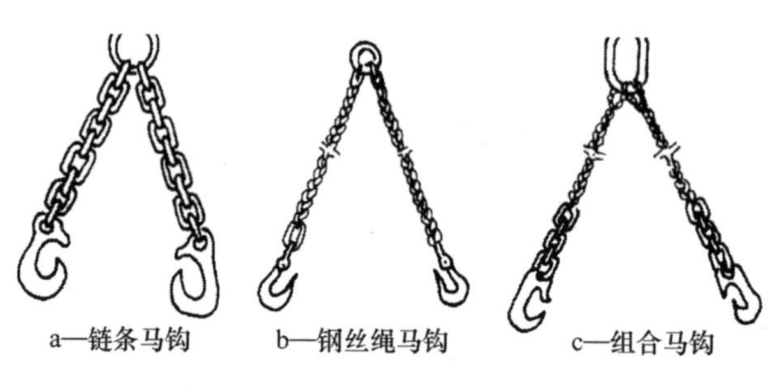

图 8-1 链条马钩、钢丝绳马钩、组合马钩

成组网络钩是由四条分支索组成的。按具体材料性质分,有棕绳成组网络钩、链条成组网络钩(图 8-2a、图 8-2b)。当起重机起重量大、货组重量小时,为了充分利用起重机的起重量,这时可采用扁担钩形式的吊货工夹具(图 8-2c)。这种吊具能同时起吊双网络或双货盘的货物。它的优点是能充分发挥起重机和吊杆的起重能力,提高装卸效率。

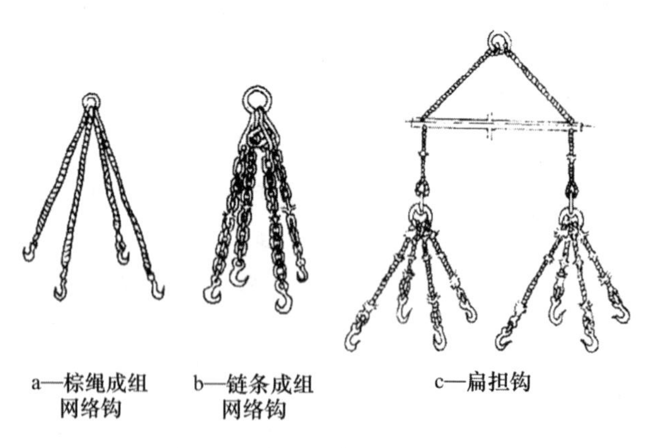

图 8-2 成组网络钩和扁担钩

(2)吊索和网络

吊索通常有棕绳或钢丝绳索两种,使用时利用绳索上的钩或环将物件扣成一关,所

以也称绳扣。这类吊货工具的特点是:结构简单、轻巧、使用方便。按用途分,绳扣可分为棕绳扣、活络绳扣、钢丝绳扣和带钩钢丝绳扣等常用的绳扣。

网络是港站或库场装卸件杂货时常用的承载工具。件杂货成组装卸和成组运输中使用的成组网络主要是袋货网络(见图 8-3)。袋货网络用白棕绳、锦纶绳、维纶绳等材料制成。另也有装卸生铁用的生铁网络。生铁网络用钢丝绳材料编制而成。某些腐蚀性强的货物有时用橡胶带编制网络装载。

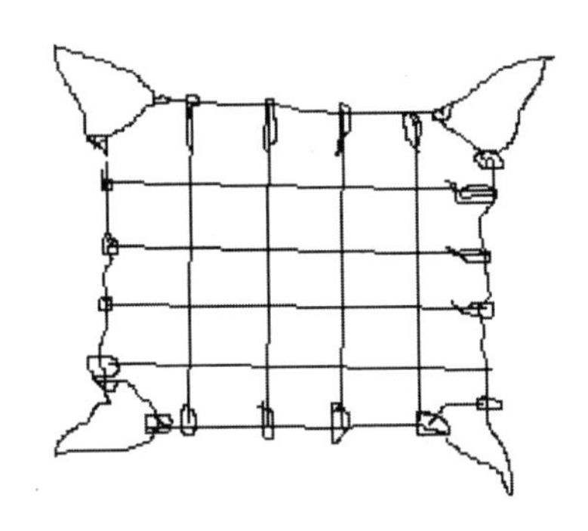

图 8-3　袋货网络

(3)托盘与货箱

托盘与货箱是立体仓库和港口货场不可缺少的设备。

托盘种类繁多,性质不同,尺寸规格多样。以托盘的形状分类,有平托盘、箱式托盘、柱式托盘、轮式托盘等多种;以托盘材质分类,有钢制托盘、塑料托盘和木制托盘等。图 8-4 是托盘的结构形式示意图。

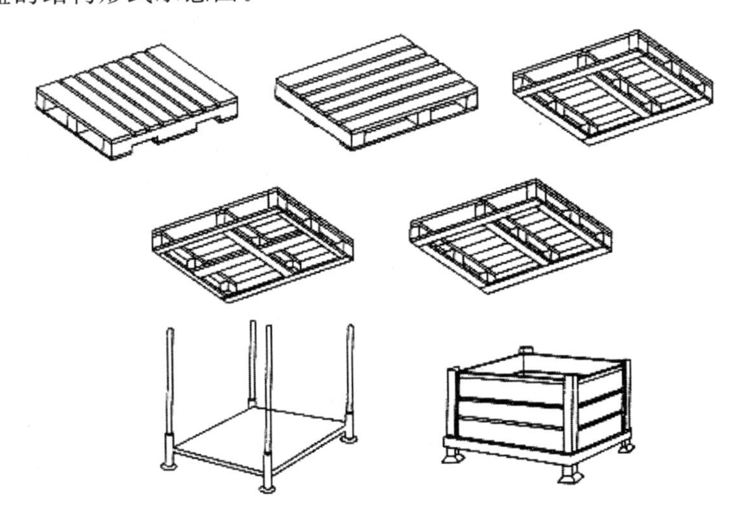

图 8-4　托盘的结构形式示意

托盘的设计应考虑托盘的尺寸、使用场合、流通范围等情形。在设计中还应对物料进行分析,尽量让 80%以上物料能有效地存放在托盘(或货箱)内,目前一般用 800 毫米×1200 毫米或 1000 毫米×1200 毫米的欧洲标准规格,四向叉取式。

货箱一般由钢材制成,如图 8-5 所示。

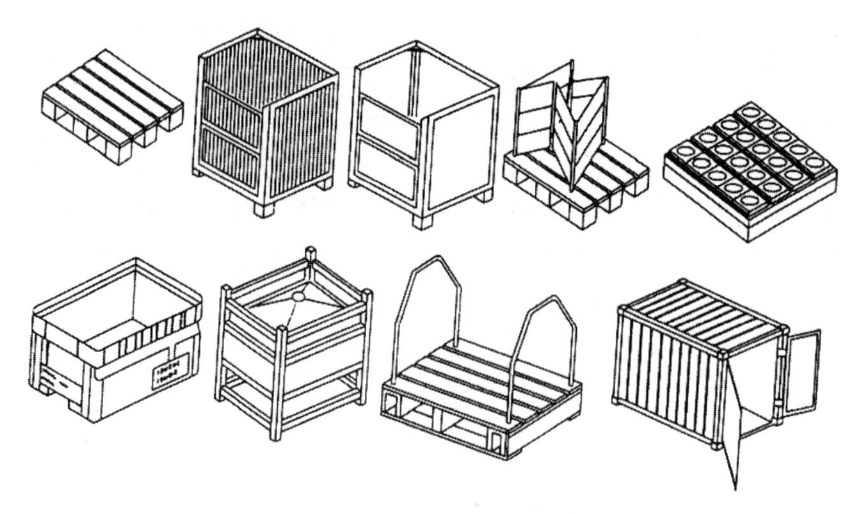

图 8-5　各种货箱示意

2. 专用型工具

专用型工具是为某种货物而专门设计的工具，只能用于装卸该种货物。使用专用吊货工夹具时花费的人工劳动较少(有时甚至可以完全不用人工劳动)，但在货物批量小时，使用专用吊货工夹具有时会产生因经常更换工夹具而形成车、船装卸作业时间长的弊病。常见的专用工具有油桶钳、卷钢板夹、成捆铝锭夹、卷筒纸吊具和钢板夹等。

(1)油桶钳

油桶钳是起吊油桶的专用工具，分卧桶钳和立桶钳两种。卧桶钳是用来装卸起吊卧放桶装货的一种工具。立桶钳是用来装卸立放桶装货的工具。

(2)卷钢板夹

卷钢板夹是一种专门起吊平放或立放卷钢板的工具。使用立放卷钢板夹作业时，先吊住外卡板上的两只吊环，使工具的外卡板落在卷钢板的外圈壁板上，内卡板落在卷钢板的内圈壁板上，然后摘钩，将起重机吊钩钩住内卡板上的卸扣，便可起吊。

(3)成捆铝锭夹

成捆铝锭夹是起吊成捆铝锭的专用工具。作业时用夹钩钩住成捆铝锭，链条在货物重力的作用下，自行勒紧双钩，保证安全，吊具结构简单、使用方便。

(4)卷筒纸吊具

卷筒纸吊具是装卸卷筒纸的专用工具，分平放卷筒纸吊具和立放卷筒纸吊具。使用平放卷筒纸吊具或立放卷筒纸吊具起吊卷筒纸可以避免在使用插棍式卷筒纸吊具时撕坏商标甚至损坏纸张质量的弊病。

(5)钢板夹

钢板夹是装卸钢板的专用工属具。钢板夹上有一活动舌头，钢板起吊时舌头压住钢板，避免钢板滑动，保证操作安全。活动舌头的设计要在起吊受力时能压紧钢板不便脱落，但又要求不损坏钢板，保证钢板不卷边。

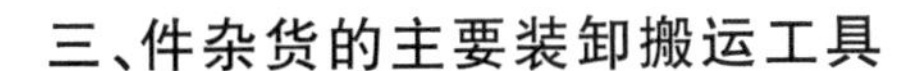

三、件杂货的主要装卸搬运工具

根据件杂货的装卸搬运特点，件杂货在港站、库场的装卸搬运设备包括装卸运输工具设备、水平搬运设备和库场作业设备。其中装卸运输工具设备主要有门座起重机和轮胎起重机，水平搬运设备中用的最多的是各式叉车，港站库场内堆拆垛和装卸车辆除了使用叉车外，还可以用各种流动起重机，如轮胎吊、汽车吊、履带式起重机和电吊等。

其中，叉车是装卸搬运机械中应用最广泛的一种。多年来，由于成件货物的品种多、规格杂、外形不一、包装各异，所以对这些货种很难实现装卸作业机械化。叉车的问世，使这一难题得到了解决。这不但保证了安全生产，而且占用的劳动力大大减少，劳动强度大大降低，作业效率大大提高，经济效益十分显著。叉车是一种无轨、轮胎行走式装卸搬运车辆，主要用于厂矿、仓库、车站、港口、机场、货场、流通中心和配送中心等场所，并可进入船舱、车厢和集装箱内，对成件、包装件以及托盘、集装箱等集装件进行装卸、堆码、拆垛、短途搬运等作业，是托盘运输，集装箱运输必不可少的设备。

由于前面章节对叉车的结构形式、起重机的使用等有了详细介绍，这里不再重复。

四、件杂货的装卸搬运作业方法

在一定的装卸搬运机械化系统下，针对不同货种使件杂货装卸搬运方法不断完善、合理，是装卸搬运作业人员的一项经常性任务。现在，装卸搬运作业的基本方法有以下几种。

（一）托盘作业法

托盘作业法就是以托盘为基本工具，最大限度地应用集装单元的原则，以及货物搬运的灵活性、标准化、流水作业、作业次数最少、机械化等原则，使搬运作业组织化，以静态搬运发展到动态搬运的新的搬运作业体制。

托盘就是使静态货物转变为动态货物的媒介物。托盘是一种载货台，并且是活动的货台，或者说是“可移动的地面”。放在地面上失去了活性的货物，一经装上了托盘，便立即取得活性，成为活跃的流动的货物，因为装盘的货物在任何时候都处于可以转入运动的准备状态中。这种以托盘为基本工具组成的动态装卸方法，就叫作托盘作业或托盘化。

（二）网袋作业法

网袋作业法是指将粉状、粒状货物采用多种合成纤维和人造纤维纺织布制成的袋，或将各种块状货物（如废钢铁）采用钢丝绳编成的网络，先行集装再进行装卸搬运的方法。这种柔性集装工具体积小、自重轻、回送方便，可一次使用也可重复使用。

（三）货捆作业法

货捆作业法是利用捆装工具将散件货物捆成一个货物单元，使其在流通过程中保持不变的方法。

带有与各种货捆配套的专用吊具的门式起重机和岸边起重机是货捆作业法的主型

装卸机械，叉车、侧叉车和跨车是配套的搬运机械。

（四）滑板作业法

滑板是由纸板、纤维板、塑料板或金属板制成的、与托盘尺寸一致的带翼板的平板，用以承放货物组成单元。与其匹配的装卸搬运机械是带推拉器的叉车。叉货时推拉器的钳口夹住滑板的翼板（勾舌、卷边）将货物拉上货叉，卸货时先对好位，然后叉车后退，推拉器往前推，货物即就位。滑板搬运不仅具有托盘搬运的优点，而且解决了木材消耗大、流通周转繁杂、运载工具净增重、占用作业场地多等问题，但是与滑板匹配的带推拉器的叉车比较笨重（推拉器本身重 0.5～0.9 吨），机动性差，堆取货物时操作比较困难，装卸效率比托盘低，对货物包装与规格化的要求高，与工业发达的国家已形成的成套搬运储存设备不配套。因此，到底使用托盘还是滑板尚在争议之中。

（五）挂车作业法

挂车作业法是先将货物集中装到挂车里，然后由拖车将挂车牵引到铁路平车上，或用大型门式起重机将挂车吊到铁路平车上的装卸搬运方法。一台牵引车可对多台挂车工作，挂车等待装货而牵引车则不停地来回跑，可提高牵引车的运输效率，同时装卸工也不用因等待车辆而误工，从而使装卸搬运效率得到大幅的提高。

五、件杂货主要货种装卸搬运工艺方案

在一定的装卸机械化系统下，针对具体货种使件杂货装卸搬运工艺不断完善、合理，是装卸搬运管理人员的一项经常性任务。

以下是几种主要件杂货装卸搬运工艺方案。

（一）袋装货工艺方案

我国袋装货主要用万能网络成组装卸搬运。袋装货散件先用万能网络组成货组，再由配备反叉式工具的叉车或牵引车挂车和叉车配合搬运到仓库内堆垛，也可以用牵引车挂车和流动起重机配合作业在露天堆场堆垛。在露天堆场堆放的货垛除同库内一样要在货垛下面放垫仓板外，上面还要盖油布，用叉车、牵引车挂车和流动起重机进行搬运，在仓库和堆场，袋装货物随同网络成组堆放。装船时，起重机和船舶吊杆将货组吊到船舱内，再由叉车在船舱内成组堆垛。

工艺流程如下所示：

堆场（人工成组）⇆叉车（牵引车挂车）⇆前场⇆门座起重机（船吊）⇆船舶（人工或叉车堆垛）。

一般情况下，纸袋包装的水泥，配用专用网络或货盘；布袋包装的面粉，配用面粉专用网络；其他袋装货，配用成组网络；当直取作业时，配用周转网络；小票袋装货进仓库堆存，配用货盘。

吊运作业应根据不同承载工具，配用相应的吊具，如水泥网络配用方框架吊具，面粉网络配用马钩，成组网络或周转网络配用四脚钩，货盘配用货盘吊具。

（二）捆装货工艺方案

捆装货装卸搬运工艺方案根据货件尺寸而有所不同，国外港口对运来的小尺寸捆装货，用配备侧向夹持器的电动装卸车取出，堆放到梳状货板上，再用起重机装到舱口直下，舱内带推货器的装卸车将货物从货板上取下堆成紧密垛。

大尺寸捆装货则可以不用货板。起重机借助夹钩式吊货工具可以将货物直接装到舱口直下，舱内用配备侧向夹持器的装卸车堆成紧密垛。

工艺流程如下所示：

堆场⇆牵引车挂车⇆码头（叉车成组）⇆起重机⇆船舶（舱内叉车堆垛）。

（三）箱装货工艺方案

箱装货使用货盘成组，吊运时使用货盘吊具。单件重量超过200千克的箱装货，可使用双扣钢丝绳兜套，吊运使用马钩；对于危险品的箱装货，一级易燃品使用有绳网的木质货盘，其他可使用有绳网的铁货盘，吊运使用货盘吊具，装卸易燃、易爆、放射性等危险品箱装货配用的工具应按额定的安全负荷降低25%装载。国外有些装运食品罐头的纸箱出厂时已成组。每一货组的下面留有装卸车货叉可以插入的间隙。对于这类的成组箱子用一般的叉车即可装卸。对于尺寸较大不宜成组的箱子可以单件装卸。

（四）桶装货工艺方案

库厂上的桶装货堆垛可以用配备鹰嘴钳或真空吸盘吊货工属具的装卸车，装卸船作业则由配备立式油桶吊具或卧式油桶吊具的起重机进行。

（五）卷筒纸工艺方案

卷筒纸装卸工夹具要根据卷筒纸的规格、重量、包装形式进行配置。如卧装牛皮卡纸、新闻纸（双联）的吊运可配用绳索——曲臂式、伸缩式和双调节式卷纸夹具；轴孔无缺口的卧装牛皮纸的吊运可配用锦纶带——托钩；立装牛皮卡纸的吊运可配用内涨式卷纸吊具、绳索——曲臂卷纸夹具和活络钢丝绳扣；立装新闻纸（单联）的吊运可配变距式和绳索——曲臂式卷纸夹具；对于用柏油纸等做外包装的全封闭的卷筒纸，可配用夹具做关、网络承载、四脚钩吊运工具。

（六）生铁块工艺方案

生铁块的运输有两种形式，即散件运输和成组运输。散件运输时，用配备电磁吸盘吊货工属具的起重机将生铁块从厂内卸出装入生铁网络。然后用牵引车挂车运到堆场或码头边，由起重机将生铁块卸到堆场堆存或直接装入舱口，从堆场装船时，同时用配备电磁吸盘吊货工属具的起重机将生铁块装入生铁网络，再用牵引车挂车运到船边，由起重机装到船舱内，生铁块卸船可以采用生铁抓斗。

（七）有色金属工艺方案

铝锭、锡等有色金属锭可堆叠成一定形状，用钢带或钢丝绳捆住组成货组。有的港口甚至不做捆扎组成货组，试验进行无索具成组装卸搬运。

(八)长形钢材工艺方案

由于搬运不方便,长形钢材最好直接换装或在起重机幅度范围内的堆场进行装卸,在长形钢材下面没有放垫木的空间,装卸时需要提头。起重机先用一根短钢丝绳将钢材的一端提起,然后在钢材下面放置垫木,再穿上单钩钢丝绳扣。钢材的另一头也用同样的提头方法穿上另一根单钩钢丝绳扣。钢材用起重机吊到舱口直下后,工人在舱内摘钩,起重机即可将钢丝绳扣抽出。如要将钢材装入舱深处,可用船舶吊杆的绞车和开口滑车拖拉。

困难的作业是装卸长度超过舱口长度的钢材。在这种情况下,要用两根长度不等的钢丝绳扣,使长形钢材以倾斜状态装入船舱。操作时要注意,钢丝绳在钢材上要绕两圈,捆扎处应垫木块或布料以防止钢材从钢丝绳中滑出。

(九)重大件杂货工艺方案

装卸重大件杂货是一件很复杂的作业。装卸过程中最重要的作业是安放吊货钢丝绳。如安放的位置不正确,会造成货物在装卸过程中滑落、转动或损坏。

吊货钢丝绳应按照标记所示的捆绑点正确而牢靠地安放。如果没有捆绑点标记,则必须从随同货物运输的有关文件中查明。吊货钢丝绳不可扭结。安放钢丝绳时要采取措施防止货物的尖角勒坏钢丝绳。为防止货物在装卸过程中紧压受损,可采用横梁、框架等,此外在货物和吊货钢丝绳接触处要安放垫物。

起吊重大件杂货时速度要慢。当货物离开地面时,要检查钢丝绳安放得是否正确、可靠。确认安全后才可下令起吊。如发现问题,即使是细小的疵点,也要将货物放下,重新安放吊货钢丝绳。

装船作业时,重大件杂货通常装在舱口直下或船舶甲板上运输。当重大件杂货较多,舱口直下面积不足以堆放时,要用叉车或船舶吊杆绞车、开口滑车和滚柱将货物拖拉到舱深处。

重大件杂货在船上积载应严格按照积载图来配置。为防止甲板变形,重大件杂货下面要垫以牢固的垫木,扩大受力面积。在必要时要安设支柱支撑。装在船上和车上的重大件杂货必须用钢丝绳伸缩螺栓、钉子等牢牢地固定住。

六、件杂货装卸搬运案例分析

由于件杂货的种类繁多,这里不能一一说明,仅以袋装谷物为例进行分析了解。

(一)袋装谷物的特性

1. 吸附性

谷物有吸附异味和有害气体的特性,且一经吸附很难去掉。

2. 吸水及散发水分

当粮谷比较干燥而外界空气中的湿度大时,粮谷会吸收水分使其本身重量增加;当外界空气湿度小时,谷物就能向周围散发水分。粮谷内含水率超过一定限度时,将引起呼吸作用的加强和微生物虫害的繁殖,从而会导致谷物温度升高和发霉变质。

粮谷是有生命的机体，靠呼吸作用维持生命。

（二）袋装谷物的装运要求

袋装谷物的装运要求如下所示。

（1）检验袋装谷物的质量和含水量。

（2）运输工具的清洁、干燥、除洁（装运过污染性质货物或受虫害感染粮谷的运输工具，则必须先进行清扫、清洗或药剂熏蒸，待检验合格并取得检验证书后才能装货）。

（3）装货前对运输工具进行铺垫，以防汗湿。

（4）装运时在粮袋间设置木制通风器，以防途中粮谷发热、出汗等；在袋装谷物表面放置杀虫剂，以杜绝虫害；严禁袋粮与易发水分、散发热量、有异味、污秽、有毒以及会影响谷物质量的其他货物同装。

（5）装卸过程中禁止用手钩或拖码，以防破包。

（三）袋装谷物的装船设备

袋装谷物的装船设备可采用如图 8-6 所示的袋物装船机。

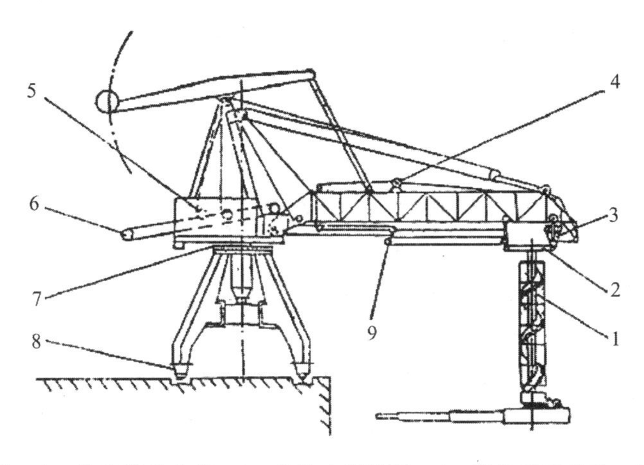

1—机头部分　2—机头移动小车　3—机头水平装置　4—机头移动机构　5—变幅机构
6—进料胶带输送机　7—回转机构　8—运行机构　9—进料伸缩胶带输送机

图 8-6　袋物装船机简图

该机分为机头和机身两大部分。机头主要由螺旋滑槽、分料盘、机头伸缩胶带输送机和链板输送机等部分组成，其作用是将供料系统送来的袋物送进船舱，并整齐地堆垛。机身部分包括机头移动小车、机头移动机构、机头水平装置、变幅机构、回转机构、运行机构和送料系统，其作用是调整机头在舱内的位置，以便将整个船舱堆满。

袋物装船机工作过程中，由码头库场的带式输送机送来的袋物，经装船机的进料胶带输送机 6 和进料伸缩胶带输送机 9 被送至机头移动小车的螺旋滑槽口，然后依靠自重沿螺旋滑槽滑入机头下部的分料盘，将袋物送入可回转和可伸缩的输送机，实现袋物装舱作业。

(四)袋装谷物的卸船设备

采用一台跨度为30米的门架式袋物连续卸船机。其门架跨越前方堆场的货堆顺岸方向行走,门架前支腿的胶带输送机与前方卸船的轻型胶带机衔接,门架中间的胶带机可根据货堆情况而升降,并可在任意点卸货,胶带机在门架后方支腿处与后方胶带输送机系统相连,袋粮可进后方仓库,也可装车,大大减轻了工人的劳动强度,提高了劳动生产率。

第二节　集装箱装卸搬运技术应用及案例分析

一、集装箱简介

(一)集装箱的产生与发展

集装箱运输是20世纪中叶为适应全球经济发展,世界贸易量增加而出现的新型运输方式。经过半个多世纪的发展,集装箱运输已形成了覆盖全球各个国家和地区的运输网络,并成为全球国际贸易中最重要的运输方式之一。

1. 国外集装箱运输的产生和发展

1845年,英国铁路运输开始出现了酷似现在集装箱的载货车厢,这是集装箱运输的雏形。

第二次世界大战以后,世界经济得到了迅猛发展,跨国经营以及国际贸易量不断上升,对国际货物运输提出了更高的要求。传统的货物运输采用件杂货的方式,很难实现全过程的机械化和自动化的运输生产,也不适应现代大规模专业化生产的要求,因此扩大运输单元是必然的趋势。

海洋运输采用集装箱方式的构想是由美国人马尔科姆·麦克莱恩(Malcolm Mclean)首先提出的。他认为,只有实现集装箱的陆—海联运,才能发挥集装箱运输的优势。1956年,由马克林收购的泛大西洋轮船公司(Pan-Atlantic Steamship Corporation.)在一艘未经改装的游船甲板上装载了60个大型集装箱,从纽约驶往休斯敦,首开了海上集装箱运输的先河。首次运输便取得了令人兴奋的成功。每吨货物的装卸成本从5.83美元降低到0.15美元。首航成功后,在1957年10月,第一艘经改装的全集装箱船"盖脱威城"(Gateway City)号在马克林的泛大西洋轮船公司投入运营,由此开创了集装箱运输的新纪元。1960年,该公司更名为"海陆联运公司"(Sea-Land Service Inc.),至1965年,公司宣布用大型集装箱船环航世界的计划。从此,海上集装箱运输成了国际贸易中通用的运输方式,许多大的航运公司纷纷仿效。但在当时,主要还是国内沿海运输,船型以改装的为主,装载量一船不超过500 TEU(twenty foot equivalent units,标准箱)。在码头集装箱装卸方式上主要采用船上的装卸桥,码头装卸工艺已有采用底盘车和跨运车的方式。所以说,集装箱产生于英国,而发展于美国。

进入20世纪七八十年代,世界集装箱保有量大幅度上升,1970年仅有51万TEU,

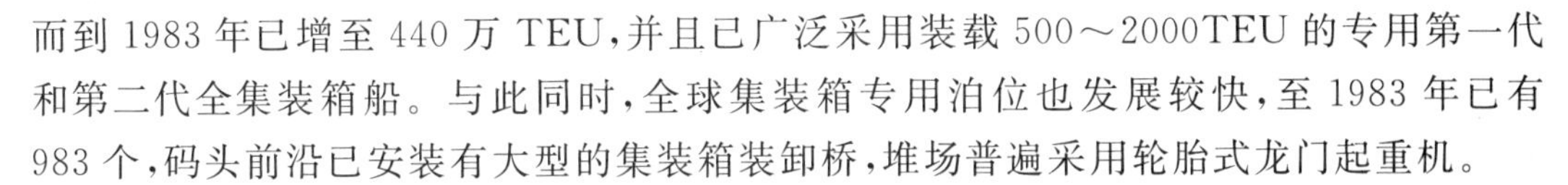

而到 1983 年已增至 440 万 TEU，并且已广泛采用装载 500～2000TEU 的专用第一代和第二代全集装箱船。与此同时，全球集装箱专用泊位也发展较快，至 1983 年已有 983 个，码头前沿已安装有大型的集装箱装卸桥，堆场普遍采用轮胎式龙门起重机。

进入 20 世纪 90 年代以来，更多的国家或地区参与了世界范围的集装箱运输。在发达国家，件杂货的集装箱化程度已超过 80%。至 1990 年全球已拥有集装箱专用泊位近 2000 个，吞吐量超过 8400 万 TEU，集装箱船队的箱位有 317 万 TEU，总运量为 3800 万 TEU。这标志着集装箱运输已进入了成熟期。这一时期，全集装箱进一步向自动化和大型化方向发展，出现了 2500～4000TEU 的第三代和第四代集装箱船。并形成向第五代、第六代集装箱船发展的趋势。现在集装箱船已发展到第七代集装箱船(7000TEU)以及 7000TEU 以上的超大型集装箱船。

2. 我国集装箱运输的发展

我国的集装箱运输发展较晚，但发展的速度较快。1955 年，我国在铁路运输中采用集装箱，当时主要采用箱体总重为 3 吨，载重为 2.5 吨的铁木制集装箱。水运部门在 1956 年、1960 年、1972 年 3 次借用铁路集装箱进行短期试运。1973 年，天津港接卸了第一个国际集装箱，开辟了海上国际集装箱运输。1973 年 9 月，开辟用杂货船捎运小型集装箱(8 英尺×8 英尺×8 英尺)的上海至横滨、大阪、神户航线。目前，中国的集装箱海洋运输已完全与国际标准接轨，采用以 20 英尺箱和 40 英尺箱为主的集装箱，这样，历经了 20 世纪 70 年代的起步，80 年代的稳步发展，到 90 年代，我国国际集装箱运输引起全世界航运界的热切关注。

(1) 集装箱船舶运力有了巨大发展，航线不断扩大

近年来，中国集装箱呈高速发展趋势。“九五”计划以来，中国集装箱港口吞吐量年均增长幅度达 30%。2002 年，中国港口集装箱总量为 3700 万 TEU，美国为 3732 万 TEU。2004 年，中国港口集装箱吞吐量达到 6180 万 TEU，2010 年达到 1.2 亿～1.4 亿 TEU，跃居世界第一。

随着我国经济的发展，我国集装箱港口布局日趋合理，并形成北、东、南三大集装箱主枢纽港群，成为我国参与经济全球化的主要桥梁。

北部集装箱主枢纽港群：以大连港、天津港和青岛港为主。大连港是东北地区出海门户；青岛港水深条件好，腹地货源足；天津港位于渤海湾最里端，由于地处京、津、唐经济区有利位置，货源较丰富。

东部集装箱主枢纽港群：以上海港、宁波港为主。上海港腹地条件优越，经济发展势头猛，已逐渐成为国际集装箱中转港之一；宁波港是我国地理位置最优良的港口之一，总长 2138 米的集装箱泊位可停靠第五代集装箱船，与上海和江苏港口共同形成东部集装箱主枢纽港群。

南部集装箱主枢纽港群：以香港港、深圳港和广州港为主。香港集装箱吞吐量目前已经稳坐世界第一的宝座；与香港比邻的深圳港，集装箱吞吐量连年攀高，大铲湾码头的建设，使深圳较为紧张的集装箱通过能力得到有效改善；随着香港、澳门两地与内地经贸联系的加强，制造业不断向中山、广州等地延伸，加之广州港龙穴岛集装箱码头的

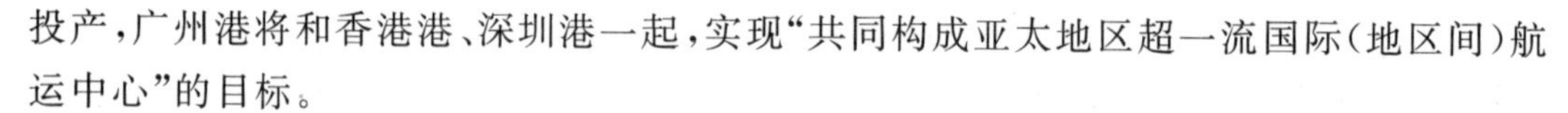

投产，广州港将和香港港、深圳港一起，实现“共同构成亚太地区超一流国际(地区间)航运中心”的目标。

(2) 基础设施建设加强，港口条件有了明显改善

港口物流是现代港口发展的趋势之一。现代港口的功能已不仅局限于传统的装卸和仓储等基本功能，而是已发展到涉及运输、储存、装卸、搬运、包装、流通加工、配送、信息处理以及为以上各环节提供装备和配套服务的诸多领域。港口设施建设对进一步提升集装箱运输水平功不可没。

我国主要港口集装箱码头的设施和设备进一步完善，有些已达到世界先进水平。我国港口集装箱码头的建设采用了国际上通行的招标制、项目法人制、施工监理和合同责任制，设计和施工与国际标准接轨。采用当今先进的技术手段，并立足国内，从实际出发，尽量提高装备的实用性、可靠性和先进性，加强设备的状态检测和维修保养，不断提高大型机械设备的性能和港口集装箱的机械化操作水平。

(3) 基本建成了与班轮运输相配套的内陆中转货运场站网络

为了使内陆中转站、货运站与港口吞吐能力相适应，保证集疏运系统的畅通，我国在港口腹地，主要港站枢纽附近及 12 条公路主骨架沿线，建成国际集装箱内陆中转站 200 多个，专用车辆 1.5 万余辆，2 万余 TEU 位。铁路中转站 128 个，专门用于办理国际集装箱业务，开通铁路国际集装箱专列线多条。

(4) 加强集装箱运输法规建设

我国加强了以法规建设为主要内容的行业管理，实现了集装箱运输的正规化管理。1990 年 12 月，国务院发布第 68 号令，颁布了《中华人民共和国海上国际集装箱运输管理规定》；同年 6 月，交通部发布第 15 号令，颁布《国际班轮运输管理规定》。1992 年 6 月，交通部颁布《中华人民共和国海上国际集装箱运输管理规定实施细则》。交通部、铁道部于 1997 年 3 月 14 日以 1997 年第 2 号令发布《国际集装箱多式联运管理规则》(以下简称《规则》)，并从 1997 年 10 月 1 日起施行。《规则》的实施将促进多式联运市场的健康发展。实施《规则》有利于推动公、铁、水联运的发展；有利于为货主提供“一次托运、一次付费、一次签单、一票到底、全程负责”的服务；更有利于降低运输和外贸进出口物资的成本，促进对外贸易的发展。

(5) 加强集装箱运输信息系统建设

1995 年由国家纪委立项，交通部组织实施的 EDI(电子数据交换)项目在我国国际集装箱运输系统中投入运营，加大了电脑局部网络系统的开发和应用，天津、青岛、大连、厦门等口岸对进口、出口舱单、船图、装箱单进行电子数据交换，信息共享，加快了单证的流转速度，减少了人工录入错误率，提高了管理水平。中国远洋运输(集团)总公司通过租用美国 GE(通用电气公司)网和国内的 China PAC(中国公用分组交换数据网)网，建立本系统在全球范围内的电脑联网，实现对其船舶、集装箱的动态跟踪，运费结算及货运单证的电子数据交换。交通部在“九五”时期，进行了“国际集装箱运输电子传输运作系统和示范工程”项目的研究和实施。

（二）集装箱的定义

一般说来，集装箱（container）是一种货物运输设备，便于使用机械装卸，可长期反复使用。

集装箱的定义是由各种内容组成的，概括地说，它是汽车、铁路车辆、船舶和飞机相互间运输中使用的运输用具。根据《国际标准化组织104技术委员会》（International Standardization Organization-Technical Committee 104，简称ISO/TC104）的规定，它应具有如下条件。

（1）全部或局部封闭，构成一个装货用的舱。

（2）具有耐久性，其坚固强度足以反复使用。

（3）便于商品运送而专门设计的，在一种或多种运输方式中运输无须中途换装。

（4）设有便于装卸和搬运，特别是便于从一种运输方式转移到另一种运输方式的装置。

（5）设计时应注意到便于货物装满或卸空。

（6）内容积为1米^{3}或1米^{3}以上。

在我国国家标准GB1992-85《集装箱名词术语》中，全面地引用了国际标准化组织的定义。

（三）集装箱的标准

集装箱标准化工作早在1933年就已开始了，当时欧洲铁路采用了“国际铁路联盟”的集装箱标准。1961年TSO/TC104成立后，首先对集装箱规格和尺寸等基础标准进行研究，并于1964年7月颁布世界上第一个集装箱规格尺寸的标准。目前，TSO/TC104共计已制定了18项集装箱国际标准。

在中国，1980年3月成立了全国集装箱标准化技术委员会。委员会成立后，共组织制定了21项集装箱国家标准和11项集装箱行业标准。

目前使用的国际集装箱规格尺寸主要是第一系列的4种箱型，即A型、B型、C型和D型，其中采用最多的是1AA型（即40英尺）和1C型（即20英尺）两种。1AA型集装箱即40英尺干货集装箱，箱内容量可达67.96米^3，一般自重为3.80吨，载重为26.68吨，总载重为30.48吨。1C型即20英尺集装箱内容量为33.20米^3，自重一般为2.32吨，载重为17.90吨，总载重量24.00吨。

为了便于计算集装箱数量，可以以长度为20英尺的集装箱（TEU）作为换算用的标准箱，也称国际标准箱单位。它通常用来表示船舶装载集装箱的能力，也是集装箱和港口吞吐量的重要统计、换算单位。

例如：40英尺箱＝2TEU　　　30英尺箱＝1.5TEU

　　　20英尺箱＝1TEU　　　10英尺箱＝0.5TEU

（四）集装箱的分类

按使用目的分类，集装箱可分以下几类。

1. 干杂货集装箱

干杂货集装箱(dry van/cargo container)除冷冻货,活的动物、植物外,其他不需要调节温度的货物均可用,主要用于运输一般干杂货,如日用百货、棉纺织品、医药及医疗器械、文化用品、五金交电、电子产品、工艺品、化工制品等。这种集装箱样式较多,使用时应注意箱子内部容积和最大负荷,特别是在使用20英尺、40英尺箱时要注意这一点。图8-7为20英尺型开侧门的干杂货集装箱,图8-8为敞侧式干杂货集装箱。

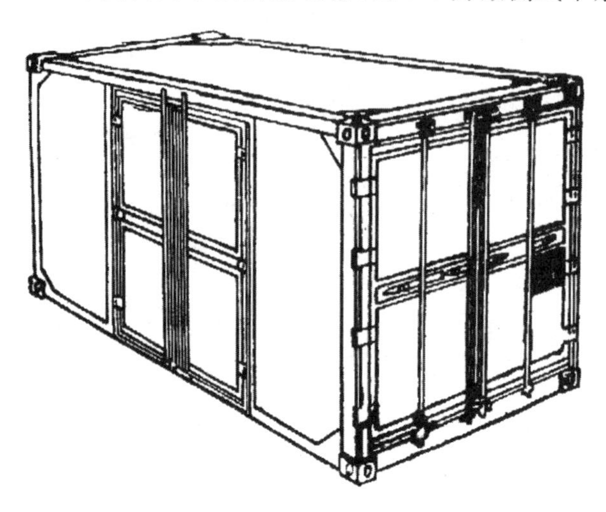

图8-7　20英尺型开侧门的干杂货集装箱

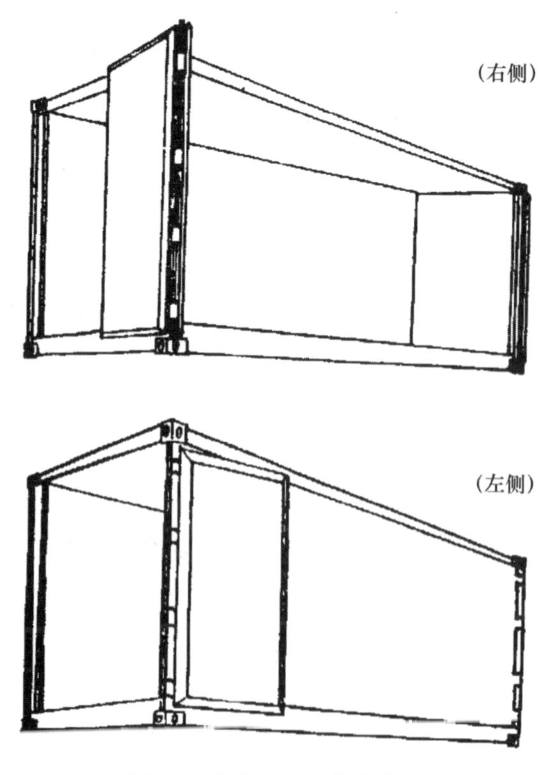

图8-8　敞侧式干杂货集装箱

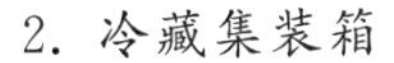

2. 冷藏集装箱

冷藏集装箱(reefer/refrigerated container)是一种附有冷冻设备,并在内壁敷设热导率较低的材料,箱内顶部装有挂肉类、水果的钩子和轨道,专门用以装载冷冻、保温、保鲜货物的集装箱。目前又出现了带有喷淋装置或空气成分调节装置,更适宜于运输新鲜蔬菜、瓜果及鲜花等特殊货物的新型冷藏集装箱。它分外置式和内置式两种,温度可在−28°C～26°C之间调整。内置式集装箱在运输过程中可随意启动冷冻机,使集装箱保持指定温度;而外置式则必须依靠集装箱专用车、船和专用堆场,车站上配备的冷冻机来制冷。这种箱子适合在夏天运输黄油、巧克力、冷冻鱼肉、炼乳、人造奶油等物品。

冷藏集装箱的经济效益并不一定好,其原因如下。

(1) 冷藏集装箱投资大,制造费用是普通箱的几倍。

(2) 在来回程冷藏货源不平衡的航线上,船公司常常为是否回运空箱而感到为难。

(3) 船上用于装载冷藏集装箱的箱位有限。

(4) 由于积载原因,每一只冷藏箱的运费收入并不一定都高。

(5) 同普通箱比,该种集装箱的营运费用较高,除因支付修理费、洗涤费用外,每次装箱前应检验冷冻装置,并定期为这些装置大修而支付不少费用。

在实际营运过程中,冷藏集装箱的货运事故较多,原因之一是箱子本身或箱子在码头堆场存放或装卸;另一原因是发货人在进行装箱工作时,对箱内货物所需要的温度及冷冻装置的操作缺乏足够的认识。尽管如此,世界冷藏货运量中,使用冷藏集装箱方式的比重仍不断上升。图8-9为20英尺铝质冷藏集装箱。

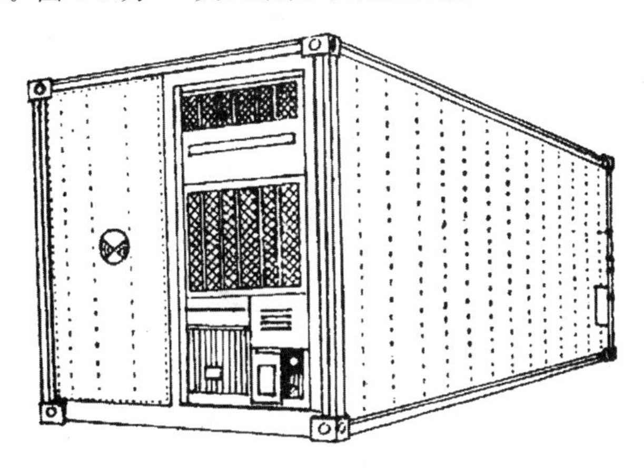

图8-9　20英尺铝质冷藏集装箱

3. 干货集装箱

干货集装箱(bulk container)除了箱门外,在箱顶部还设有2～3个装货口,底部有升降架,可升高成40度的倾斜角,以便卸货。用以装载粉末、颗粒状货物等各种散装的货物(如豆类、粮食、谷物、硼砂、树脂、塑料粒、水泥等货物)。图8-10为20英尺散货集装箱。其使用有严格要求,具体如下。

(1) 每次掏箱后,要进行清扫,使箱底两侧保持光洁(便于货物从箱门卸货)。

(2) 为防止汗湿,箱内金属部分应尽可能少外露。

(3) 有时需要熏蒸,箱子应具有气密性。

(4) 在积载时,除了由箱底主要负重外,还应考虑到将货物重量向两侧分散。

(5) 箱子的结构易于洗涤。

(6) 主要适用于装运重量较大的货物,因此,要求箱子自重应减轻。

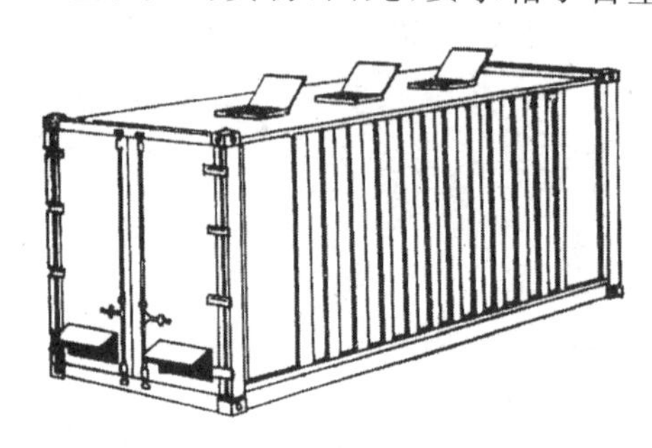

图 8-10　20 英尺散货集装箱

4. 开顶集装箱

开顶集装箱(open top container)如图 8-11 所示,在集装箱种类中属于需求增长较少的一种,主要原因是货物装卸量上不去,在没有月台、叉车等设备的仓库无法进行装箱,在装载较重的货物时还需使用起重机。这种箱子的特点是没有箱顶,吊机可从箱子上面进行货物的装卸,然后用防水布覆盖。目前,开顶集装箱仅限于装运较高的货物或用于代替尚未得到有关公约批准的集装箱种类。其水密要求和干货集装箱一样。适合于装卸体积高大的物体,如玻璃板、木材、钢制板、机械等重货。

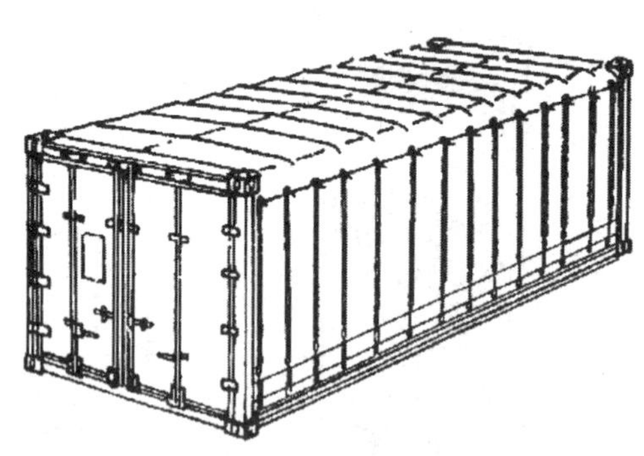

开顶集装箱的外形

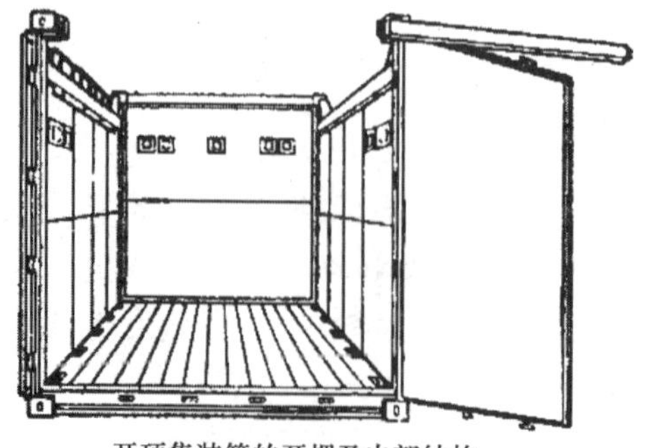

开顶集装箱的开棚及内部结构

图 8-11　开顶集装箱

5. 框架集装箱

框架集装箱(flat rack container)是没有箱顶和两侧，由箱底面和四周金属框架构成的集装箱，是以装载长大、超重、轻泡货物为主的集装箱，还便于装载牲畜及诸如钢材之类可以免除外包装的裸装货。其特点是可以从箱子侧面进行装卸。在目前使用的集装箱种类中，框架集装箱有独到之处，这是因为不仅干货集装箱，即使是散货集装箱，罐装集装箱等，其容积和重量均受到集装箱规格的限制；而框架集装箱则可用于那些形状不一的货物，如重型机械、废钢铁、载货汽车、叉车、木料等。货物可用吊车从上部装入，也可用叉车从侧面装入。除此之外，相当部分的集装箱在集装箱船边直接装运散装货，采用框架集装箱就较方便。框架集装箱的主要特点如下。

① 自身较重。普通集装箱是采用整体结构的，箱子所受外力可通过箱板扩散，而框架集装箱仅以箱底承受货物的重量，其强度很大，重量较重。

② 出于同样的原因，该种集装箱的底部较厚，所以相对来说，可供使用的高度较小。

③ 密封程度差。

由于上述原因，该种集装箱通过海上运输时，必须装在舱内运输，在堆场存放时也应用毡布覆盖。同时，货物本身的包装也应适应这种集装箱。

6. 罐装集装箱

罐装集装箱(tank container)又称液体集装箱。罐装集装箱是由箱底面和罐体及四周框架构成的集装箱，适用于液体货物，如液体食品、酒品、药品、油类、液状化工品、黄磷等，还可用来装运气体或液体危险货物。其结构是在一个金属框架内固定一个液罐。它主要由罐体和箱体框架两部分构件组成。货物由液罐顶部的装货孔进入，卸货时，货物由排出孔靠重力作用自行流出，或者由顶部装货孔吸出。图 8-12 为钢制的罐装集装箱。

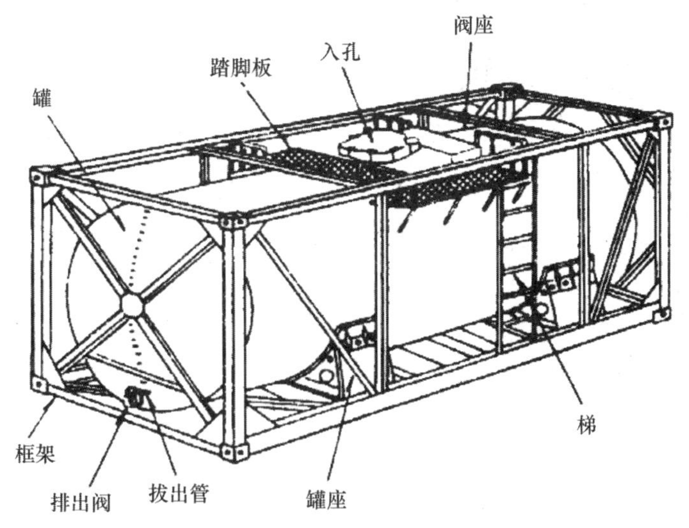

图 8-12　钢制的罐装集装箱

7. 特种专用集装箱

有汽车集装箱(car container)、牲畜集装箱(pen or live stock container)、兽皮集装箱(hide container)、平台集装箱(platform container)等。

汽车集装箱如图 8-13、图 8-14 所示,专门用于运输汽车整车,装有防滑、绑扎及单双层设备,通常只设框架和箱底,无侧壁。

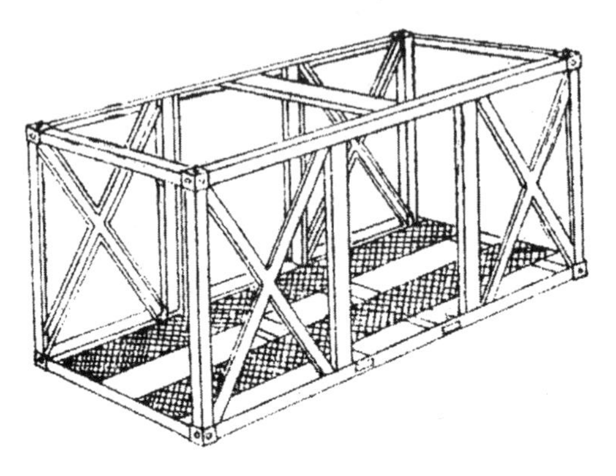

图 8-13　单层汽车集装箱

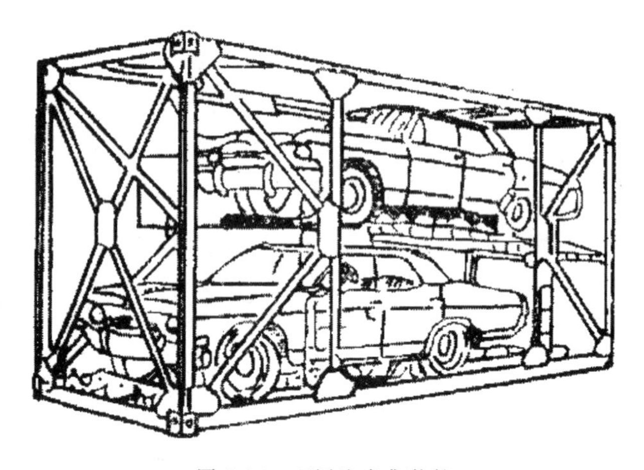

图 8-14　双层汽车集装箱

牲畜集装箱如图 8-15 所示,是一种专门设计用来装运活牲畜的特殊集装箱,具有良好的遮阳和通风条件,带有喂料和除粪装置,侧壁下面设有清扫口和排水口,并配有可上、下移动的拉门,材料选用金属网使其通风良好,而且便于喂食。

兽皮集装箱是一种专门设计用来装运生皮等带汁渗漏性质的货物,有双层底,可储存渗漏出来的液体的集装箱。

平台集装箱是形状类似铁路平板车,专供装运超限货物的集装箱,有一个强度很大的底盘,在装运大件货物时,可同时使用几个平台集装箱。

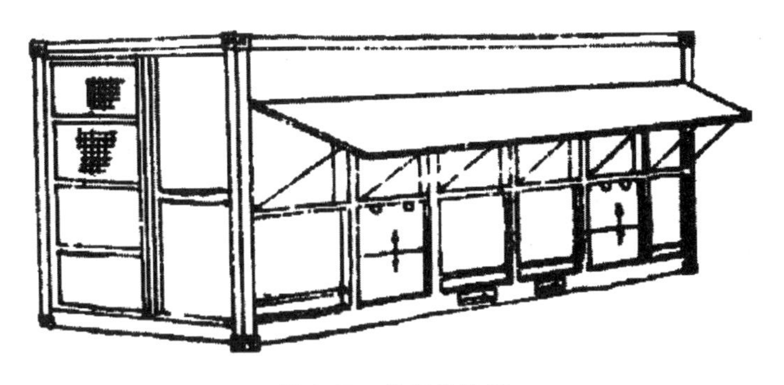

图 8-15　牲畜集装箱

二、典型货物及特殊货物的集装箱装载工艺

（一）典型货物的装载

为了便于装卸与防止事故的发生，不同包装的货物，需要采用与其相适应的装卸方法。

1. 纸箱货的装载

(1)一般注意事项

纸箱是集装箱货物中最常见的一种包装，一般用于包装比较精细和质轻的货物。

①如集装箱内装的是同一尺寸的大型纸箱，会产生空隙。当空隙为 10 厘米左右时，一般不需要对货物进行固定，但当空隙很大时，货物就需要根据具体情况加以固定。

②如果不同尺寸的纸箱混装，则应将大小纸箱合理搭配，做到紧密堆装。

③拼箱的纸箱货应进行隔票。隔票时可使用纸、网、胶合板、垫货板等材料，也可以用粉笔、带子等做记号。

④纸箱子货不足以装满一个集装箱时，应注意纸箱的堆装高度，以满足使集装箱底面占满的要求。

(2)纸箱的装载和固定

①装箱时要从箱里往外装，或从两侧往中间装。

②在横向产生 300 毫米的空隙时，可以利用上层货物的重量把下层货物压住，最上层货物一定要塞满或加以固定。

③如所装的纸箱很重，在集装箱的中间层需要适当地加以衬垫。

④箱门端留有较大的空隙时，需要利用方形木条来固定货物。

⑤装载小型纸箱货时，为了防止塌货，可采用纵横交叉的堆装法。

2. 木箱货的装载

木箱的种类繁多，尺寸和重量各异。木箱装载和固定时应注意的问题如下。

(1)装载比较重的小型木箱时，可采用骑缝装载法，使上层的木箱压在下层两木箱的接缝上，最上一层木箱必须加以固定或塞紧。

(2)装载小型木箱时，如箱门端留有较大的空隙，则必须利用木板和木条加以固定或撑紧。

(3)重心较低的重、大木箱只能装一层不能充分利用箱底面积时，应装在集装箱的中央，底部横向必须用方形木条或木块加以固定。

(4)对于重心高的木箱，仅靠底部固定是不够的，还必须在上面用木条撑紧。

(5)装载特别重的大型木箱时，纸箱会形成集中负荷或偏心负荷，所以必须有专用的固定设施，不让货物与集装箱前后端壁接触。

(6)装载框箱时，通常是使用钢带拉紧，或用具有弹性的尼龙带或布带来代替钢带。

3. 货板货的装载

货板上通常装载纸箱货和袋装货，纸箱货在上下层之间可用粘贴法固定。袋装的货板货要求袋子的尺寸与货板的尺寸一致，对于比较滑的袋子也要用粘贴法固定。货板在装载和固定时应注意的问题主要如下。

(1)货板的尺寸如在集装箱内横向只能装一块时，则货物必须放在集装箱的中央，并用纵向垫木等加以固定。

(2)装载两层以上的货板时，无论空隙在横向或纵向，底部都应用档木固定，而上层货板货还需要用跨挡木条塞紧。

(3)如货板数为奇数时，则应把最后一块货板放在中央，并用绳索通过系环拉紧。

(4)货板货装载板架集装箱时，必须使集装箱前后、左右的重量平衡。装货后应用带子把货物拉紧，货板货装完后集装箱上应加罩帆布或塑料薄膜。

(5)袋装的货板货应根据袋包的尺寸，将不同尺寸的货板货搭配起来，以充分利用集装箱的容积。

4. 捆包货的装载

捆包货包括纸浆、板纸、羊毛、棉花、棉布、其他棉织品、纺织品、纤维制品以及废旧物料等。其平均每件重量和容积常比纸箱货和小型木箱货大。一般捆包货都用杂货集装箱装载。捆包在装载和固定时应注意的问题如下。

(1)捆包货一般可横向装载或竖向装载，此时可充分利用集装箱内容积。

(2)捆包货装载时一般都要用厚木板等进行衬垫。

(3)用粗布包装的捆包货，一般比较稳定而不需要加以固定。

5. 袋装货的装载

袋包装的种类有麻袋、布袋、塑料袋、纸袋等，主要装载的货物有粮食、咖啡、可可、肥料、水泥、粉状化学药品等。通常袋包装材料的抗潮、抗水湿能力较弱，故装箱完毕后，最好在货顶部铺设塑料等防水遮盖物。袋装货在装载和固定时应注意的问题如下。

(1)袋装货一般容易倒塌和滑动，可用粘贴剂粘固，或在袋装货中间插入衬垫板和防滑粗纸。

(2)袋包一般在中间呈鼓凸形，常用的堆装方法有砌墙法和交叉法。

(3)为防止袋装货堆装过高而有塌货的危险，所以需要用系绑用具加以固定。

6. 滚动货的装载

卷纸、卷钢、钢丝绳、电缆、盘圆等卷盘货，塑料薄膜、柏油纸、钢瓶等滚筒货，以及轮

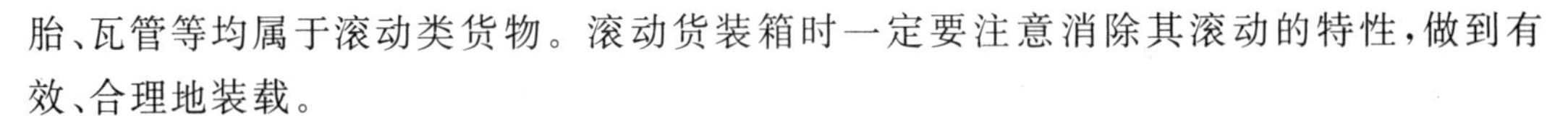

胎、瓦管等均属于滚动类货物。滚动货装箱时一定要注意消除其滚动的特性，做到有效、合理地装载。

(1)卷纸类货物的装载和固定

卷纸类货物原则上应竖装，并应保证卷纸两端的截面不受污损。只要把靠近箱门口的几个卷纸与内侧的几个卷纸用钢带捆在一起，并用填充物将箱门口处的空隙填满，即可将货物固定。

(2)盘圆的装载和固定

盘圆是一种只能用机械装载的重货，一般在箱底只能装一层。最好使用井字形的盘圆架。大型盘圆还可以用直角系板、夹件等在集装箱箱底进行固定。

(3)电缆的装载和固定

电缆是绕在电缆盘上进行运输的，装载电缆盘时也应注意箱底的局部强度问题。大型电缆盘在集装箱内只能装一层，一般使用支架以防其滚动。

(4)卷钢的装载和固定

卷钢虽然也属于集中负荷的货物，但是热轧卷钢一般都比电缆轻。装载卷钢时，一定要使货物之间互相贴紧，并装在集装箱的中央。对于重 3 吨左右的卷钢，除用钢丝绳或钢带通过箱内系环将卷钢系紧外，还应在卷钢之间用钢丝绳或钢带连接起来；对于重 5 吨左右的卷钢，还应再用方形木条加以固定。固定时通常要使用钢丝绳，而不使用钢带，因为钢带容易断裂。

(5)钢瓶的装载和固定

钢瓶原则上也要求竖装，但应注意不使其翻倒。如集装箱内全部装满，则不需要特别加以固定，只需把箱门附近的几个钢瓶用绳索捆紧。

(6)轮胎的装载和固定

普通卡车用的小型轮胎竖装横装都可以。横装时比较稳定，不需要特别加以固定。大型轮胎一般以竖装为多，应根据轮胎的直径、厚度来研究其装载方法，并加以固定。

7. 桶装货的装载

桶装货一般包括各种油类、液体和粉末状的化学制品、酒精、糖浆等，其包装形式有铁桶、木桶、塑料桶、胶合板桶和纸板桶等五种。除桶口在腰部的传统鼓形木桶外，桶装货在集装箱内均以桶口向上的竖立方式堆装。由于桶体呈圆枝形，故在箱内堆装和加固均有一定困难，而且箱内容易产生较大的空隙。在桶装货装箱时，应充分注意桶的外形尺寸，并根据具体尺寸决定堆装方法，使其与箱型尺寸相协调。

(1)铁桶的装载和固定

集装箱运输中以 0.25 米^3(55 加仑)的铁桶最为常见。这种铁桶在集装箱内可堆装两层，每一个 20 英尺型集装箱内一般可装 80 桶。装载时要求桶与桶之间要靠紧，对于桶上有凸缘的铁桶，为了使桶与桶之间的凸缘错开，每隔一行要垫一块垫高板，装载第二层时同样要垫上垫高板，而不垫垫高板的这一行也要垫上胶合板，使上层的桶装载稳定。

(2)木桶的装载和固定

木桶一般呈鼓形，两端有铁箍，由于竖装时容易脱盖，故原则上要求横向装载。横装时在木桶的两端要垫上木楔，木楔的高度要使桶中央能离开箱底，不让桶的腰部受力。

(3)纸板桶的装载和固定

纸板桶的装载方法与铁桶相似，但其强度较弱，故在装箱时应注意不能使其翻倒而产生破损。装载时必须竖装，装载层数要根据桶的强度而定，有时要有一定的限制。上下层之间一定要插入胶合板作衬垫，以便使负荷分散。

8.各种车辆的装载

集装箱内装载的车辆有小轿车、小型卡车、各种叉式装卸车、推土机、压路机和小型拖拉机等。用杂货集装箱装小轿车只能装一辆，因此箱内将产生很大的空隙。如果航线上有回空的冷冻集装箱或动物集装箱，则用来装小轿车比较理想，因为冷冻集装箱和动物集装箱的容积比较小，可以更有效地利用集装箱的箱容。而对于各种叉式装卸车、拖拉机、推土机及压路机等特种车辆的运输，通常采用板架集装箱来装载。

(1)小型轿车和卡车的装载和固定

小轿车和卡车一般都采用密闭集装箱装载。固定时利用集装箱的系环把车辆拉紧，然后再用方形木条钉成井字形木框垫在车轮下面，防止车辆滚动，同时应在轮胎与箱底或木条接触的部分用纱头或破布加以衬垫。但也可按货主要求，不垫方形木条，只用绳索拉紧即可。利用冷冻箱装载时，可用箱底通风轨上的孔眼进行拉紧。

(2)各种叉式装卸车的装载和固定

装载叉式装卸车时通常都把货叉取下后装在箱内。装箱时，在箱底要铺设衬垫，固定时要用纱头或破布将橡胶轮胎保护起来，并在车轮下垫塞木楔或方形木条，最后要利用板架集装箱箱底的系环，用钢丝绳系紧。

(3)推土机和压路机的装载和固定

推土机、压路机每台重量很大，一般一个板架集装箱内只能装一台。通常都采用吊车从顶部装载，装载时必须注意车辆的履带是否装在集装箱下侧梁上，因为铁与铁相接触，很容易产生滑动，所以箱底一定要衬垫厚木板。

(4)拖拉机和其他车辆类货物的装载和固定

小型拖拉机横向装载时可使其装载量增加。但装载时也应注意集中负荷的问题，故箱底要进行衬垫，以分散其负荷，并要用方形木条、木楔以及钢丝绳等进行固定。

(二)特殊货物的装载

1.超尺度和超重货的装载

所谓超尺度和超重货，系指货物的尺度超过了国际标准集装箱的尺寸，即超尺度货。超重货是指装箱货物重量超过集装箱最大总重货物。

(1)超高货的装卸

杂货集装箱的箱门有效高度20英尺集装箱为2100毫米～2154毫米，货物超过这一高度则应采用敞顶集装箱或台架集装箱。船舶装载这类集装箱，应堆放在舱内最上层或甲板上最高层，还要视船舶具体情况而定。超高货通过陆上运输时，应注意高速公

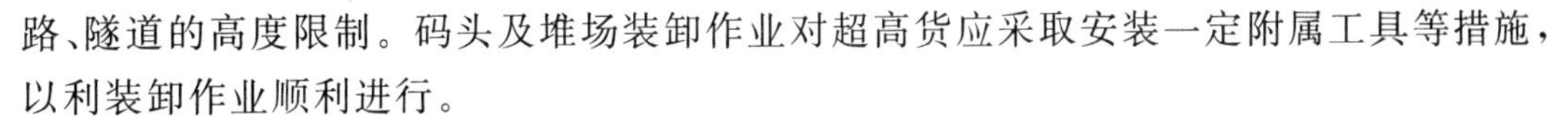

路、隧道的高度限制。码头及堆场装卸作业对超高货应采取安装一定附属工具等措施，以利装卸作业顺利进行。

(2)超高货的装载。装载超宽货一般采用台架集装箱。允许超过150毫米的超宽货可以与普通集装箱一样装在舱内。装载时必须充分注意货物的横向固定问题，在一定容许超宽范围内，超宽箱可以在舱内正常装载。

(3)超长货物的装载。超长货不能在箱格结构的集装箱船上装载，如必须装运时，也只能在甲板上装载。超长货宜采用台架集装箱，且超长量不宜大于1英尺。

(4)超重货的装载。国际标准化组织规定20英尺集装箱最大总重为24吨，40英尺集装箱为30.48吨，集装箱运输和装卸中使用的机构及设备都是根据这一总重来设计的，因此在装箱时，绝不能使装货后的总重超过上述规定值，否则就难于保证集装箱的安全运输。

2.液体货的装载

采用罐式集装箱装载液体货进行运输，可大大降低包装费和装卸费。但应注意以下事项。

(1)罐体材料、结构、性能及罐内涂料是否适合于装载该种液体货。

(2)应查明罐的容量和允许的装载量的比例与货物密度是否最接近一致，如货物密度较大，装载半罐的情况下，在装卸和运输过程中有损罐的危险。

(3)应查明液体货在灌入或排出集装箱时是否有必要的设备，这些设备与罐式集装箱上的阀门等是否配套。

(4)应检查安全阀的状态是否良好，要了解货物在运输中或排出时是否需要加热，提高温度。

(5)应了解与液体货有关的国家法规是否对其有限制。

3.冷藏货的装载

一般把需要保持在常温以下的货物称为冷藏货。在装箱之前，应对集装箱和货物进行认真检查。

(1)集装箱的技术状态是否良好，冷却能力是否达到要求，箱内是否清洁。

(2)应对集装箱及垫货材料进行预冷，以保证制冷效果，并检查温度与所装货物是否适宜。

(3)货物装箱时，应检查货物本身是否已经预冷到指定的温度，并检查货物是否堵塞冷气通道，不要影响冷风在箱内的循环，装载冷冻货时，集装箱的通风口必须关闭，形成气密。

(4)冷冻货物不宜混装，如混装则要确认货主的意见，并按照严格的方法保证货物之间不会相互污损。

4.动植物检疫的装载

动物检疫的对象通常指马、牛、羊、猪等家畜及其制品(皮、毛、肉、腊肠等)；植物检疫对象通常指各类水果、蔬菜、木材和草制品等。

对家畜运输一般采用动物集装箱。装载时应注意以下事项。

(1)应安放在船上甲板遮风避浪的地方,为便于航行中清扫和喂料,箱的周围应留出适当空间。

(2)一般在甲板上仅堆装一层。

对于畜产品,一般采用兽皮集装箱或通风集装箱装载。运输途中应注意防止日晒、受热,宜装在受外界气温影响小的地方。

对于需经植物检疫的植物,可采用杂货集装箱、通风集装箱等装载。

总之,动植物检疫货,由于可能带来某种病虫,因此进口时必须进行检疫,经检疫合格后,方准许进口,否则,应进行熏蒸、消毒,甚至就地处理(烧毁、杀死)。

5. 危险货的装载

装载危险货物应根据目的港有关规定进行装箱。在装卸危险货物时,应了解货物的性质、危险等级、标志、装载方法等,严格按国际危险货物有关规定执行。

危险货物装箱时的注意事项如下。

(1)装箱前应调查清楚危险货物的特性、防灾措施和发生危险后的处理方法,作业场所要选在避免日光照射、隔离热源和火源、通风良好的地点。

(2)作业场所要有足够的面积和必要的设备,以便发生事故时,能有效地处置。

(3)作业时要按有关规则的规定执行,作业人员操作时应穿防护工作衣,戴防护面具和橡皮手套。

(4)装货前应检查所用集装箱的强度、结构,防止使用不符合装货要求的集装箱。

(5)装载爆炸品、氧化性物质的危险货物时,装货前箱内要仔细清扫,防止箱内因残存灰尘、垃圾等杂物而产生着火、爆炸的危险。

(6)要检查危险货物的容器、包装、标志是否完整,与运输文件上所载明的内容是否一致。禁止包装有损伤、容器有泄漏的危险货物装入箱内。

(7)选用加固危险货物的材料时,应注意防火要求和具有足够的安全系数和强度。

(8)危险货物的任何部分都不允许突出于集装箱外,装货后箱门要能正常地关闭。

(9)有些用纸袋、纤维板和纤维桶包装的危险货物,遇水后会引起化学反应而发生自燃、发热或产生有毒气体,故应严格进行防火检查。

(10)危险货物的混载问题各国有不同的规定,在实际装载作业中,应尽量避免把不同的危险货物混装在一个集装箱内。

(11)危险货物与其他货物混载时,应尽量把危险货物装在箱门附近。

(12)装载时不能采用抛扔、附落、翻倒、拖拽等方法,避免货物间的冲击和摩擦。

三、集装箱码头装卸搬运系统

为了有效地提高集装箱码头的装卸效率,加速船、车、箱的周转,缩短其在港停留时间,集装箱码头采用高效专用机械设备,实现装卸搬运作业机械化。整个集装箱码头机械化系统包括码头前沿机械、水平搬运机械、堆场作业机械等。

(一)码头前沿机械

1. 岸壁集装箱起重机

岸壁集装箱起重机又称集装箱装卸桥，桥吊，是集装箱码头前沿机械，承担集装箱装、卸船作业。该机是大吞吐量集装箱码头高效专业机构，其装卸效率一般为 20 标准箱/时，起重量为 30～35 吨，外伸距为 35～38 米，内伸距一般为 8～16 米。

桥吊是码头上用于将集装箱吊起进行装卸作业的起重机，是码头的心脏。桥吊作业能力决定着一个码头的货物吞吐能力。

据交通部有关负责人介绍，经交通部反复核实，并与世界权威机构沟通后确认：2003 年 9 月 30 日，青岛港前湾集装箱码头许振超桥吊队在接卸"地中海阿莱西亚"轮的作业中，创造的每小时 381 自然箱的集装箱装卸效率，刷新了世界集装箱装卸的最高纪录。

2. 多用途桥式起重机

多用途桥式起重机即多用途装卸桥。既可装卸集装箱，又可装卸重件、成组货物及其他货物，一般在多用途码头采用，装卸效率为 20 标准箱/时左右。主要缺点是自重大，轮压大，移机不便，造价也较高。

3. 高架轮胎式起重机

该机类似普通轮胎式起重机，机动性较大，通用性好，可任意行走，配备专用装卸吊具和属具，可装卸集装箱、件杂货等，使用于多用途泊位。主要缺点是自重较大，对码头承载能力要求较高，增加了码头建设投资，而且造价也较高。

4. 其他机械

如适用于吞吐量较小的港口，主要是内河港口的浮式起重机、多用途门式起重机等。

(二)水平搬运机械

1. 底盘车

底盘车方式(chassis system)又称"海陆公司方式"(sea-land system)，它是由陆上拖车运输发展起来的。而集装箱堆场上采用的底盘车堆存方式是指将集装箱连同起运输集装箱作用的底盘车一起存放在堆场上。这种堆存方式的集装箱所处机动性最大，随时可以有拖车将集装箱拖离堆场，而无须借助于其他机械设备。因此，底盘车方式比较适合于门对门的运输方式，特别是海运部门承担的是短途运输(如海峡运输等)，也是一种集疏运输效率较高的港站堆场作业方式。但是，采用这种堆存方式，集装箱堆存高度只有一层，而且需要留有较宽的车辆通道，因此需要占用较大的堆场面积，堆场面积利用率较低。图 8-16 为一个底盘车堆存方式的平面布置图，这是日本神户港一个集装箱港站底盘车的布置模式。

布置底盘车时，底盘车尾部应相对放置，其间距约为 1.22 米；主通道应相距 19～20 米；场地的纵深度可考虑为 118～245 米(见图 8-17)。如果堆场的底盘车采用斜线布置，可以减少对道路通道的宽度要求，进而提高堆场的利用率。

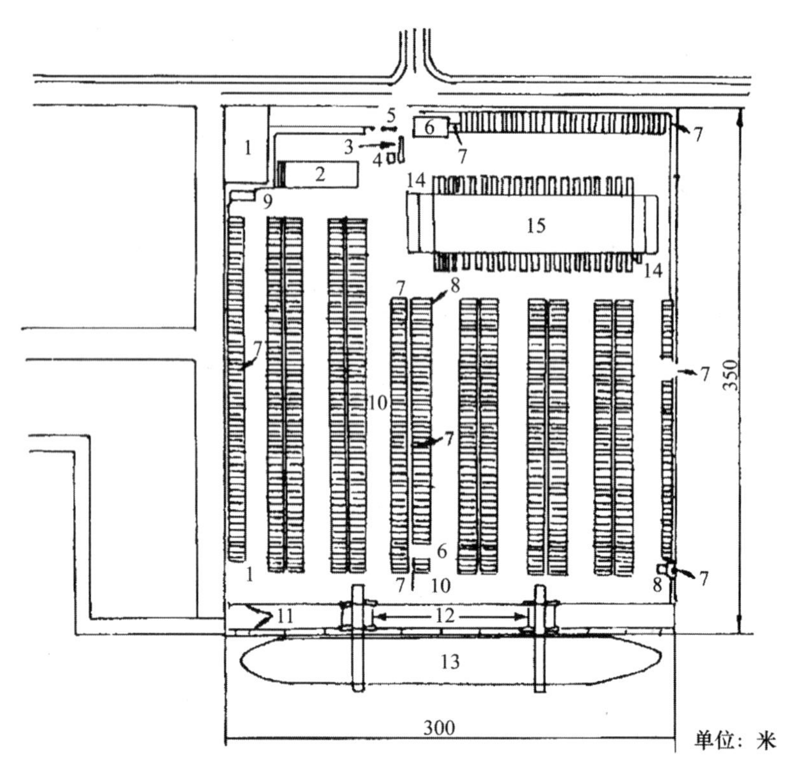

1—综合配电所　2—维修车间　3—地坪　4—门卫室　5—大门　6—管理室　7—照明塔
8—变电所　9—配电所　10—冷藏集装箱堆场(插头 80 个)　11—岸壁集装箱装卸桥轨道
12—岸壁集装箱装卸桥　13—全集装箱船　14—照明灯　15—集装箱货运站

8-16　底盘车堆存方式

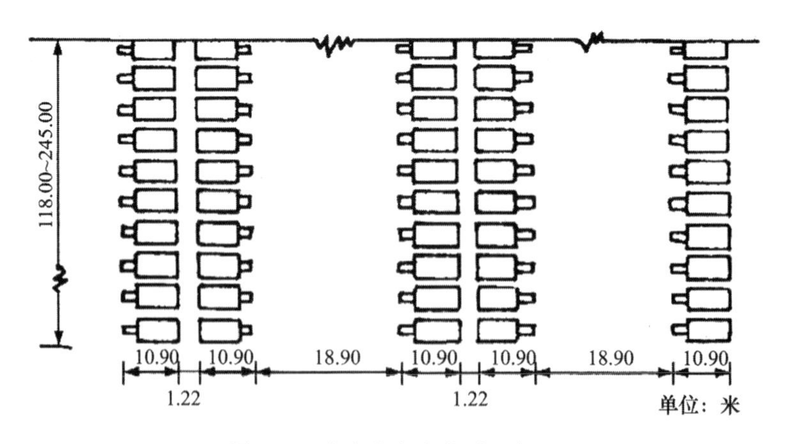

图 8-17　底盘车方式的平面布置

当然底盘车本身没动力，常和牵引车挂车结合，形成集装箱牵引车——底盘车方式，其特点是运行速度快，拖运量大，我国大多集装箱码头采用它。

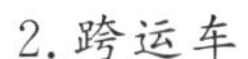

2.跨运车

跨运车方式(straddle carrier system)又称“麦逊公司方式”(matson system),是一种具有搬运、堆垛、换装等多功能的集装箱专用设备,其外形结构见图 8-18。跨运车采用旋锁机构与集装箱合或脱开;吊具能够升降,以适应装卸和堆码集装箱的需要。吊具也能侧移、倾斜和微动以满足对位的需要。

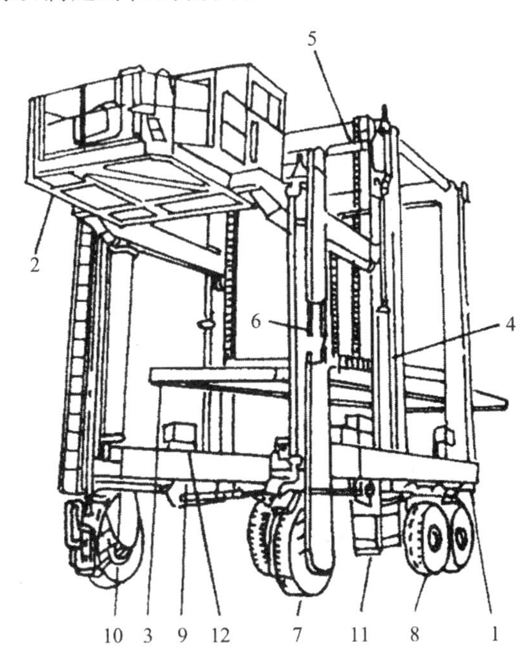

1—底架 2—平台 3—集装箱吊具 4—升降油缸 5—起升链 6—驱运链 7—驱动轮
8—从动轮 9—转向装置 10—制运器 11—燃油柜 12—保持水平装置

图 8-18 跨运车外形结构示意

跨运车工艺系统在欧洲应用比较广泛。法国的勒阿佛尔港(Port Le Havre)是法国最大的集装箱港站,承担法国 60%集装箱运量,拥有 18 个集装箱泊位,港站岸线长 5 千米,是欧洲典型的集装适箱跨运车系统。还有德国的汉堡港、荷兰的鹿特丹港等都积累了一套成熟的跨运装卸搬运系统的使用和管理经验。

(1)在集装箱码头上,跨运车可以完成的作业

①集装箱运输工具装卸作业点与堆场作业点之间的装卸和搬运。

②前方堆场与后方堆场之间的装卸和搬运。

③后方堆场与货运站之间的装卸和搬运。

④对底盘车进行换装。

(2)跨运车方式的优缺点

①跨运车方式的优点

第一,由于集装箱从运输工具上卸下来时,采用“落地”方式接运,故不用像底盘车接运方式那样要对准着底盘车上的蘑菇头才能放箱,由此提高了集装箱装卸的工作效率。

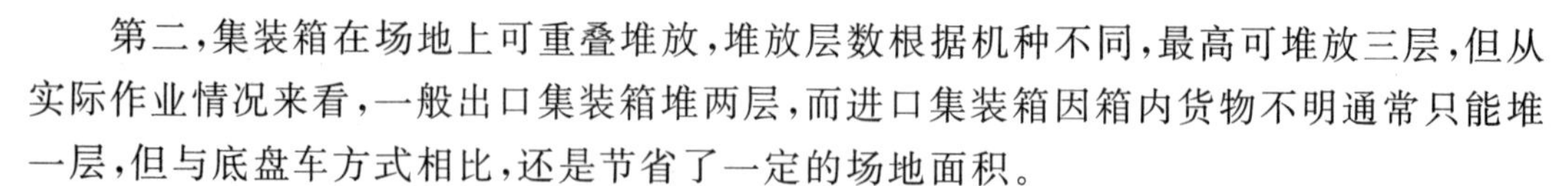

第二，集装箱在场地上可重叠堆放，堆放层数根据机种不同，最高可堆放三层，但从实际作业情况来看，一般出口集装箱堆两层，而进口集装箱因箱内货物不明通常只能堆一层，但与底盘车方式相比，还是节省了一定的场地面积。

第三，跨运车是一种多用途机械，它以时速 24 千米以上的高速在场地上进行各种作业，由于港站机种单一，故向薄弱环节调配机械的灵活性较大。

第四，在港站每天作业量不平衡时，可根据作业量的大小随时自由地增减机数，而不会使装卸作业混乱。

②跨运车方式的缺点

第一，跨运车本身的价格较贵，采用跨运车进行换装和搬运时可能会提高装卸成本。

第二，跨运车采用液压驱动，链条传运，容易损坏，故修理费用高，完好率低，这是跨运车方式中最突出的问题。

第三，跨运车的轮压比底盘车大，一般轮压以 10 吨计，故要求较厚的场地垫层。

第四，在进行“门到门”的内陆运输时，需要用跨运车再一次把集装箱装上底盘车，比底盘车方式增加了一次操作。

图 8-19 为跨运车方式的平面布置。

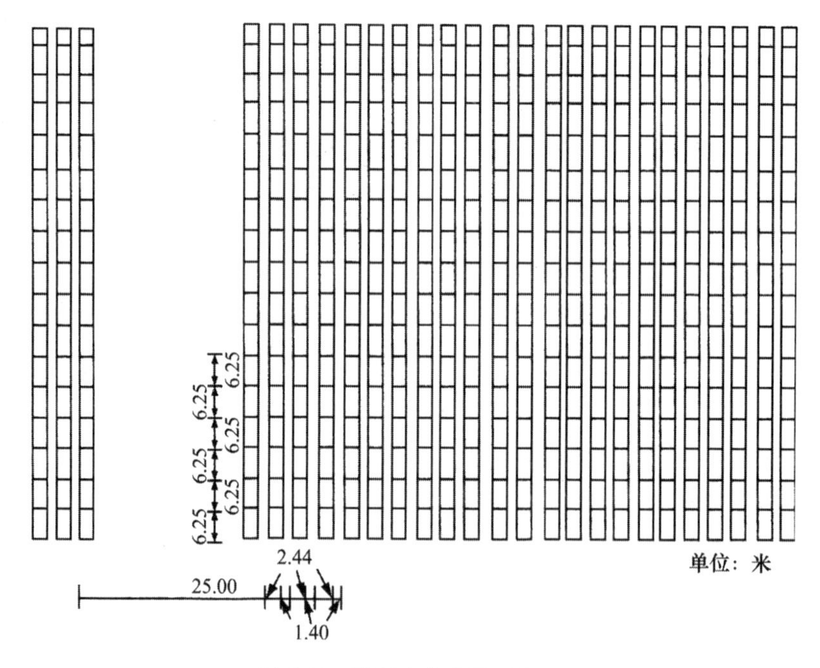

图 8-19　跨运车方式平面布置

（三）堆场作业机械

1. 轨道龙门起重机

轨道龙门起重机(rail mounted transtainer)是集装箱码头堆场进行装卸、搬运和堆码集装箱的专用机械。它由两片双悬臂的门架组成，两侧门腿用下横梁连接，支承在行走轮台，可在轨道上行走。该机可堆 4～5 层集装箱，可跨多列集装箱及跨一个车道，因而堆存能力高，堆场面积利用率高。由于结构简单，因此操作容易，便于维修保养，易于实现自动化。主要缺点在于要沿轨道运行，灵活性较差，由于跨距大，对底层箱提取困难，常用于陆域不足且吞吐量大的集装箱码头。其结构如图 8-20 所示。

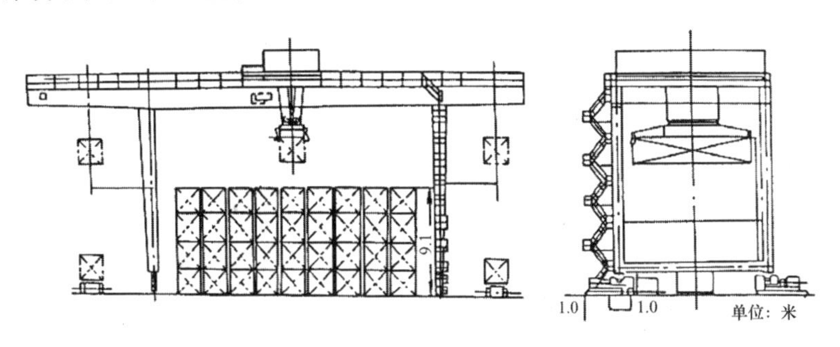

图 8-20　轨道龙门起重机

2. 轮胎龙门起重机

轮胎龙门起重机(rail mounted transtainer)是最常见的集装箱堆场作业机械。它主要用于集装箱堆场的装卸、搬运及堆场作业，如图 8-21 所示。

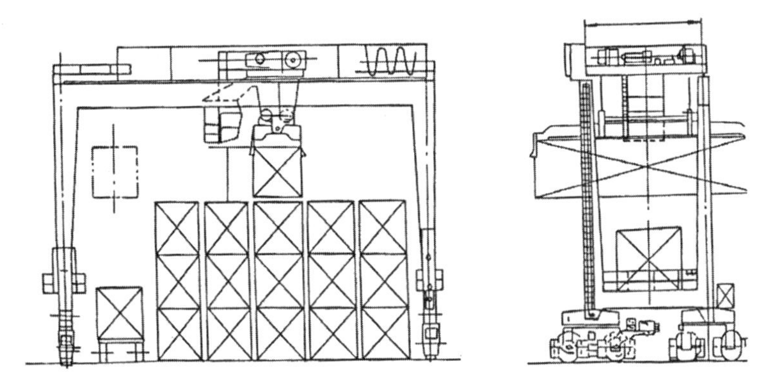

图 8-21　轮胎龙门起重机

它由前后两片门框和底梁组成的门架，支承在充气轮胎上，可在堆场上行走，并通过装有集装箱吊具的行走小车沿着门框横梁上的轨道行走，可从底盘车上装卸集装箱和进行堆码作业。

该机主要特点是机动灵活，可从一个堆场转移到另一个堆场作业，可堆 3～4 层集装箱，提高了堆场面积利用率，并易于实现自动化作业。主要缺点是自重大、轮压大、轮胎易磨损、造价也较高，适用于吞吐量较大的集装箱码头。

3. 集装箱叉车

集装箱叉车(container forklift)是集装箱码头常用的专门机械。可用于集装箱堆场装卸、堆码及搬运作业，也可用于装卸船及拆装箱作业，如图 8-22 所示。

根据货叉设置的位置不同，可分为正面集装箱叉车和侧向集装箱叉车两种。正面集装箱叉车是指货叉设置在车体的正前方的叉车，而侧向集装箱叉车是指货叉和门架位置在车体侧面的叉车。

为了方便装卸集装箱,配有标准货叉及顶部起吊和侧面起吊的专用属具。

集装箱叉车主要优点是机动灵活,可一机多用,既可作水平运输,又可作堆场堆码、搬运及装卸作业;造价较低,使用方便,性能可靠。缺点是轮压较大,要求场地承载能力高,因而场地土建投资较多。该机特点适用于空箱作业。一般在集装箱吞吐量较少的多用途泊位上土地建设使用。

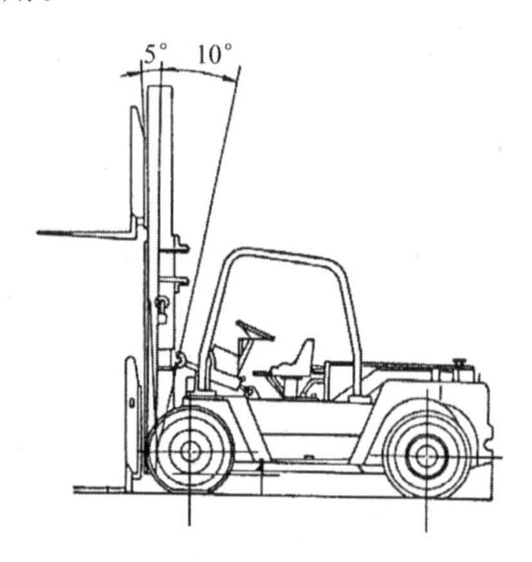

图 8-22　集装箱叉车

4. 集装箱正面吊运机

正面吊运机的特点表现在设置有可伸缩和左右共旋转 120 度的吊具,便于在堆场作吊装和搬运;设置有可带变幅的伸缩式臂架及多种保护装置,能保证安全操作;可加装吊钩,吊装其他重大件货物。

该机主要优点是机动性强,可一机多用,既可作吊装作业,又可短距离搬运,一般可吊装 4 层箱高,并且稳定性好,轮压也不高,因此是一种比较理想的堆场装卸搬运机械,适用于集装箱吞吐量不大的集装箱码头,也适用于空箱作业。

5. 其他机型

汽车起重机和轮胎起重机等,也可作空箱堆码作业,仅适用于吞吐量少的通用码头。

四、集装箱码头新型装卸搬运技术

随着大型现代化集装箱码头的不断发展,对装卸搬运技术的高速化和自动化程度的要求越来越高,码头的装卸量也越来越大,因此,集装箱码头装卸搬运以及码头布置方面目前正处于不断地创新和发展之中,其目的主要是提高集装箱码头船舶装卸作业的效率。其中主要的新颖工艺有以下几种。

(一)底盘车列与轮胎式龙门吊的配合

在一般的龙门吊方式中,从港站前沿到堆场的集装箱搬运都是由场地牵引车拖带一节底盘车运行的。但是如场地面积很大,装卸的集装箱数量很多,或场地离岸壁前沿的距离较远时,就可采用一台牵引车同时牵引两台以上的底盘车(半挂车)而组成底盘车列的方式运行(见图 8-23)。

这种工艺方式由于同时可搬运 2 个以上的集装箱,所以可减少牵引车的周转次数,相应地节省了牵引车的燃料消耗量,从而降低了装卸成本,也减轻了牵引车司机的疲劳强度。如果牵引车的拖运距离很长,采用这种工艺还可以大大减少牵引车的使用台数,这些对于集装箱港站来说都是十分有利的。因此,在场地大、装卸量多、运行距离远的条件下,采用本工艺方式,不仅装卸效率高,而且装卸成本也低。

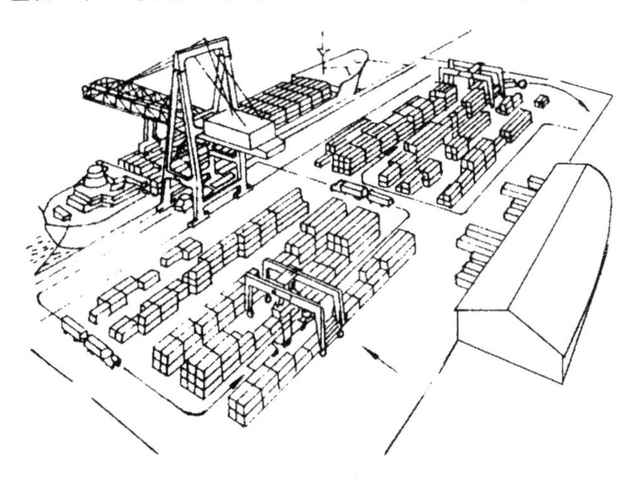

图 8-23 底盘车列与轮胎式龙门吊的配合

(二)自动导向车(AGV)系统

自动导向车系统是目前国际上最先进的集装箱装卸搬运系统。其中自动化程度很高的大型岸边集装箱起重机、自动导向车、无人驾驶轨道龙门起重机及进出大门的自动识别系统是组成此系统的关键。

1. 自动导向车原理及程序

自动导向车的运行轨道有单轨和双轨两种布置方案,轨道线通过装卸桥和轨道龙门起重机的机腿间呈环状敷设,自动导向车就沿着这一轨道绕场地回转运行。环行轨道有圆弧式和直线式,这两种圆弧式在技术上容易实现,直线式则可以节省轨道占用的堆场面积。

每辆自动导向车可装运 40TEU 一个或 20TEU 两个,运行于港站前沿和堆场之间。自动导向车沿设于作业区、堆场表面的电子格网运行。驱动靠自身配备的柴油发电机和液压传动装置。接收控制室发出的信号,并转换成控制运转程度,据此运行。自动导向车上的导航系统能把自身的确切位置、方向、速度、重载或轻载等信息发送给港站控制中心,控制中心根据收到的各车辆的信息决定车辆运行顺序及转弯方向。为防止意外碰撞,小车上装有传感器和安全装置。小车内部信息系统可记录电机温度、油耗、冷却水水位等数据,并报告故障情况。小车燃油降到预置位置时,就发出信号。控制中心就指令小车回加油站,加油工把小车与电子操作油管连接起来,装满油后,油泵自动停止供油,油管与小车脱离。小车自动返回工作。

2. 无人驾驶轨道龙门起重机

堆场垂直于港站布置,轨道龙门起重机,跨距内堆箱 6 排 4 层,可接收控制中心的指令进行作业。在堆场沿港站一侧,轨道龙门起重机接运由自动导向车运来的集装箱,堆放在堆场的指定箱位，或把堆场上的指定装船集装箱运送并装到自动导向车上。在堆场沿陆侧，即堆场另一侧，轨道龙门起重机全自动或通过中控室遥控完成装卸集装箱拖挂车作业。

这种工艺方式在出口集装箱到达港站后对集装箱船进行装卸时，或进口集装箱需要向收货人发送时，有时这些作业必须同时进行，在这种情况下，运行的自动导向车通常需要6～8台，为了能让集装箱装卸桥连续工作，在装卸桥侧应经常有几台装了集装箱的自动导向车在那里等待着。在集装箱装卸桥侧等待的自动导向车还没有到达集装箱场之前，场上的龙门吊可以进行其他作业。假如在集装箱装卸桥侧等待的自动导向车没有了，则场上的龙门吊就应加速装卸。这样才能保证装卸桥连续不断地工作而不使装船作业停顿。要达到这样的要求，则龙门吊的工作循环时间一定要比装卸桥的工作循环时间短才行，否则将难以达到这一要求。

自动导向车系统具有高效、经济、准确的优点，使用于集装箱货运量大，劳动力成本高，水转水集装箱比例高的大型专业化集装箱港站。自动导向车系统是21世纪现代化集装箱中转系统，是操作管理全部自动化的典型装卸搬运系统。

(三)移箱输送机与轨道式龙门吊的配合

移箱输送机是一架长条形的机械，其长度一般能放置20英尺集装箱4～6个。它设置在前沿与前方堆场交接处的轨道上，使集装箱装卸桥的后伸臂和轨道式龙门吊的悬臂都能达到。

在装卸过程中由于装卸桥的后伸臂不能与龙门吊的悬臂重叠交叉，因此在这两者之间的地面上设置了这种移箱输送机。当装卸出口集装箱时，由场上龙门吊搬来的集装箱，放置在悬臂下的移箱输送机上，通过输送机的运转将箱从输送机上的龙门吊侧移向装卸桥侧，装卸桥从后伸臂下的移箱输送机上吊起集装箱，装上集装箱船(见图8-24)。

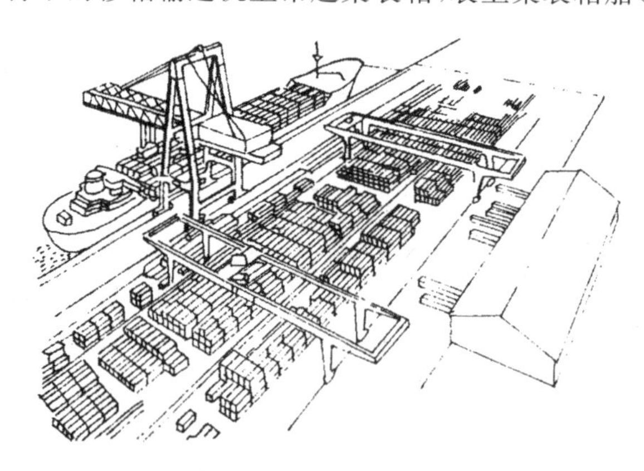

图8-24　移箱输送机与轨道式龙门吊的配合

当装卸桥从这一舱口换到另一舱口装卸时，移箱输送机被装卸机腿牵引，与装卸桥一起沿轨道施行，因此装卸桥与移箱输送机经常保持着一定的距离。而场上龙门吊虽然可以沿轨道任意运行，但在船舶装卸过程中必须与移箱输送机连接，因此只能在移箱输送机的长度范围内移动，这样场地龙门吊的位置基本上也确定下来了，故在堆放出口集装箱时应注意，最好使堆放的位置与集装箱船的舱口位置相对应，避免装卸过程中迫使机械移动。

采用这种装卸搬运方式时全部作业都可以用电子计算机进行操作。龙门吊的位置可以由控制室进行控制，其动作也可用电子计算机操纵，龙门吊的装卸作业可全部实现自动化。由于预先可以知道什么集装箱应堆放在什么位置上，并且可尽量使集装箱堆高，充分地利用场地面积，这些条件都有利于用电子计算机进行快速装卸。

五、集装箱码头装卸工艺系统

随着集装箱运输的发展及全球"集装箱化"的比重不断提高，船舶大型化及集装箱码头装卸作业高效化的势头相当明显，这就要求集装箱码头装卸工艺方案现代化和最优化。根据不同集装箱船型采用不同的装卸作业方式，集装箱的装卸作业有两种基本方式：一种是吊装法，就是用起重机吊进吊出；另一种是滚装法，就是把装载集装箱的拖挂车或平车用牵引车拖带（或用叉车）开上专用船舶，到达目的港以后，再拖带（或用叉车）开下船舶，此种装卸方法又称为"开上开下法"。

（一）吊装法

一般在岸上设置集装箱起重机，目前使用较多的是岸边集装箱装卸桥。其起重量参照满载箱子的重量，起重高度根据集装箱船的船型及装卸情况而定，要求在最低水位时，能起吊满载船舶舱内最低一层集装箱。起重机门架内净空高度，按载运两层集装箱的跨运车考虑。

集装箱装卸桥配有专用的集装箱吊具，集装箱吊具是随着集装箱运输的不断发展而形成和发展起来的一种专门用于起吊集装箱的吊具，其形式主要有：固定式、伸缩式、组合式三种。

采用吊装法的卸船工艺流程有以下几种。

(1)船舶→岸桥→挂车→牵引车→堆场。

(2)船舶→岸桥→跨运车→堆场。

(3)船舶→岸桥→挂车→场桥→堆场。

(4)船舶→岸桥→拖挂车→铲车→堆场。

(5)趸驳→船吊→拖挂车→场桥→堆场。

(6)趸驳→船吊→拖挂车→铲车→堆场。

（二）滚装法

滚装法无须常规的码头作业，码头只是一个编组站和调车场，陆上只需宽敞的停车场和畅通的调车通道及调车牵引拖头或滚上滚下集装箱低门叉车，无须其他的装卸设备，装卸费用低，船舶装卸时间显著缩短。但有的挂车或平车需随船运输，占用了船舶的载货能力，使航运费用增加，因而在较短的航线上营运经济效果比较好。

其装卸工艺流程有如下几种。

(1)堆场⇆底盘车⇆牵引车⇆滚装船。

(2)堆场⇆叉车⇆滚装船。

(3)堆场⇆拖挂系统⇆滚装船。

(4)堆场⇆集装箱低门叉车⇆滚装船。

上述装卸工艺流程中的拖挂系统和集装箱低门叉车是较新式的滚装集装箱装卸机械,较大地提高了装卸效率。

六、集装箱装卸搬运案例分析

这里,用一个新建集装箱码头的装卸搬运方案选择为例,从中可以看出,在集装箱码头装卸搬运方案选择时的依据和基本思路。

(一)码头基本概况

某港区的集装箱码头岸线为1250米,拟建设4个可停靠第四代集装箱船舶的泊位,设计吞吐能力为12万标准箱/年。港区后方陆域宽约1350米、纵深约1220米,陆域面积为163万米^2。码头顺岸布置,前沿水深10米,码头与后方靠引桥连接,港区陆域前方为生产作业区,布置集装箱堆场,后方为生产辅助区,布置集装箱调配中心、拆装箱库、停车场等。

(二)主要设计参数

1. 集装箱主要设计参数

码头岸线总长	1250米
年吞吐集装箱量	175万标准箱

2. 各种集装箱比例

普通重箱	75%
冷藏箱	3.5%
危险品箱	1.5%
空　箱	17%
拆装箱	3%

3. 各种集装箱在堆场的平均堆存期

普通重箱	7天
冷藏箱	4天
危险品箱	3天
空　箱	10天
拆装箱库内货物	3天
堆场年工作天数	350天
港口生产不平衡系数	1.25

(三)设备、设施基本能力要求

1. 装卸桥能力及数量

码头泊位的通过能力可以根据岸边装卸桥单机能力来确定,计算公式如下:

$$P_t = nP_L$$

式中：P_t——集装箱码头泊位年通过能力；

P_L——每台岸边集装箱装卸桥年装卸能力；

n——岸边集装箱装卸桥配备台数，即 14 台。

如果取装卸桥单机年装卸能力为 12.5×10^4 TEU，完成 120 万 TEU 需要配置 14 台装卸桥（计算机方式在后面设计部分专门介绍）。

2. 堆场所需容量

根据计算（这里不列出计算过程），我们可以确定该集装箱码头要达到年吞吐能力，相应的堆场需要达到以下规模（见表 8-1）。

表 8-1 各种集装箱所需堆场容量表

（175 万 TEU）	E_y	Q_h	t_{dc}	K_{BK}	T_{yk}
普通重箱	32813	1312500	7	1.25	350
空箱	12500	350000	10	1.25	350
冷藏箱	875	61250	4	1.25	350
危险品箱	281.25	26250	3	1.25	350

表中：E_y——集装箱堆场容量（TEU）

Q_h——集装箱码头年运量（TEU），t_{dc}——到港集装箱平均堆存期（天），K_{BK}——堆场集装箱不平衡系数，T_{yk}——集装箱堆场年工作天数（天）。

（四）装卸搬运方案拟定

装卸搬运系统是建成高效、节能、高自动化、环保型现代化集装箱港区的关键。对此，结合该港的具体情况，拟定 3 个装卸搬运方案，即轮胎龙门起重机方案、轨道龙门起重机方案和轮胎龙门起重机—轨道龙门起重机组合方案。

综合分析上述装卸搬运方案技术性能，结合该港已有的生产管理经验和码头工程工况具体条件，对以下三个方案进行比较（见表 8-2）。

表 8-2 三个装卸搬运方案优缺点比较表

序号	方案名称	优点	缺点
1.	轮胎龙门起重机方案	装卸效率较高，操作简单，机动灵活，作业面积大，故障率低，堆场利用率较高	不易实现自动控制，环保效果差
2.	轨道龙门起重机方案	装卸效率高，机构简单，操作容易，故障率低，维修方便，堆场利用率高，易于实现自动控制，环保效果好，综合营运成本低	机动性能差，作业范围受限制
3.	轮胎龙门起重机—轨道龙门起重机组合方案	综合了轮胎龙门起重机和轨道龙门起重机的优点	堆场机型多，对生产管理水平要求高

（五）装卸搬运工艺流程

装卸搬运工艺流程如图 8-25 所示。

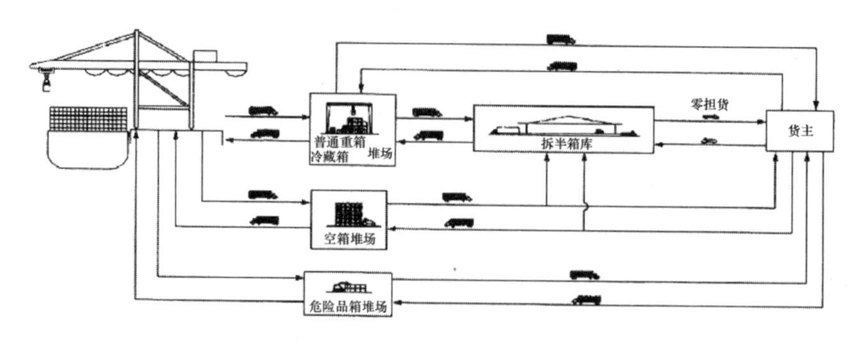

图 8-25 轮胎龙门吊工艺方案

(六)主要装卸设备选型

1. 岸边集装箱装卸桥

目前,专用集装箱码头的装卸作业大都采用岸边集装箱装卸桥。岸边集装箱装卸桥有单小车和双小车之分,近几年,国外少数集装箱码头采用了双小车岸边集装箱装卸桥,理论上单机效率可达 60 标准箱/时,但实际效率仅比普通岸边集装箱装卸桥增加 15%左右,单机造价高于仍采用单小车形式的普通岸边集装箱装卸桥。

(1)起重量

起重量计算公式如下所示:

$$Q=Q_t+W$$

式中:Q——岸边集装箱装卸桥起重量(吨);

Q_t——额定起重量(吨);

W——吊具重量(吨)。

额定起重量一般按照所起吊的最大总重量来决定。就集装箱而言,ISO 1AA、ISO 1A 和 ISO 1AX(40 英尺)集装箱的最大重量取 30.5 吨,在实际装卸中也有重量达 35.0～36.0 吨的超重箱;20 英尺集装箱重量为 24.0 吨,如果双箱起吊,则最大重量取 48.0 吨。目前广泛采用的单箱吊具自重为 9.0 吨左右,双箱吊具自重为 11.0～13.0 吨。由于装卸桥还需起吊集装箱船上的舱盖板,一般集装箱船每块盖板的重量均不超过 30.5 吨,但也有超过此重量情况,如第四代集装箱船,其舱盖板的重量高达 36.0 吨。

综合以上因素,岸边集装箱装卸桥的额定负荷选定为吊梁下 64.0 吨,单箱吊具下 50.0 吨,双箱吊具下 50.0 吨。

(2)外伸距

外伸距公式如下所示:

$$L=L_1+L_2+b$$

$$L_1=a+B+C$$

$$L_2=(D+e+t+j-M)tan3^\circ$$

式中各符号含义见本章前面论述,具体取值如下:

a——码头前沿至船舶内舷侧的距离 1.20 米;

B——未来型船宽 45.00 米;

C——船外舷至外舷侧最外面一列集装箱中心线之间的距离 1.70 米;

D——船舶型深 26.80 米；

M——船体衡倾稳心高度；

b——岸边集装箱装卸桥海侧轨中心至码头前沿距离 3.50 米；

j——七层集装箱的高度 20.27 米；

e——舱口栏板高度；

t——舱盖板厚度。

计算外伸距为 50.37 米。考虑避开小车运行减速区的实际情况，选定外伸距为 55.00 米。

以上数据是按营运中的最大集装箱船舶，载箱量 8736 标准箱、舱盖板上堆 17 列 7 层高集装箱计算所得。

(3)轨距和码头面宽

为保证码头上车流运行通畅，适应集装箱船舶大型化、装卸高效化的要求，《海港总平面设计规范》建议第三、四代集装箱船配备 3～4 台岸桥，第五代以上集装箱船配备4～5台岸桥。

本码头岸线长 1250.00 米，可同时停靠 4 艘第四代集装箱船。为了适应船型的变化和单船装卸箱量，确保大船多机、快装快卸，需充分发挥岸边集装箱装卸桥的设备利用率，提高泊位吞吐能力。考虑不同船型组合的同时，通过组合确保在码头全长的每 250.00 米范围内，均可集中 5 台岸桥作业。即确保每艘第三代以上集装箱到港均可集中 5 台岸桥作业。

集装箱船舱盖板放在陆侧轨后方，最大的舱盖板尺寸为 1414.00 米。

岸边集装箱装卸桥轨距为 5+1 集装箱牵引车拖挂车通道，同时为了保证单机稳定性和降低工轮压，推荐布置为 30.00 米。岸边集装箱装卸桥轨距及码头面布置如图 8-26 所示。

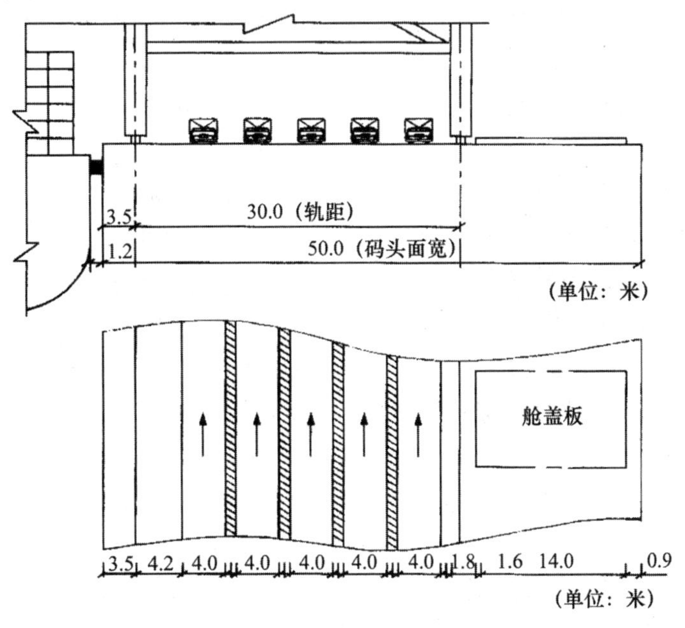

图 8-26　岸边集装箱装卸桥轨距及码头面布置

码头面宽由三个部分组成:码头前沿至岸边集装箱装卸桥海侧中心区的船舶系揽区;岸边集装箱装卸桥轨距范围内的集装箱拖挂车通道区;岸边集装箱装卸桥陆侧轨至码头后沿的舱盖板堆放区。综合分析并配合各种装卸搬运方案可选择的码头面宽如表 8-3 所示。

表 8-3　码头面宽度推荐表

单位:米

前沿系揽区	拖挂车通道区	舱盖板堆放区	码头面宽
3.50	30.00	16.30	50.00
3.50	35.00	16.30	55.00
8.00	30.00	16.30	55.00

(4)机型及主要技术参数

综合上述分析,结合水工结构特点,建议比选机型及主要技术参数如表 8-4 所示。

表 8-4　机型及主要技术参数表

机型	吊具下起重量		型宽(米)	外伸距(米)	内伸距(米)	轨距(米)	系缆区(米)
	正常(吨)	慢速(吨)					
机型(一)	50	55	≤27.00	55.00	15.00	30.00	3.50
机型(二)	50	55	≤27.00	55.00	36.00	30.00	3.50
机型(三)	50	55	≤27.00	55.00	15.00	35.00	3.50
机型(四)	50	55	≤27.00	60.00	15.00	30.00	8.00

2.轮胎龙门起重机

集装箱专用码头堆场轮胎龙门起重机一般按 6 列集装箱和 1 条集装箱卡车通道设计,跨距为 23.47 米。

堆高,多数集装箱轮胎龙门起重机是“堆三过四”和“堆四过五”机型。有些大型集装箱码头,如新加坡港,已采用“堆五过六”机型,堆层多虽然在很大程度上提高了堆场利用率,但倒箱率增大。同时由于轮压和箱角压力增大而使场地建设费用提高。结合该港所在地区软土地基承载力有限的实际情况,轮胎龙门起重机推荐选用“堆四过五”机型。

集装箱和拖挂车通道的布置有两种,一种是将拖挂车通道布置在中间,两边各排列 3 列集装箱;另一种是将拖挂车通道布置在一侧,另一侧排列 6 列集装箱。前一种布置方式与后一种比较,小车行车距离较为合理,操作视线较好,找箱容易。考虑堆场综合利用该港的使用和管理习惯,堆场选用后一种布置方式。

3.轨道龙门起重机

随着计算机管理、自动化控制技术的不断完善,集装箱专用轨道龙门起重机经过几十年的发展,由于跨距大,堆箱层数多,堆场利用率高,节能、环保条件好,易实现全自动控制作业的优点,在近几年新建的一些大型集装箱码头堆场装卸设备均选用了高自动化性能的轨道龙门起重机。轨道龙门起重机根据集装箱堆放和拖挂车通道的不同布置，轨道式集装箱龙门起重机结构形式有如下三种：①无悬臂梁式轨道龙门起重机；②单悬臂梁式轨道龙门起重机；③双悬臂梁式轨道龙门起重机。

单悬臂梁结构形式主要使用在跨度和起升高度不是很大的工况条件下，一般大型集装箱堆场很少采用。

集装箱和拖挂车通道的布置，针对结构形式有、无悬臂的不同分拖挂车通道在跨距外和跨距内两种。布置在跨距内的拖挂车通道，一般在堆场两边各堆放5～7列集装箱，其优点是小车行走距离短，装卸效率高，操作视线好，找箱容易，结构简单。

轨道龙门起重机跨距在30.00～50.00米范围内比较合理，即10列集装箱加2条拖挂车通道或13列集装箱加3条拖挂车通道。综合考虑工程的实际情况，推荐选用轨道龙门起重机跨距为41.00米，堆高为堆五过六。机型断面形式如图8-27所示。

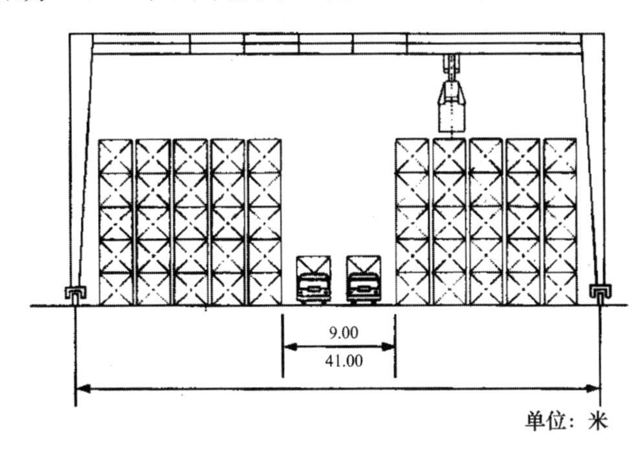

图8-27　轨道龙门起重机

主要装卸设备技术性能参数如表8-5所示。

表8-5　主要装卸设备技术性能参数

序号	项　　目	岸边集装箱起重机	轮胎龙门起重机	轨道龙门起重机
1	吊具下起重量(吨)	50.00	40.00	40.00
2	轨距(米)	30.00	23.47	41.00
3	后伸距(米)	15.00		
4	外伸距(米)	55.00		
5	基距(米)	17.20	6.40	15.50
6	起升高度(米)：轨面以上/轨面以下	36.00/15.00	15.20	18.20
7	工作状态最大轮压(吨/轮)	58.60	32.00	28.00
8	非工作状态最大轮压(吨/轮)	64.70	21.00	
9	轮数	4×8	4×2	4×4
10	堆高层数		堆四过五	堆五过六

（七）主要装卸设备规格及数量

根据前面对工艺系统的要求和可行性分析，将各方案所需配置的主要装卸设备的规格和数量经计算，确定如下（见表8-6）。

表8-6 各方案主要装卸设备的规格和数量

序号	设备名称	规格	数量（台）		
			方案一	方案二	方案三
1	岸边集装箱起重机	吊具下50.00吨，外伸距55.00米，轨距30.00米	14	14	14
2	轮胎龙门起重机	吊具下40.00吨，跨距23.47米	42	30	
3	轨道龙门起重机	吊具下40.00吨，跨距41.00米	28	10	
4	集装箱牵引车	40.00吨	84	84	84
5	集装箱正面吊	吊具下42.00吨	4	4	4
6	空箱堆高机	6层箱	6	6	6
7	集装箱叉车	42.00吨	2	2	2
8	叉　车	16.00吨	2	2	2
9	箱内叉车	3.00吨	18	18	18
10	集装箱半挂车	40.00吨～45.00吨	120	120	120
11	汽车衡	80.00吨×20.00米	12	12	12

（八）主要技术经济指标

各工艺方案的主要技术经济指标如表8-7所示，指标的计算过程略。

（九）推荐方案

通过以上各方案的综合比较，结合该港多年对轮胎龙门起重机的使用、管理经验和目前轨道龙门起重机的发展趋势，前方堆场选用轮胎式龙门起重机进行重箱及冷藏箱的装卸作业，确保完成120标准箱/年的吞吐量作业要求。后方堆场布置一定数量的轨道龙门起重机，完成未来增长部分的作业要求。通过对轮胎龙门起重机和轨道龙门起重机的对比使用，积累自动化控制管理方面的经验。为此，推荐装卸搬运方案三，即轮胎龙门起重机—轨道龙门起重机方案。

表8-7 工艺方案的主要技术经济指标

序号	项　目	单位	数　量		
			方案一	方案二	方案三
1	年吞吐量	万标准箱	175		
2	泊位数	个	4		
3	码头年通过能力	万标准箱			

续表

序号	项目			单位	数量		
					方案一	方案二	方案三
4	堆场容量	普通重箱	设计需要容量	标准箱	32813		
			实际布置容量		33653	36900	23616/10950
			实际布置箱位数		14022	12300	9840/3650
		空箱	设计需要容量	标准箱	12500		
			实际布置容量		14448	14448	13440
			实际布置箱位数		4128	4128	3840
		冷藏箱	设计需要容量	标准箱	875		
			实际布置容量		1224	1360	912
			实际布置箱位数		612	680	456
		危险品箱	设计需要容量	标准箱	282		
			实际布置容量		320	320	320
			实际布置箱位数		160	160	160
	合计		堆场实际布置容量	标准箱	49645	53028	49238
			堆场平均箱位数		18922	17268	17946
5	设计堆场通过能力			万标准箱	187	201	185
6	拆装箱站、场面积		设计需要面积	米^2	6200		
7	直接生产人员		驾驶员	人	776	678	762
			装卸工人		328	328	328
8	堆场面积			米^2	597807	518586	536120
9	装卸设备投资			万元	87376	85634	88871
10	单位直接装卸成本			元/标准箱	138	126	136

[资料:集装箱码头的建设项目案例]

1.项目背景

我国西部地区河流众多,水资源丰富,但多属自然河流。由于河流随着雨季变化,沿岸码头的水位落差很大,达到30米以上。早在20世纪60年代,我国在川江、西江就提出了大水位差码头结构型式和装卸工艺研究问题。对于这些大水位差港口,考虑到其港区地区构造与地形条件、水文条件、投资条件等,大多采用了斜坡式码头型式。经过多年的实践和改进,斜坡式码头已经成为成熟的、适应西部地区特点的一种码头结构型式。20世纪90年代,我国在重庆九龙坡建造了第一个斜坡式集装箱码头。

随着西部大开发战略的实施和深入,我国西部地区经济得到了迅速发展,由此带动西部内河航运和港口建设的发展，通过港口的货物吞吐量迅速提高。特别是西部地区外向型经济的发展，极大地提高了西部地区内河集装箱运量，传统斜坡式集装箱码头的装卸工艺和装卸设备已显露出不能适应迅速增长的集装箱运量的需要。如何提高内河斜坡式集装箱码头的装卸作业效率，研究开发适合于西部内河港口大水位差集装箱码头的经济实用、高效先进的装卸工艺系统和码头结构型式，具有非常重要的现实意义。

2. **主要研究目标**

该项目的总体研究目标是对重庆深水港、大变幅水位架空直立式码头合理结构型式、合理装卸工艺和筑港关键技术等进行全面系统的研究，提出适应大水位差码头和高效装卸效率条件下装卸集装箱等重件的合理的码头结构型式、先进可行的装卸工艺流程和经济合理的筑港技术。

结合项目的开展，重点实施并提交一个内河架空直立式集装箱码头结构及建设关键技术、一套高效的内河集装箱码头装卸工艺系统及关键技术、一套提高现有集装箱码头装卸效率的措施及关键技术。如图 8-28 所示。

图 8-28　内河架空直立式集装箱码头示意

3. **主要研究内容**

该项目下设 3 个专题分别开展研究工作，各专题主要研究工作内容如下。

(1)专题一：内河架空直立式集装箱码头结构关键技术研究

内河架空直立式集装箱码头结构关键技术研究如下。

①内河直立式码头建设环境条件分析研究。

②内河架空直立式集装箱码头合理结构型式研究。

③内河架空直立式集装箱码头的结构静力特性研究。

④内河架空直立式集装箱码头的结构动力特性研究。

⑤内河港口大直径嵌岩灌注桩横向承载性能研究。

⑥ 新技术在内河架空直立式集装箱码头中的应用技术研究。

⑦内河架空直立式集装箱码头施工关键技术研究。

(2)专题二：集装箱码头装卸工艺及陆域平面布置研究

①大水位差集装箱码头装卸工艺方案研究。

②新型的装卸与搬运设备技术方案研究。

③大水位差集装箱码头陆域堆场平面布置方案研究。

④研究陆域地形起伏高差大的情况下，集卡运输的最大允许道路纵坡和经济情况下的合理道路纵坡研究。

⑤与工艺及平面相关的土建结构方案研究。

⑥大水位差集装箱码头陆域堆场的综合分析研究。

(3)专题三：提高现有集装箱码头装卸效率研究

①现有集装箱码头装卸工艺现状及存在问题研究。

②提高现有集装箱码头装卸效率的措施研究。

③前沿装卸效率研究。

④斜坡运输效率研究。

⑤后方装卸效率研究。

⑥工艺方案计算机动画模拟研究。

⑦工艺方案主要机型及主要技术参数匹配研究。

4.主要研究成果

(1)专题一所取得的主要科技成果

结合三峡工程建成蓄水后库区港口航道水域特点和地形特点，提出了在长江上游30米以上水位差条件下5种比较适合于集装箱装卸的码头结构方案；对大水位差架空直立式高桩框架结构进行了平面和空间结构受力的数值模拟分析，明确了大水位差架空直立式高桩框架结构的受力状态；探讨了大水位差架空直立式高桩框架结构的作用效应组合，从作用效应组合分析得到了各主要构件的相应最不利荷载组合；进行了依托工程典型结构段的物理模型试验，进一步探明了大水位差架空直立式高桩框架结构的受力状态，为今后类似结构的优化设计提供了依据；有限元分析方法是内河大水位差架空直立式高桩框架结构受力分析的有效方法，为简化计算，可采用平面结构进行计算，与空间结构计算相比较，误差约5%；开展内河港口大直径嵌岩灌注桩横向承载性能研究，优化基桩的嵌岩深度，节约了投资，加快了施工进度；开展内河大水位差架空直立式码头结构施工工艺和施工质量控制研究，对大直径基桩采用超声波技术全面进行了监测，将CT成像技术应用于大直径基桩施工质量的诊断；开展后张预应力技术在内河大直径嵌岩灌注桩中的应用研究，后张预应力施加不能提高桩的竖向承载力，但能明显提高桩的水平开裂荷载，有助于提高桩的耐久性，改善桩身变形性能；编制了内河架空直立式集装箱码头的设计施工指南。

(2)专题二所取得的主要科技成果

对山区河流大水位差集装箱码头装卸工艺系统及相关新型的装卸与搬运设备进行了研究；在陆域堆场平面布置及地形起伏高差大的情况下，对集卡运输的合理纵坡进行了研究；同时还对有关港工结构进行了研究。通过多方案比选，提出了针对性强而实用的各种推荐方案综合分析报告及相关图纸，如新型高效全自动化轨道小车方案、架空桥式集装箱起重机方案等。这些方案适合山区河流大水位差集装箱码头装卸特点，具有独创性，如轨道集装箱AGV(自动导引运输车)小车、集装箱提升机、大水位差岸边集装箱起重机等，以及相应的工艺系统、控制系统。集卡的坡度试验，也是国内首次对集卡在不同的实用坡度下的经济性和安全性进行的试验，将为以后有关规范的修编和设计工作提供翔实的数据。

(3)专题三所取得的主要科技成果

在对重庆九龙坡集装箱码头现有装卸工艺与设备进行深入调查研究的基础上，分析码头前沿工艺环节中存在的问题，研究解决这些工艺问题的方法和措施；通过对现有通用浮式起重机系统、双旋转折臂式浮式起重机方案、回转式组合臂架浮式起重机及浮式桥式起重机方案等工艺及装备配置方案的比较，利用计算机模拟技术进行优化分析，提出了推荐的提高现有斜坡式集装箱码头装卸效率的工艺方案即浮式桥式起重机方案。该工艺方案的特点是：紧密结合重庆九龙坡集装箱码头改造工程，满足提高通过能力的使用要求，装卸效率显著提高(可提高约88%)；在以上专题研究的基础上，提出了浮式桥式起重机的推荐设备参数及型式。

5.推广及应用

该项目研究成果已经得到了良好的推广应用，寸滩集装箱码头二期工程由本项目研究单位设计，本项目主要研究成果在此工程的设计中均得到应用。另外，已经开工建设的涪陵黄旗集装箱码头、万州江南沱口集装箱码头和泸州港集装箱码头二期工程等均采用了与本项目研究成果相似的码头结构型式和装卸工艺系统。

随着三峡库区水位的逐渐到位，加之交通部开展提高长江上游航道等级和延伸航道里程的畅通工程的政策的实施，西南地区经济的发展和长江上游沿江经济带的形成，长江上游航运将得到进一步的发展，大批内河深水港口还需要建设，这为项目研究成果的推广应用提供了广阔的空间，展现出了推广应用的美好前景。

第三节　干散货装卸搬运技术应用及案例分析

一、干散货装卸概述

(一)干散货的定义

干散货是指不加包装的块状、颗粒状、粉末状的散运货物，又称散货，如矿石，砂石，煤，散运的粮谷、盐、糖等。散装货物在交接时不是按件计数而是以一批货物的重量或体积来计算，因此这类货物与裸装件杂货是不同的。由于散货可以节省包装，提高装卸效率，许多传统上的货物如粗盐、水泥、化肥、砂糖等，也在不断改为散运。所以贸易中，特别是国际贸易中的散货运量和品种目前都呈发展趋势。

(二)经济分析

为了取得最大的经济效益，对某些干散货，如煤、化肥、矿石、粮食等采用散装、散卸、散储、散运的流通方式，因此开展现代化“四散”流通技术与装备也是物流业发展的一个重要趋势。以粮食储运为例。与包装运输相比，粮食储运过程的散装化，可以加快粮食流通，提高流通过程中各个环节的生产率，减少作业人员和劳动强度，大大降低粮食流通费用，降低粮食成本和价格，减少粮食在流通过程中的损耗和污染。我国是产粮大国，粮食流通体系异常庞大，那么粮食储运从包装粮形式改成散装形式能使其流通费用降低多少呢？让我们以粮食的卸车作业为例算一笔账。

同样为一列 40 节车皮，每车皮装 60 吨的包装粮或散装粮（假定粮食作业能力为 200 吨/时），它们的接收进仓作业的技术经济指标的比较如表 8-8 所示。

表 8-8 技术经济指标表

形式	包装粮	散装粮
作业需要人员数（人）	236	9
作业时间（小时）	56	12
作业运营费（元）	31477.90	2242.28
每吨粮费用（元/吨）	13.12	0.93

表 8-8 指出同样数量包装粮和散装粮的接收进仓作业：①作业需要的人员数：包装粮是散装粮的 26.0 倍；②作业需要的时间：包装粮是散装粮的 4.7 倍；③作业的运营费：包装粮是散装粮的 14.0 倍。

另外根据北京某粮食中心库的主任介绍，该库已经接收了 15 万吨粮食，均为火车运粮，其费用为：包装粮每吨接收入仓费 10.60 元，散装粮每吨接收入仓费 1.24 元。

综上分析，我国大力发展粮食储运散装化，是大势所趋，势在必行。

（三）干散货性质对装卸搬运作业的影响

散货的块度大小、容量、流动性和黏结性、堆积角、自燃性都与装卸作业有重要关系。例如用抓斗抓取大块煤炭就比抓取小块煤炭困难得多，并容易造成漏斗的堵塞和皮带机的损坏等一系列问题。再如黏结性和流动性，对于机械的抓取和重力落料有直接关系：黏结性大、流动性差的物料在漏斗中易于成拱而不能自流。物料的容重、堆积角都影响堆场的布置、所需堆场面积的大小和需使用的机型。对易燃、易污染、易冻结的货物，应采取相应的技术和组织措施。

目前，散货运输具有相当大的运量，且货流稳定，仍应采用专用的运输工具和定线运输组织方式。现代运输的发展表明，船舶的大型化和专用化，铁路车辆的长大专列固定编组直达循环的运行组织，促进了装卸工艺设备的大型化、专用化和高效化。

（四）干散货装卸搬运方法

目前，干散货装卸方法基本上可分为以下几种：倾翻法、重力法、气力输送法、机械法。

1. 倾翻法

将运载工具的载货部分倾翻，使货物卸出的方法，主要用于铁路敞车和自卸汽车的卸货。敞车被送入翻车机，夹紧固定后，和翻车机一起翻转，货物倒入翻车机下面的受料槽。带有可旋转车钩的敞车和一次翻两节车的大型翻车机配合作业，可以实现列车不解体卸车，卸车效率可达 5000 吨/时。

2. 重力法

利用货物的势能来完成装卸作业的方法。主要适用于铁路运输业，汽车也可用这种方法装载，重力法装车设备有筒仓、溜槽、隧洞等3类。筒仓、溜槽装铁路车辆时效率可达5000～6000吨/时。以直径6.5米左右的钢管埋入矿石堆或煤堆，制成装车隧洞，洞顶有风动闸刀，列车徐行通过隧洞，风动闸门开启，货物流入车内，每小时可装1.0万～1.2万吨。一次可装5辆车的长隧洞斗车效率高达1.5万吨/时。重力卸车主要指底开门车或漏斗车在高轴线或卸车坑道上自动开启车门，煤或矿石依靠重力自行流出的卸车方法。列车边走边卸，整列的卸车效率可达1.0万吨/时。

3. 气力输送法

这是利用风机在管道内形成气流，依靠气体的动能或压差来输送货物的方法。这种方法的装置结构紧凑、设备简单、劳动条件好、货物损耗少，但消耗功率较大，噪声较大。近年发展起来的依靠压差的推送式气力输送，正在克服上述缺点。气力输送法主要用于装卸粮谷和水泥等。

4. 机械法

采用各种机械，使其工作机械直接作用于货物，通过舀、抓、铲等作业方式，从而达到装卸目的的方法。常用的机械有：胶带输送机，堆料机，装船机，链斗装车机，单斗和多斗装载机，挖掘机，斗式、带式和螺旋卸船机和卸车机，各种抓斗等。

二、干散货装卸搬运作业技术

（一）干散货船舶装卸作业技术

干散货因其装卸技术相对简单、运量大、货源稳定，所以，各港各地容易建立专业化码头，并配有自动化程度较高的各种专用装卸机械。因此，其技术要求主要是指装、卸船设备的技术要求。

1. 干散货的装船技术

干散货装船技术要比卸船技术简单得多，效率也容易提高。现代化的散货装船都是采用各种类型的装船机，其共同特点是以皮带运输机为主机，配以不同形式的机械及其他辅助设备，就其装卸方式而言，可分为定机移船式、定船移机式和定船三种。

(1)定机移船式

其工作特点是，装船机按常见船舶的舱口位置和尺寸安装配以皮带机系统。在进行装船作业时靠船的移动使舱口分头对准机头。此项技术对舱口无特殊要求，而是使装船机按不同情况，分别设计成不同形式。以下介绍几种装船机的形式。

散货装船机按其性能特点不同可分为转盘式、弧线摆动式和直线摆动式等不同机型。其中转盘式常固定装设在码头前沿墩座或内河的墩柱上，如果港口的水位变化大，也常将转盘式或弧线摆动式装船机安装在趸船上成为浮式装船机。

以上各种型式的散货装船机尽管结构不同，但都以悬臂带式输送机为其主体，由带式输送机及其他工作机构(如回转、变幅、伸缩、运行等)和机架组成。散货由岸边的带式输送机转入装船机的带式输送机，运送至悬臂前端经溜筒装入船舱。

①固定转盘式散货装船机

这是一类整机不能沿码头岸线移动的固定式装船机。为了适应装船的需要，扩大物料的抛撒面，这类机型的悬臂可作旋转、俯仰和伸缩的动作，所以这种装船机也称为悬臂转动式皮带装船机。由于这类装船机的性能全面，装船效率高，对码头的承载能力要求低，可节约码头的建造费用，因此成为国内外干散货码头的主要装船机型之一。

转盘式装船机是一种在我国长江中下游干散货出口码头上传统的、应用效果较好的装船设备。图 8-29 是其中一种双机头固定转盘式装船机，它可作 200°旋转，悬臂的伸缩距离为 7.0 米以上并可做±20°～60°的下俯仰，以适应装载 1000～5000 吨级的驳船。还有一种单机头固定式装船机。

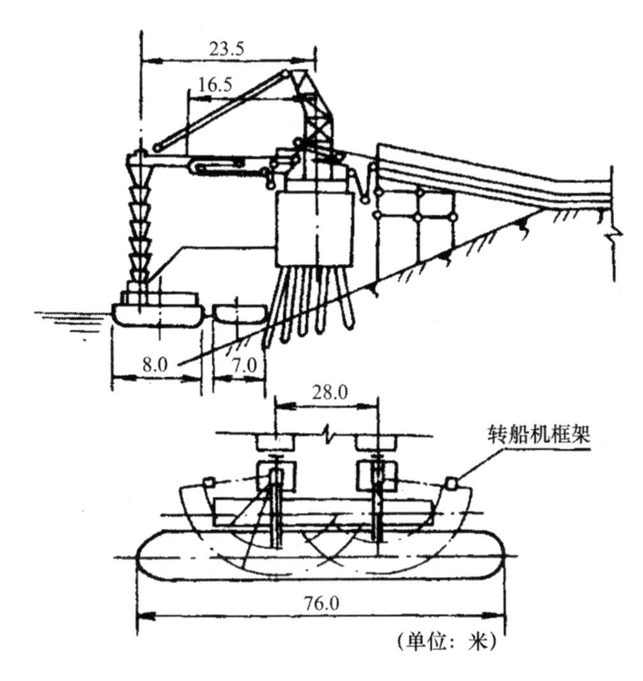

图 8-29　双机头固定转盘式装船机

这类装船机的装船效率较高，在装载重量小的驳船时，驳船容易过载。因此在装船过程中要注意驳船水尺变化。

其技术要求有：在装船过程中，依情况需要悬臂经常摆动和收缩，以使货物能均匀落入舱内各处，不得集中于一处，待装满后再改变机头的位置；对于小船小舱，因易于装满，尤应计量装舱，及时停机。特别是人工看水尺装船的时候，更要提早通知停机；对于受潮水影响较大的码头，在低水位时，应该将悬臂降下，使投送物料的高度降低，避免物料的冲击和粉尘的飞扬。在高水位时，为避免悬臂碰撞驳船的上层建筑和拖船的桅柱，在驳船靠离时，应该将悬臂转向一边。在水位差较大的内河干散货码头上，采用趸船较好，因为在水位变化时，系缆比较方便；在水位差小的情况下，采用外伸的靠船台比较简便。在实际生产中，船大舱口多采用多台装船机，如两台或更多，此时尤其应注意均衡，适当调配装船机和舱口，特别注意防止船舶失衡。

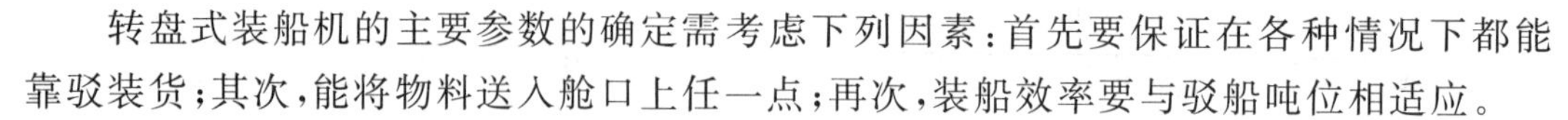

转盘式装船机的主要参数的确定需考虑下列因素：首先要保证在各种情况下都能靠驳装货；其次，能将物料送入舱口上任一点；再次，装船效率要与驳船吨位相适应。

②五线固定式散货装船机

这种装船机结构简单、自重轻、造价低、效率高、工艺要求也简单，它是按舱口的距离，建五条固定的皮带传输系统协调工作，提高效率。我国青岛港采用此机的机头皮带宽 1.4 米、带速 2.0 米/秒，效率是 2000 吨/台时，如果考虑舱口不平衡系数为 1.2～1.4，那么一艘 5 舱口万吨轮，仅 1.5 时即可装满完工。

(2)定船移机式

工作特点是，先使船舶停靠适当，再使机头随同机身沿轨道移动到对准舱口的合适位置，即可作业。

这类机型有双机头和单机头之分。

如图 8-30 所示，为单机头移动式散货装船机，它基本上是把固定的转盘式散货装船机安装在运行门架上，因而可沿码头岸边运行。由码头前沿带式输送机送来的散货，通过装船机尾车架卸到装船机回转中心处的漏斗内，再通过悬臂带式输送机将散货装入船舱。

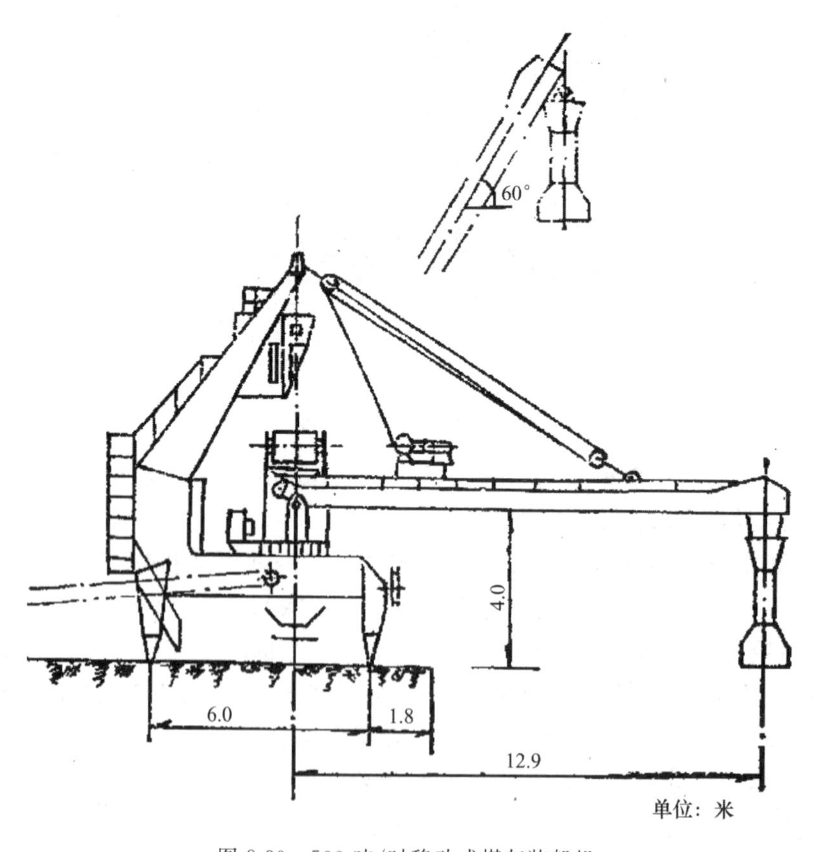

图 8-30　500 吨/时移动式煤灰装船机

移动式散货装船机具有较完善的回转、变幅、运行等机构，以扩大其有效装载面积及适应多种船型。它可通过回转与运行机构的配合来改变溜筒的位置，当要求装载幅度范围变化较大，或舱口附近有障碍物影响悬臂的动作时，需增设悬臂伸缩机构以便作业。大型移动式散货装船机的溜洞不仅能伸缩，而且可回转，有的溜筒下端装有抛料机构以满足平舱需要。

移动式装船机的构造较复杂，自重较大，对码头结构要求较高，后方输送系统也较复杂，但它的使用机动灵活，便于对准各种舱口位置，有可能在每个泊位上配置较少的台数(一般为 2 台)，且装船机可移动相邻泊位上集中工作，因而在海港直立式码头上得到广泛的应用。

(3)新装船技术——摆动式散货装船机

这种装船机由绕中心的桥架装置和在桥架上前后移动的臂架装置所构成。桥架借助于前端回转台车，沿栈桥上的轨道运行和桥架本身绕后端墩柱的支承中心回转而摆动，而整机不沿码头线移动。装船机的臂架装置沿桥架上的轨道移动。悬臂的俯仰和伸缩架的前后移动，分别通过各自的绞车和钢丝绳的牵引来实现。摆动式装船机按前端栈桥轨道的形式不同，分为两种，一种是弧线式装船机，另一种是直线式装船机。

弧线式装船机的前端栈桥轨道呈弧线型(见图 8-31a)，装船机的前端回转台车的中心与后墩柱中心距离不变，物料靠来回摆动的装船悬臂内的带式输送机装船。这种装船机所需码头岸线的长度和码头前沿皮带输送机的长度比移动式装船机明显减少，因而可以节省码头建设费用；对船型的适应性也较转盘式装船机好，装船效率高，所以被大型的煤炭或矿石码头采用。如巴西一矿石码头安装的 2 台弧线式装船机，伸臂总长度达 70 米，伸缩输送机的最大伸距为 48 米，适宜 35 万吨级的矿石船装船作业，每台装船机的装船效率可达 16000 吨/时；加拿大的几个主要干散货出口码头也采用了这种装船机。

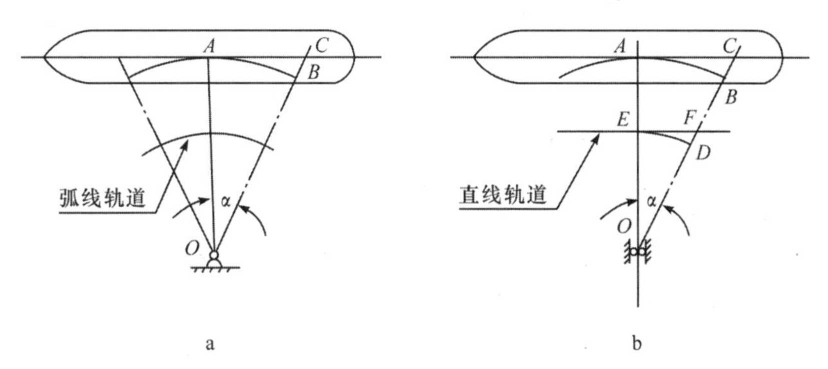

a—弧线摆动式　　b—直线摆动式

图 8-31　摆动式装船机的工作幅度

直线式装船机是一种整机不沿码头岸线移动的固定式装船机(图 8-31b)。它与弧线式装船机的主要区别是装船机的前端栈桥的轨道呈直线形，也就是装船机的桥架沿直线轨道摆动。这种装船机具有其独特的优点，如它采用大跨弧的回转桥架，由于前端有支承轨道，所以避免了巨大的悬臂倾覆作用，有利于加大回转半径，较小的伸缩变幅的情况下，完成长大舱口的覆盖面积。这样就可以采用单机头，充分发挥带式输送机高效率的特点；水工建筑也只受竖向载荷，使水工建筑的投资减少。但这种装船机的臂架支点的结构很复杂，不仅要能旋转，而且要能伸缩，并要求这些动作同步进行，所以直线式装船机的技术要求高。

直线式装船机一般适用15万吨级以上的大型干散货装船码头，如挪威的纳尔维克港铁矿石码头安装的直线式装船机的装船效率为11000吨/时；巴西的伊塔基铁矿石码头的直线式装船机的装船效率为16000吨/时；这种装船机在我国也有采用，如石臼港煤码头选用的直线式装船机效率是6300吨/时。

为了对上述机型进行比较，按相同生产率(2000吨/时)、相同货种(煤炭)及相同的作业条件(船型等)进行设计计算，结果表明：移动式装船机自重最大，墩柱式次之，弧线摆动式和直线摆动式最轻；移动式装船机的轮压最大，因此其机械设备和水工建筑费用最大。与移动式装船机相比，直线摆动式装船机自重减少30%以上，整机功率约可减少15%，轮压约可减少25%，且所需直线轨道码头长度仅为装载船舶长度的60%(移动式装船机码头长度约等于装载船舶长度)，因此，直线摆动式装船机码头水工建筑投资和装船机营运费用均可减小。综上比较，移动式装船机适用于海港大、中型散货出口码头；而直线摆动式装船机特别适于河港作业，是一种很有发展前途的散货装船机。

表8-9列出了几种国内港口使用的散货装船机的主要技术性能参数。

2. 干散货的卸船技术

对散货卸船与装船这两个环节进行比较，卸船远比装船要困难得多。我国是个煤炭大国，但南北地区经济发展与资源分布在地域上的不平衡决定了我国北煤南运的格局，而我国沿海港口散货装船能力远大于卸船能力，散货卸船曾一度成为我国散货运输过程中的瓶颈。近年来，随着各种散货卸船技术的发展，各港卸船作业的机械化、自动化程度越来越高，其技术工艺有如下几种。

(1)船吊(岸吊)—输送机卸船工艺系统

船吊(岸吊)—输送机卸船工艺系统由船舶吊杆(或岸吊抓斗)、岸边受货漏斗、移动式输送机、装车机械以及有关供货机械组成。其工艺流程如下：

船舶—船吊(岸吊)—漏斗—输送机—堆场

使用这种工艺系统卸船效率较低，并且存在清舱问题，大型散货码头大都采用装卸桥卸船，船形越大，装卸桥的优越性越显著。

(2)各种卸船机

现在已有很多形式的卸船机可供港口选用，下面介绍其中几种典型的形式。

①抓斗卸船机

它是目前应用最广泛的散货卸船机，属周期式卸船机，根据抓斗水平移动方式不同分为两种机型，一种是靠臂架变幅的门座抓斗卸船机，另一种是靠小车沿桥架运行的桥式抓斗卸船机。

表 8-9　几种散货装船机的主要技术性能参数

型号或名称		B100 装煤机	弧形装船机	BSZJ 1800	SZJ 500	SZJ 3000	煤炭装船机
形式		转盘墩座式	弧线摆动式	直线摆式	移动式	移动式	移动式
生产率(吨/时)		900	970	1800～2300	500	3000	6000～6850
货		种煤	ρ 堆=1 吨/米^3 的散货	煤	煤	煤	煤
适用船型(吨)		内河驳船	300～1500 驳	1000～3000 驳	驳船及小海轮	5000～35000	16000～125000
悬臂胶带机	带宽(毫米)	1000	800	1400	1000	1600	2200
	带速(米/秒)	2.20	1.60,2.00,2.50	3.15	2.50	3.15	4.67
溜洞	伸缩行程(米)	5.77		6.74		8.3	10
	回转角度(°)					±180	360
臂架伸缩	伸缩行程(米)	7.00	6.50	10.00		9.00	16.00
	伸缩速度(米/分)	2.46	2.04	9.00		6.00	6.00
俯仰机构	工作俯仰角(°)		0	－5～＋12		－10～＋12	
	非工作俯仰角(°)	－20～＋60	－10～＋20		－30～＋60	－10～＋40	－15～＋25
	速度或俯仰时间	1.74(米/分)	0.110(米/秒)	57(秒)	70(秒)	50(秒)	臂端 8(米/分)
回转机构	回转半径(米)	16.50～23.50	6.50～13.00	39.00～46.00	12.00	22.50～31.50	33.50～49.50
	回转角度(°)	180	<270	±42	左 58　右 125	－100～＋130	±120
	回转速度(转/分)	0.241			0.8	0.3	0.15
运行速度(米/分)		固定式	13.00	9.00	26.00	26.00	30.00/10.00
轨距(米)					6.00	9.00	15.00
最大轮压(千牛)			<80	162	94	250	450
自重(吨)		61.3	17.0	145.0	43.5	主机 365.0	带反向尾车 759.0
总功率(千瓦)				146.0	55.5	421.0	带反向尾车 967.0
设计制造单位		水运规划设计院 武汉港务局	交通部二航设计院	上海海运学院 武汉港机厂	上海港机械修造厂	上海海运学院 上海港机厂	上海港机厂 日本三井三池制作所
使用港口		武汉港	长江港口	芜湖港	上海港等	连云港	秦皇岛港

a. 门座抓斗卸船机

如图 8-32 所示，门座抓斗卸船机（带斗门机）的基本构造和门座起重机相似，但在门架上装有漏斗和胶带输送机系统。卸船时，抓斗将散货卸入漏斗，再经胶带输送机送到货场。由于漏斗及胶带机能够伸缩，所以抓斗的水平移动距离最短，同时，带斗门机具有较高的起升和变幅速度，而在卸船过程中，基本上只需起升和变幅动作就行，几乎可省去回转动作，因而与普通门座起重机相比可缩短每个工作循环的时间和提高卸船效率。但由于钢丝绳吊挂抓斗的长度和臂架质量都较大，提高起升和变幅速度会造成抓斗的偏摆和引起较大的动载荷，因而进一步提高速度受到限制，而起重量的增加又对自重和轮压的影响很大，所以带斗门机的设计生产率一般为 500～700 吨/时，生产率更高则会使整机自重过大。

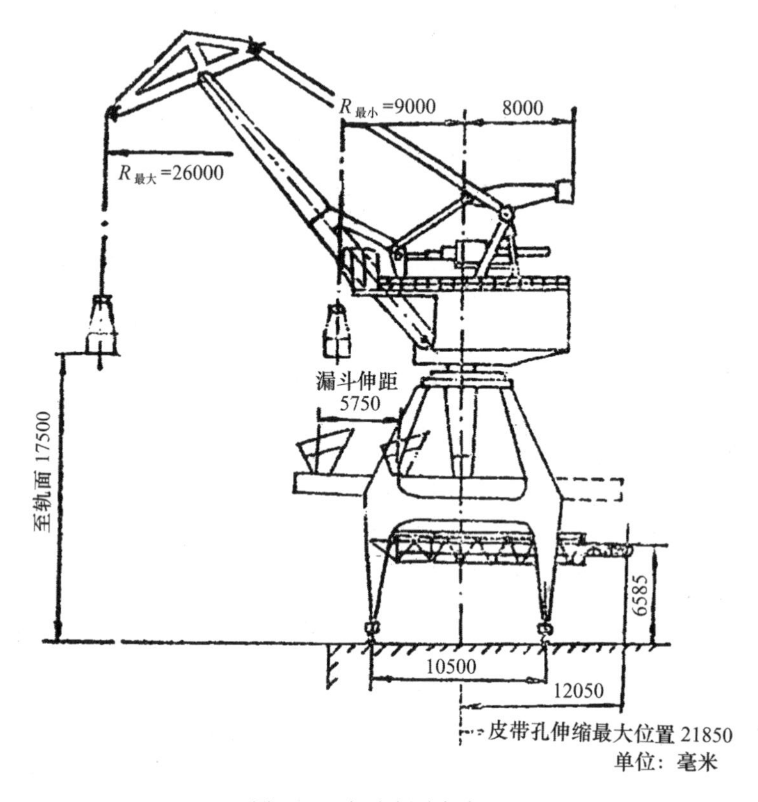

图 8-32　门座抓斗卸船机

目前国内由上海港机厂生产门座抓斗卸船机，其主要技术参数为：起重量 16 吨，卸煤额定生产率 540 吨/时，最高生产率 648 吨/时，起升速度 100.00 米/分，起升高度为轨面以上 20.00 米，轨面以下 15.00 米，最大幅度 32.00 米，变幅平均速度 80.00 米/分，回转速度 1.24 转/分，运行速度 25.00 米/分，漏斗最大外伸距 6.75 米，漏斗伸缩速度 6.00 米/分，整机自重 450 吨，总装机容量约 710 千瓦，最大轮压约 300 千牛。

b. 桥式抓斗卸船机（即装卸桥）

桥式抓斗卸船机是一种桥架起重机，其特点是在高大的门架上装设有轨桥架，使载重小车沿桥架运行（图 8-33）。作业时，抓斗自船舱抓取散货并提升出舱后，载重小车

(抓斗小车)向岸方运行,将散货卸入前门框内侧的漏斗内,经胶带输送机系统送到货场。

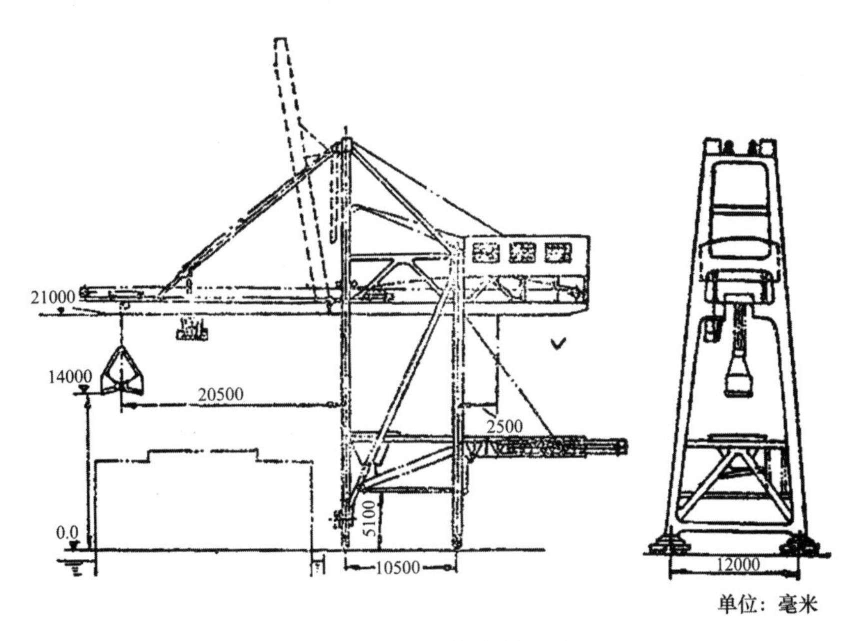

图 8-33　10 吨桥式抓斗卸船机

桥式抓斗卸船机除具有和一般起重机相似的抓斗起升、闭合机构,移动门架的大车运行机构和前桥架俯仰的变幅机构之外,还有一个桥架类起重机特有抓斗小车运行机构。

桥式抓斗卸船机由于具有较高的起升和小车运行速度,机上的受料漏斗又靠近船舱,大大缩短了小车的作业行程。因此,桥式抓斗卸船机可达到很高的生产率。但它的使用范围比较宽广,最小的起重量可为 5 吨,卸船生产率约 400 吨/时;最大的起重量可达 85 吨,卸船生产率高达 4200 吨/时(煤)～5100 吨/时(矿)。其作业对象可为 30 万吨级以内的船舶,它的卸船生产率一般在 2500 吨/时以下。

目前大型散货船专用码头,多用装卸桥,船型越大,装卸桥的优越性越显著。国内最大的装卸桥,现设在宁波港北仑作业区,用于进口铁矿石,起重量为 57 吨,抓货 30 吨,效率约为 210 吨/时。

为了提高卸船速度,除了设计制造出生产率更高的起重机和抓斗之外,人们更寄希望于连续卸船机械。L 型链斗卸船机和悬链式链斗卸船机均属连续卸船式机械。

②L 型链斗卸船机

L 型链斗卸船机是船用链斗卸船机,该机取料及提升用一台链斗机,呈 L 形布置,具有机头旋转机构、给料机构、回转机构、俯仰机构和行走机构。我国上海港和华能南通电厂已引进德国 PWH 公司生产的 L 型链斗卸船机,上海港机厂在引进消化国外技术的基础上已成功地制造了一台额定生产率为 120 吨/时的链斗卸船机,1990 年在上海港朱家门煤码头投入使用。L 型链斗卸船机如图 8-34 所示,作业时,靠 L 型底部水平段链斗爬行取料,直至剩余料层厚度 100 毫米左右时靠清舱机配合作业,清舱量小于 5%～10%,卸煤的块度允许达 300 毫米,物料被提升后经上部的螺旋导料槽转载到臂架胶带机,再经中心漏斗和臂架胶带机送上岸。L 型链斗卸船机运转平稳,生产率高,自重较轻,装机容量较小。

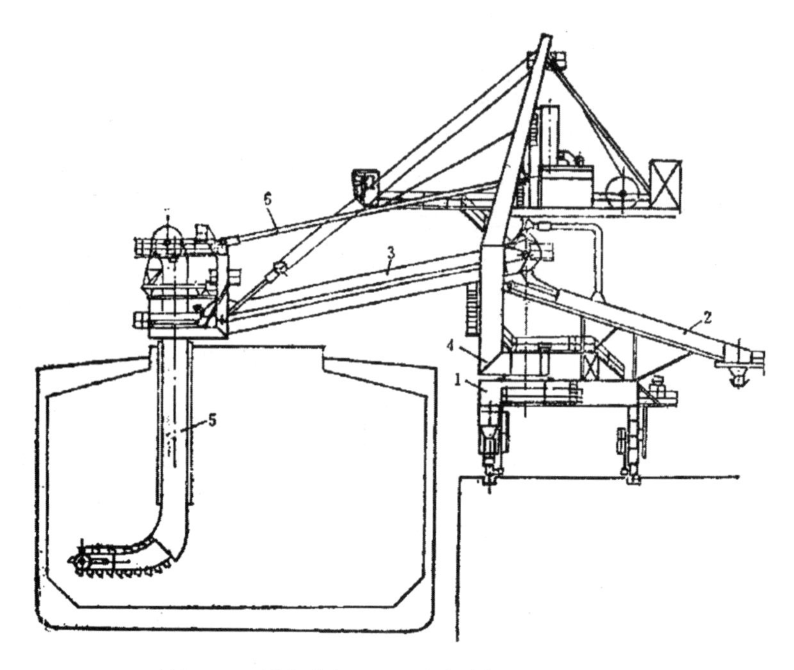

1—门架　2—固定臂架　3—活动臂架　4—C 型支架

5—链斗提升机　6—平行四边形臂架系统

图 8-34　L 型链斗卸船机结构简图

③悬链式链斗卸船机

悬链式链斗卸船机是一种非张紧型链斗卸船机,如图 8-35 所示,它的链斗取料区段呈自由悬垂状态,悬链斗可将其挖取的物料提升至接卸带式输送机运送上岸。

悬链式链斗卸船机最突出的优点是因具有悬链斗取料段而能完成清舱作业,使驳船的清舱量在 2%以下甚至小于 1%,同时当驳船减载上浮或受风浪影响而摆动时,悬链斗不会与舱底板发生硬性碰撞,因而不损伤舱底。该机卸货能力不受货层厚度影响,平均生产率可达设计生产率的 80%,加上大多采用定机移动作业方式,结构简单,自重轻,造价和能耗低,且易于操作,可适用于煤、砂、小块矿石等多种物料,是内河卸驳船散货的一种很有发展前途的卸船机。

这种机型最早用于美国,目前在密西西比河的干支流煤码头上已有几十台,采用墩柱式结构。我国武汉理工大学近年已先后研究设计了多台,大多安装在趸船上而成为浮式型式,更能满足我国江河水位变化大的要求。

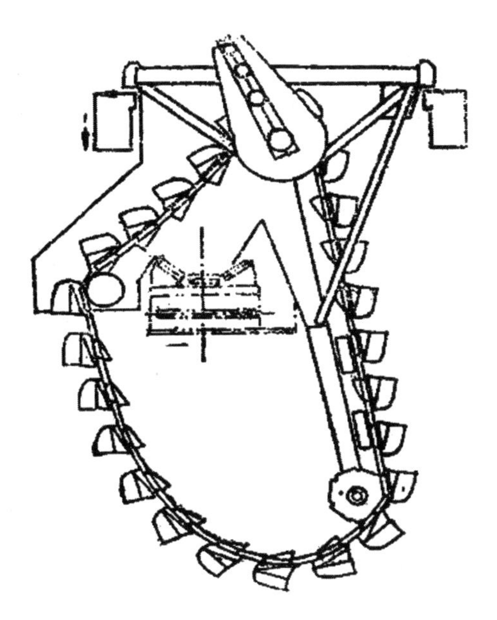

图 8-35 悬链式链斗卸船机结构简图

④双带式卸船机

双带式卸船机(见图 8-36)是利用两条同步运行的胶带将供料装置喂入的物料夹在其间提升出舱的卸船机,因此,双带式又称夹带式。

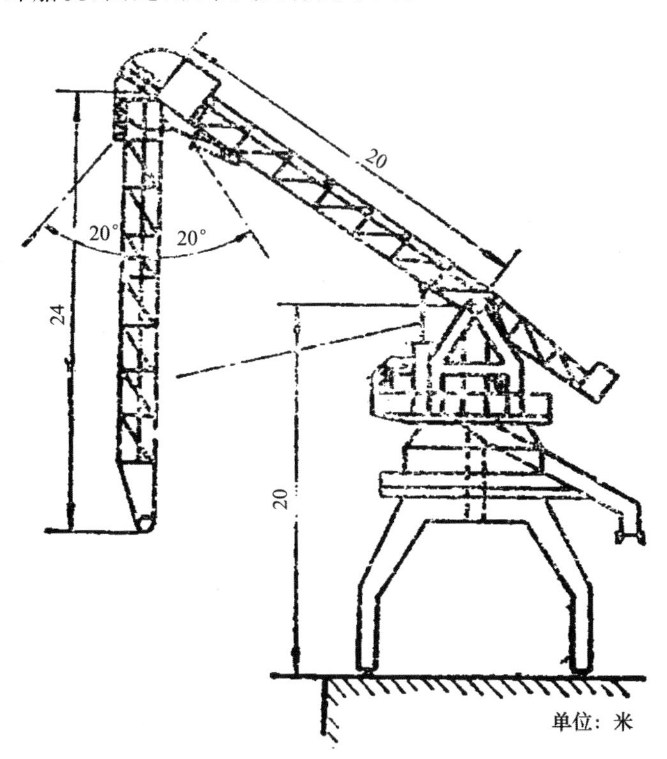

图 8-36 双带式卸船机结构简图

我国天津、大连港近年已从英国各引进 2 台双带式卸船机，用于散粮卸船作业。图 8-37a为工作原理图，卸船机的双带包括一条承载带和一条覆盖带，提升段的双带靠压缩空气夹紧，使嵌有加强层的带边紧紧密封，带腹夹料拱起弧状提升输送，在臂架输送段则以气垫带式输送机方式工作，将物料运送至回转中心的接料漏斗中，再通过漏斗下的溜管装车或通过门架上的气垫带式输送机将散粮送到输送机系统。

图 8-37b 为双带提升段下端的喂料装置，它由位于左右两侧的集料螺旋和中间的叶片式抛料器构成，其驱动靠主输送带滚筒经气动离合器和链传动来实现。卸船时，喂料装置将物料供入双带之间，当舱内 80％～90％的物料卸出后，借助清舱相配合进行清舱作业。

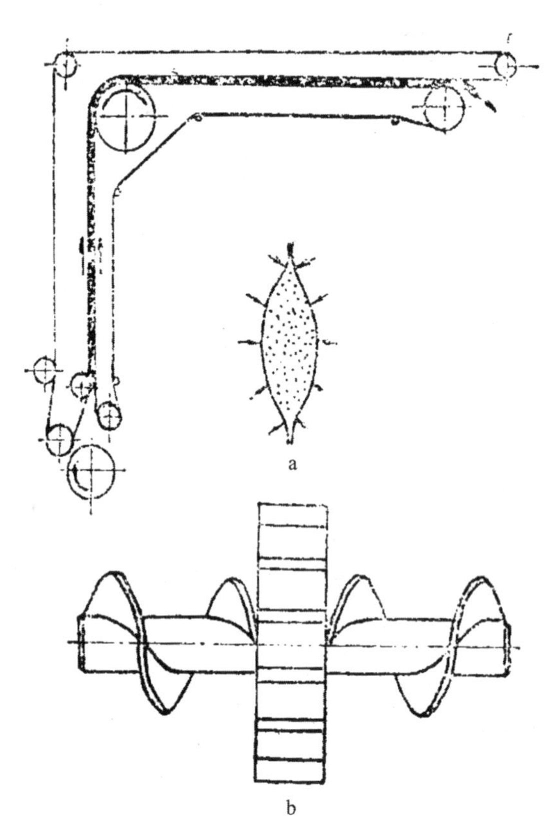

a—提升段双带夹紧物料　b—喂料装置

图 8-37　双带式卸船机工作原理

双带式卸船机的优点是自重轻，能耗低，单位电耗仅 0.19～0.25 千瓦时/吨，物料由提升过渡到水平输送无须转载，因而不洒漏，不扬尘，这种卸船机运转平稳，噪声小，被运物料破损少。双带式卸船机的主要缺点是不宜输送流动性差的物料，如有锋利的异物混入物料则易损伤胶带。

天津、大连港目前使用了双带卸船机。近年我国已开始研制双带式卸船机，如交通部水运科学研究所研制的双带式卸船机是在双带之间吸气使双带夹紧，同时利用吸气气流为提升段喂料和进行清舱作业，该实验样机的电能消耗比英国进口的双带卸船机

更低。

⑤波形挡边带式卸船机

波形挡边带式卸船机是用旋转叶轮或滚筒或水平螺旋等挖取物料，以波形挡边输送带进行提升和输送物料的卸船机。

采用波形挡边输送带，不仅增大了物料装载量，而且可在垂直方向上输送物料，从而能够进行卸船作业。图 8-38 所示为用于海港的波形挡边带式卸船机示意图。卸船机具有臂架回转、俯仰、门架运行、提升段回转和取料等机构，使卸船机机头可伸到船舱各处取料。为进一步提高装载量和进行封闭式输送，可采用一条普通平胶带将波形挡边输送带覆盖的双带系统，这时物料装在由波形挡边、横隔板和覆盖带构成的一格格封闭空间中被提升输送。

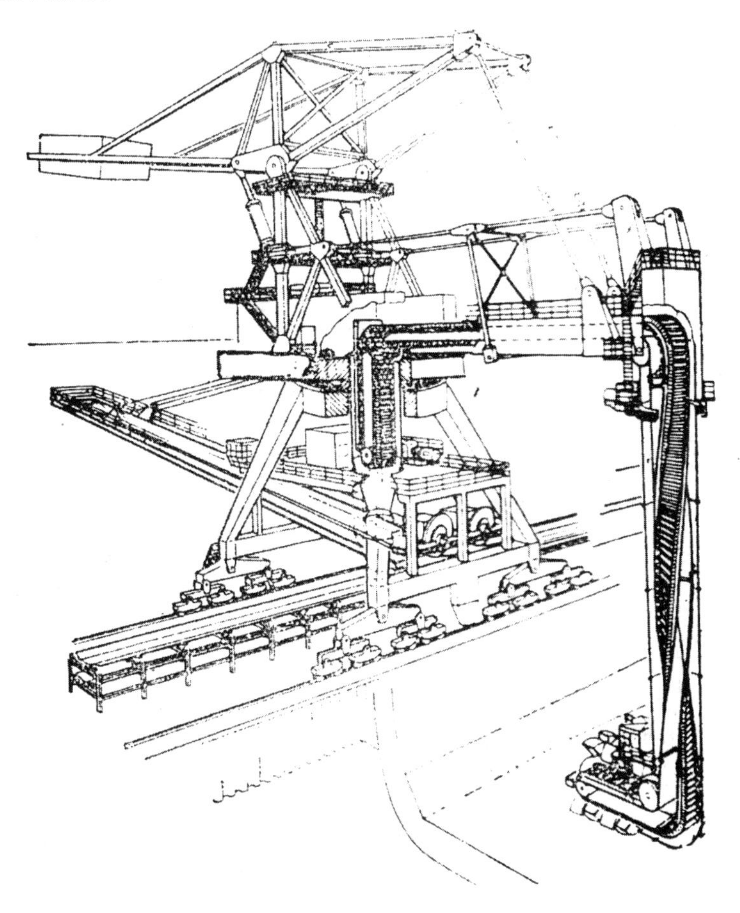

图 8-38　波形挡边带式卸船机

波形挡边带式卸船机的优点是自重轻，能耗低，物料由垂直提升过渡到水平输送时无须转载，这种卸船机运行平稳、噪声小，能装卸兼用，可利用带式输送机的零部件。其主要缺点是不能卸大块物料和黏性物料，否则易卡死和输送后难以清扫。

目前我国已在使用这种卸船机。如秦皇岛港引进日本三菱公司制造的波形挡边带式卸船机，该机由带有刮板取料头的埋刮板将物料提升到波形挡边带内，卸船生产率为

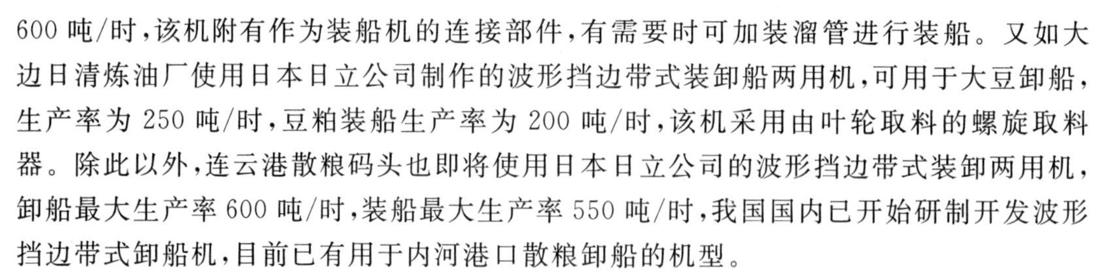

600 吨/时，该机附有作为装船机的连接部件，有需要时可加装溜管进行装船。又如大边日清炼油厂使用日本日立公司制作的波形挡边带式装卸船两用机，可用于大豆卸船，生产率为 250 吨/时，豆粕装船生产率为 200 吨/时，该机采用由叶轮取料的螺旋取料器。除此以外，连云港散粮码头也即将使用日本日立公司的波形挡边带式装卸两用机，卸船最大生产率 600 吨/时，装船最大生产率 550 吨/时，我国国内已开始研制开发波形挡边带式卸船机，目前已有用于内河港口散粮卸船的机型。

⑥斗轮卸船机

斗轮卸船机是用一个或一对较大的(如直径 5 米以上)斗轮挖取物料再通过斗式提升机或带式输送机将物料卸出船舱的机械。

用于内河卸驳船的可采用墩柱式，结构比较简单，如图 8-39 所示的法国双斗轮卸船机机架跨越驳船，支腿分别装在岸上和墩柱上，其斗轮直径 7.2 米，取料的料层厚度 1.5 米，作业时靠岸上的绞车移动驳船，分两层把货卸完，斗轮挖取的物料经斗轮臂和机架上的胶带机运送上岸，卸煤生产率可达 1000 吨/时。

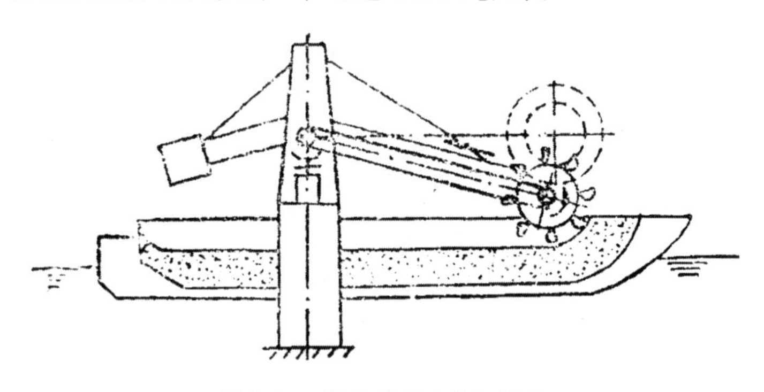

图 8-39　墩柱式双斗轮卸船机

斗轮卸船机的突出优点是斗轮挖取力强，能适应较大块、坚硬或潮湿、黏性的物料，其主要缺点是自重较大。

⑦埋刮板卸船机

埋刮板卸船机(图 8-40)是以埋刮板式输送机为主体的封闭式连续卸船机。对流动性好的物料，可利用垂直埋刮板式输送机下端的水平段在舱内料堆中自行取料，对流动性较差的物料可在机头下端装上可回转的供料装置。

埋刮板卸船机适用于散粮、磷酸盐、水泥等多种物料，可为移动式或浮式，也可卸船、装船两用。它的结构较紧凑，外形尺寸较小，工作可靠，封闭式作业，操作简单，噪声小，单位电耗约 0.3～0.35 千瓦时/吨，自重较轻。主要缺点是牵引链条较易磨损。国外已有生产率为 300～2000 吨/时的机型，国内海港目前尚未采用。

⑧气力卸船机

气力卸船机也是一种连续式卸船机，但它采用气力吸送装置卸船，因而与机械式卸船机不同。它主要用于散粮卸船作业，通常称为吸粮机。吸粮机由气力吸送散粮系统和为使吸嘴灵活吸粮的各种工作机构和机架组成，有固定式、移动式和浮式。由于吸粮机可采用轻便的软管和清舱吸嘴伸到舱口角落，在清舱作业中显出特有的优越性。此

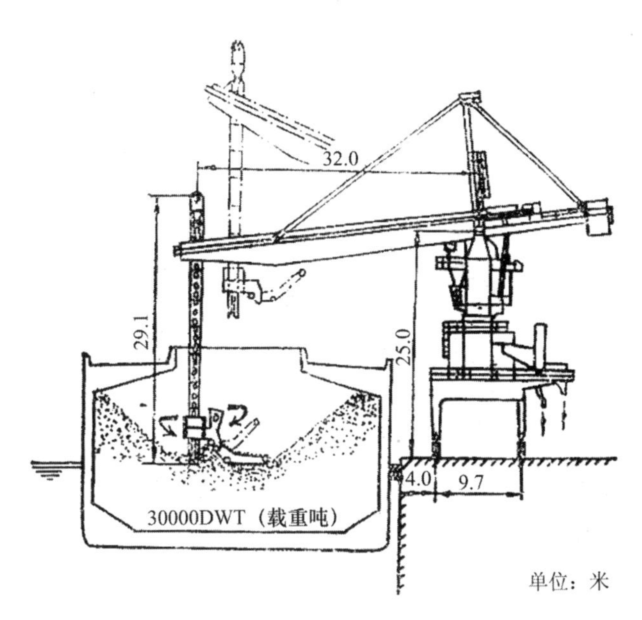

图 8-40　埋刮板卸船机

外，它的构造简单，操作方便，工作可靠，容易维修，作业时不损伤舱底，输料管尺寸小，在密闭系统卸货，舱内不扬灰尘。其主要缺点是功率消耗和噪声较大，但近年的新机型已有不少改进。

目前国外吸粮机单机生产率最高为 1000 吨/时，该机用于荷兰鹿特丹港，国内湛江、广州港采用 400 吨/时吸粮机。

图 8-41 所示为 400 吨/时移动式吸粮机。工作时，船舱内的散粮由吸嘴吸进气力输送系统经分离器卸至门架上的伸缩胶带机，再通过与之衔接的输送机系统送入机械化圆筒粮仓。该机的垂直、水平输料管都可伸缩，适用于 3.5 万吨以下的海船卸散粮作业。该机有两个吸管悬臂，臂架一长一短，以满足宽大的船舱口内侧和外侧的卸船需要。为了避免两根吸管工作不均衡而影响效率，采用了两套独立的单管气力输送系统，鼓风机功率为 2×240 千瓦。吸粮机上设有消声、减振装置。

(3)自卸船工艺系统

由于散货货源稳定、数量大，所以有些船舶被固定为某种散货的专用船。于是，这类船便可以自身设置适合该种货物的卸船机械，并在泊靠码头的时候，接上码头的传送输运系统或通过漏斗，即可进行卸船作业，这种船又称为自卸船。

图 8-42 所示为自卸船的一种，它与一般干散货船不同之处是它自身设有 V 型存舱漏斗和皮带设备或系统。

利用自卸船卸货的特点是，船舶可以高效率卸货，消除船舶的清舱作业，并可节约昂贵的码头等专用卸货设备的投资；有利于解决干散货卸船时的环境污染问题。但是问题是，自卸船的造价比普通同样吨位的干散货船高 15%～20%，船舶的结构复杂，维修困难；其回程空驶使运营的经济效益降低，所以通常自卸船只在短航线上使用。

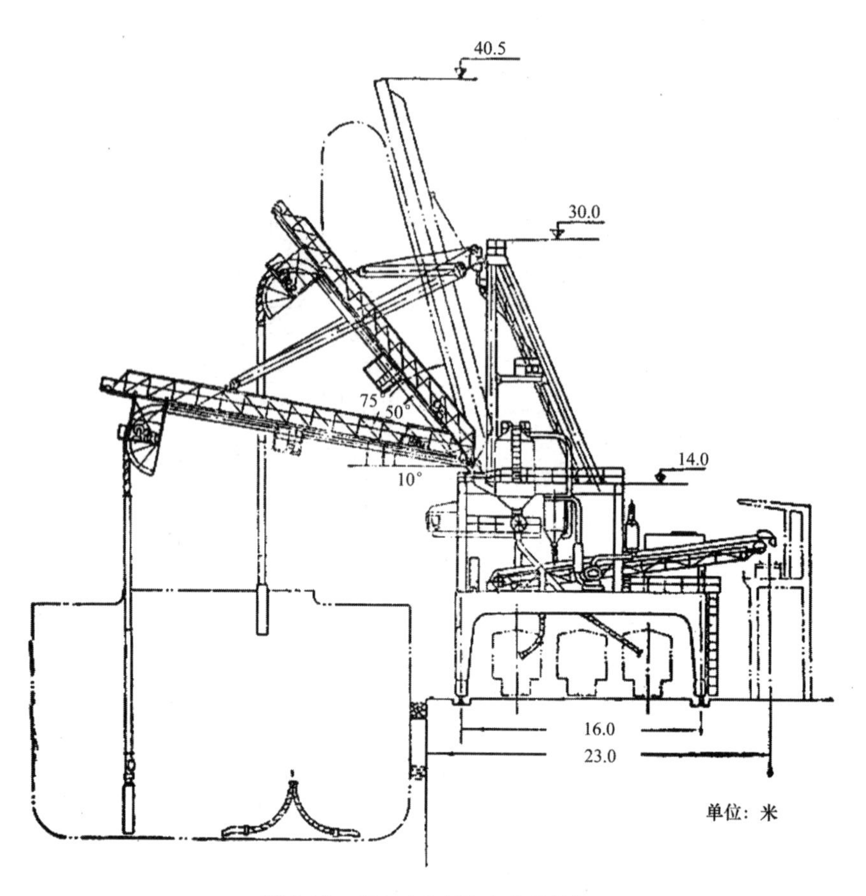

图 8-41　400 吨/时移动式吸粮机

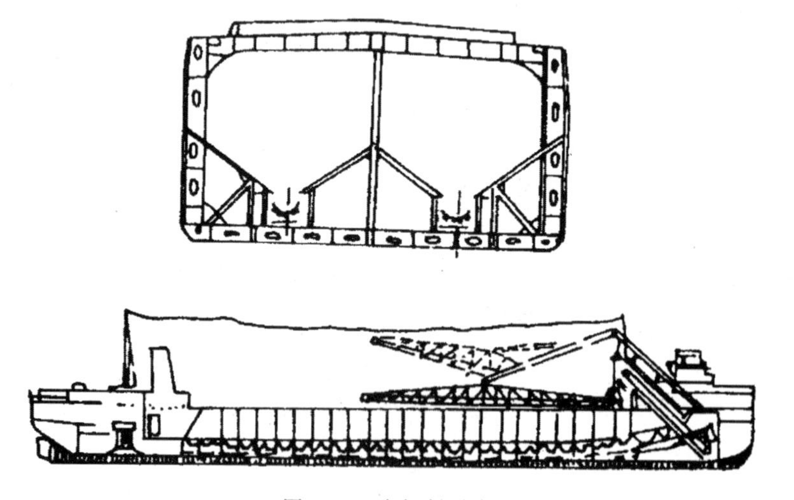

图 8-42　自卸船示意

3. 舱内机械

(1)平舱机

专用散货船驳，舱口大，用岸上装船机和溜筒即可把船装满。对于舱口小的驳船，

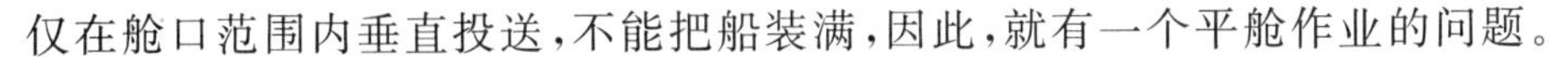
仅在舱口范围内垂直投送，不能把船装满，因此，就有一个平舱作业的问题。

平舱机多数是溜筒末端，这种方式性能最为完善。它不仅能绕溜筒旋转，而且在绳索控制下，可以改变投送点。安装在溜筒末端的平舱机，需考虑物料分岔流动，即仅当需要向甲板下抛射物料时，才使用平舱机的皮带机。

(2)清舱机

散货卸船的关键是清舱。在清舱阶段，由于物料层较薄，卸船效率要大大降低，因此，不论用抓斗还是用链斗或斗轮卸船，都不可能将舱内物料卸清。所以必须用清舱机械配合作业。

现在多用履带式推土机清舱，它不但能在物料上运行，而且爬坡能力较大。另一种是推扒机，它是推土机的一种变形，兼有推和扒两种作业效能，比单一的推土机更为有效。

(二)干散货车辆装卸作业技术

在港站(或库场)卸车作业是指将火车运抵港站(或库场)的干散货从车上卸下的作业环节。铁路车辆的类型与构造，车辆到港的运行组织形式，对港站(或库场)装卸作业有着重要的影响。装运干散货的铁路车辆主要有敞车和自卸车两大类。敞车是一种通用型的车辆，敞车装运干散货时，物料是从车辆上方敞开部分装入；卸料时，既可以从车辆的上方敞开部分卸出，也可以打开侧边的车门卸出。敞车除装散煤和散矿外，还可用于装运各种包装杂货，车辆的利用率高，所以装运干散货的铁路车辆中大部分是敞车。自卸车是装运干散货的专用型车辆，自卸车装运干散货时，物料也是从车辆上方敞开部分装入，卸料时，打开自卸车的底开门，物料自流卸出。

干散货列车多采用专列直达，一般由 30～50 节车组成。散货卸车作业方式，仍然有用人力铁铲卸的，劳动强度大，一辆车配 8 个人，小时效率在 30～40 吨。用抓斗起重机卸车，由钢丝绳牵引抓斗，控制比较困难，抓斗容易倾倒，流动起重机抓斗卸车效率仅 60 吨/时左右，尚有 30%余量需要人力清底；为解决人力和抓斗起重机卸车的困难，采用以下方式。

1. *翻车机卸车作业*

翻车机是一种翻卸敞车效率最高的专用卸车设备。翻车机卸车作业过程是这样的：当车辆进入翻车机后，翻转 180°，将物料翻卸到翻车机房下的漏斗中，漏斗下设有板式给料机，或皮带给料机，或振动给料机，把已卸下的物料均匀地转送给翻车机下的输出带式输送机，通过皮带输送机系统将物料送入堆场，或送去装船。

翻车机的形式很多，按翻卸方式可分为侧倾式及转子式。

侧倾式翻车机的翻转轴线位于敞车的侧上方，工作时翻车机转动 180°，从侧面将物料倒出。这种翻车机的主要特点是地下建筑物基础浅，一般仅为 7～11 米范围内，土建投资省，但车厢重心提升高度大，耗电多。

转子式翻车机的翻转轴线靠近旋转系统的重心，翻转角度可达 360°，其车厢接近就地旋转，重心升高得少，所以耗电量少；但地下建筑物的深度一般达 15 米左右，土建工程量大，压车机构作用力大，易损坏车厢。

提高翻车效率可以从缩短工作周期和提高一次翻卸货物的数量两个方面去考虑。为缩短工作周期不宜简单地用提高翻车机旋转速度的方法，因为翻车机旋转的行程很短，提高旋转速度所能节约的时间很少，而且速度过高还会发生物料飞扬到存仓外面的情况。因此缩短工作周期应主要着眼于重车的摘钩解体和空、重车进出所占时间的节约。为此，可采用载重量大的车辆和一次翻卸 2 个或 3 个车辆以及不摘钩连续卸车方式。

例如秦皇岛港的煤炭专用翻车机卸车系统，根据列车为具有旋转车钩的 4D 轴敞车，就采用了不解体单元列车卸车方式，每次可翻卸 3 节车厢。该系统由一台一次翻 3 辆车的转子式翻车机、一台定位车和翻车机入口侧的两台夹轮器、一台轮楔以及出口侧的逆止器和夹轮器组成。这种翻车机由于需要翻卸具有旋转车钩的单元列车，其旋转中心不再是基本接近重载车辆重心，而是与车辆车钩旋转中心重合。这套卸车设备的应用使我国港口卸车系统在作业方式、设备规格、卸车效率等方面，达到了先进水平。

2. 螺旋卸车机卸车作业

螺旋卸车机(图 8-43)是使用多年行之有效的卸车机型，也是我国干散货车量不太高的港站(或库场)较为广泛使用的一种卸车机型。螺旋卸车机也是翻车机卸车系统的主要辅助设备，用于卸那些不能使用翻车机卸车的车辆的货载。

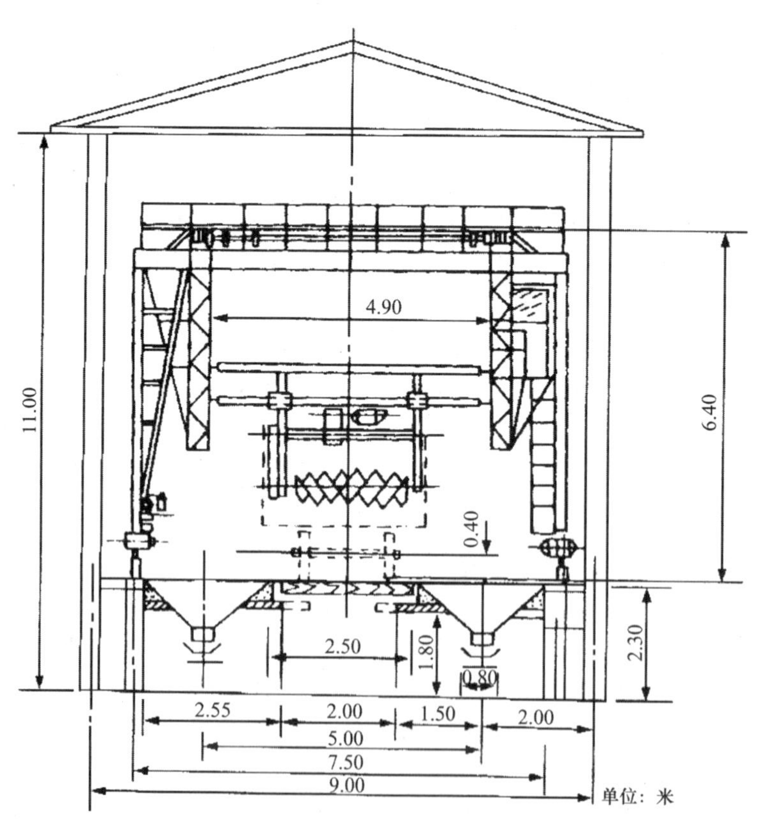

图 8-43　螺旋卸车机

螺旋卸车机卸车的基本方法是将螺旋层分层插入物料中，由螺旋斜面将物料从敞车的侧边门推出。螺旋卸车机卸车系统主要有螺旋卸车机、坑道漏斗、坑道收料带式输送机、铁路停车线、移动牵引绞车等。

与翻车机卸车相比，螺旋卸车机具有的特点是：结构简单，投资少，效率高，对车辆的适应性好。在维修保养方面，螺旋卸车机的配置较多，设备同时发生故障的机会少，而且维修保养也较翻车机简单，对车辆的损坏率也较翻车机低。但螺旋卸车机对货种的适应性不如翻车机好，特别是螺旋卸车机不适用于卸块径大于螺距的物料。防尘方面，翻车机布置紧凑，容易解决，而螺旋卸车机作业面大，还需要清舱作业，所以扬尘性大，且较难解决防尘问题。在卸车自动化程度方面，螺旋卸车机也不如翻车机，相比之下，螺旋卸车机的卸车效率较低，特别是在物料湿度大时，卸车的效率就更低。

在使用方面，根据使用经验，当年卸车量超过 400 万吨时，翻车机卸车的经济性较螺旋卸车机好。这是因为，当卸车量增加时，螺旋卸车机的工作线数也要增加，整个工艺布置就显得复杂，同时也扩大了环境污染面，增加了清扫车厢的工作量，螺旋卸车机的缺点显示了出来。

3. 链斗卸车机卸车作业

链斗卸车机由两排垂直提升的斗子组成。由下端的斗子抓取的物料，被提升到上端；抛入横置的皮带机上，从皮带机的任何一端抛出。由于链斗卸车机是高处卸货，所以可以不用坑道皮带机配合，将物料直接投入堆场。它可以沿卸车线长距离行走卸货，也可以定点卸货，但这时需要移动车辆，并用其他机械接运物料。链斗卸车机造价较低而且不需要固定的坑道。可以在卸车线上配置多台同时卸车，也可以形成很高的卸车能力。

4. 底开门自卸车卸车作业

底开门自卸车是一种卸车效率很高的干散货专用列车。卸车时，可打开专用列车两侧的底部门，列车边行进边卸货至铁道两旁的收货槽或货堆，货槽的底部设有漏斗和带式输送机，可将物料运出卸货点至堆场(通常可设坑道)。

底开门自卸车有平底式底开门自卸车和漏斗式底开门自卸车两大类。载重量多为 60～70 吨，平底式车有 7 对门，漏斗式为 2 个门。底开门自卸车系统的布置有卸车线高于和不高于地面两种形式，卸车线长度可以是 2～3 个车位，也可以是 20～30 个车位。

此种卸车系统在国外干散货港站使用也多，效率也高。如美国明尼苏达州的塔科尼斯特矿石码头，一列 140 节载重量 85 吨的车，只需 8～9 分钟可全部卸完，卸车效率可达 80000 吨/时(矿石)。

我国底开门自卸车的发展较慢，海南八所港矿石码头采用底开门车，但技术水平不高。早些年，裕溪口港的煤运专线也曾用过自卸车，效果虽好，但未能坚持下去，原因是专用车辆制造技术要求高，而且还需专线送发车，车辆重去空返，使车辆及铁路线利用率受到影响，在目前我国铁路线通过能力有限的情况下，实行有难度。

5. 车辆解冻

某些地区冬季寒冷，物料在运输中由于含有水分和运输时间较长而产生冻结，严重时无法进行卸车。简单的解决方法是在物料中加些防冻剂，如煤炭中加些香油；在矿石中加一定的生石灰。此外可采取车顶盖上草席，在车底和车厢四周侧板上涂蜡等办法，这对卸车情况有一定的改善。

但如果冻结严重，上述办法效果不大时，为顺利卸车，应建解冻库，库内加热方式，可选以下几种：①热风解冻；②蒸汽暖管式解冻；③煤气或电气红外线解冻。

6.装车作业

对流动车辆可采用流动起重机、挖掘机等进行装车作业，也可使用不受搬运距离变化影响的周期动作的装载机或连续动作的装载机。

对铁路车辆的装车，可使用高架存仓漏斗皮带机构组成的装车系统。高架存仓漏斗下方可设一线、二线或三线停车线(见图 8-44)，每条线上有若干车位可以同时装货，每一辆车只要几分钟就可装满。

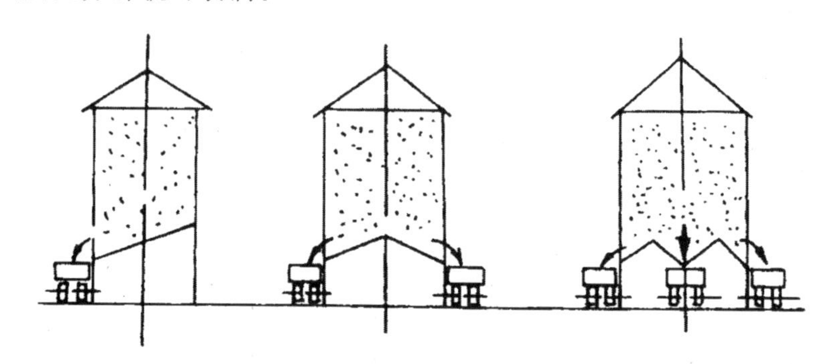

图 8-44　高架存仓装车线示意

如果采用长的装车线，若干车辆同时装车，可具备很高的装车能力。图 8-45 是每 3 辆车一组进行装车的方式。物料是由倾斜皮带机 1 供给，并由梭式皮带机 2 分配到各存仓中，由于存仓有一定的容量，所以向存仓中供料，以及装车作业都有相对的独立性。当车辆停妥以后，放下溜槽 4 打开闸门 3，物料自动流入车辆。当装入车辆内的物料进入车辆已接近规定的吨位时，即关闭闸门，前方的牵引绞车 6 使列车向前移动。当第一辆车位于轨道秤 5 上后，停车，打开计量存仓下的计量闸门，根据轨道秤的指示，将不足的份额装满，达到规定的吨位，计量闸门关闭。

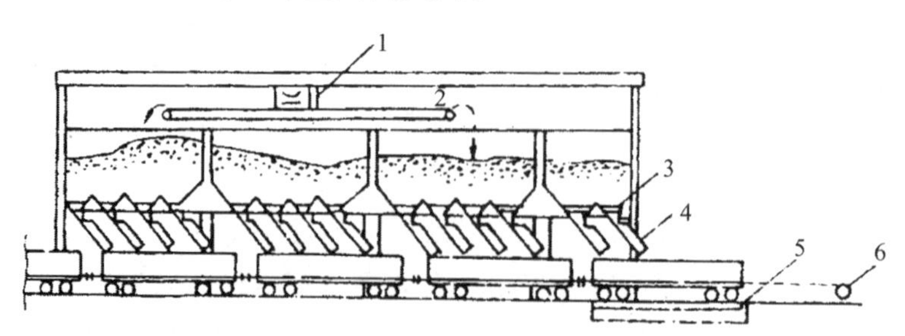

1—倾斜皮带机　2—梭式皮带机　3—闸门

4—溜槽　5—轨道秤　6—牵引绞车

图 8-45　3 车一组装车方式

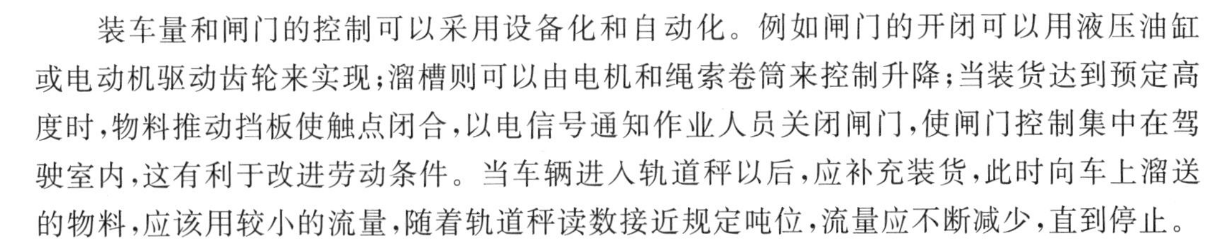

装车量和闸门的控制可以采用设备化和自动化。例如闸门的开闭可以用液压油缸或电动机驱动齿轮来实现；溜槽则可以由电机和绳索卷筒来控制升降；当装货达到预定高度时，物料推动挡板使触点闭合，以电信号通知作业人员关闭闸门，使闸门控制集中在驾驶室内，这有利于改进劳动条件。当车辆进入轨道秤以后，应补充装货，此时向车上溜送的物料，应该用较小的流量，随着轨道秤读数接近规定吨位，流量应不断减少，直到停止。

（三）干散货堆场装卸搬运作业技术

干散货堆场的主要作业是物料的进出场和堆存。物料品种、特性和堆存量是决定选用堆场设备的主要因素，而应用的设备不同也会影响物料进、出场和堆存形式。

臂式斗轮堆取料机是冶金、电力、港口、焦化、建材等部门的干散货堆场中广泛使用的关键设备。它们具有堆取能力大，料场占地面积较小，操作方便，易实现自动化控制等优点。

1.臂式斗轮堆取料机的组成

臂式斗轮堆取料机类型可分为以下几种。

(1)臂式堆料机(图 8-46a)，适用于条形料场，只能堆料。

(2)臂式斗轮取料机(图 8-46b)，适用于条形料场，只能取料。

(3)臂式斗轮堆取料机(图 8-46c)，适用于条形料场，既能取料，又能堆料。

(4)圆形料场用臂式斗轮取料机(图 8-46d)，适用于圆形料场，在圆形轨道上运行，与摇臂堆料机组合进行堆取作业。

(5)门架臂式斗轮取料机(图 8-46e)，适用于地沟式中转储料场，与自卸汽车及火车配合使用。

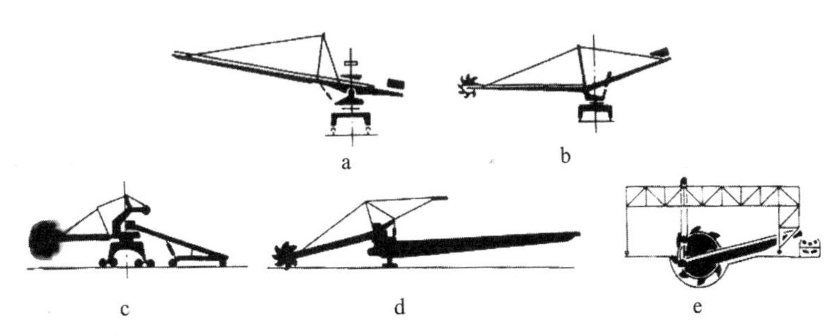

图 8-46　臂式斗轮堆取料机类型

2.臂式斗轮堆取料机的作业工艺

(1)堆料工艺

臂式堆料机和斗轮堆取料机的堆料工艺按照其大车的动作特点分为两种基本方式，即行走堆料和定点堆料。

①行走堆料

堆料时，大车连续行走。行走堆料有以下两种方法。

a.人字形堆料法

在整个往返堆料过程中，大车连续行走，臂架只俯仰不回转，形成人字形料堆。

b. 人众形堆料法

当大车行走堆完一个条形料堆后，臂架回转一定角度，再靠大车行走在原料堆边上堆出第二个条形料堆。堆完第一层料后，臂架仰起再堆第二层，形成菱形或众字形料堆。

②定点堆料

定点堆料时大车只作间歇性移动。定点堆料有以下三种方式。

a. 定点俯仰堆料法

在堆料时，大车间歇进给，臂架只俯仰不回转。

b. 定点回转堆料法

在堆料时，臂架回转摆动和俯仰，大车间歇进给。

c. 定点混合堆料法

在堆料时，完成一个定点的堆料循环后，臂架和大车同时进给动作。

(2)取料工艺

臂式斗轮堆取料机的取料工艺分为回转取料和行走取料两种基本方法。

①回转取料

取料时，臂架回转。有以下三种方式。

a. 回转分层取料法

一层一层地从上往下从料堆上取料。这种方法臂架有碰及料堆的可能，但作业效率较高。

b. 回转分段取料法

一段段地从上往下取料。这种方法臂架不会碰及料堆，但作业效率较低。

c. 回转混合取料法

先采用分段取料法，当臂架不会碰及料堆时，再采用分层取料法。

②行走取料

取料时，大车连续行走，臂架不回转。这种方法常用在回转取料取不到的残余部分。

3. 干散货堆场的作业系统

根据应用的设备和物料进、出场和堆存形式的不同，堆场装卸工艺布置形式可分为堆料机和坑道皮带机组成的地下系统和地面露天堆场作业的地面系统。

(1)地下系统

堆料机与坑道皮带机系统为我国 20 世纪五六十年代长江中下游煤炭专用码头的一种机械化堆场，它是由 V 形坑道存仓，双臂堆料机和坑道皮带机组成的系统。图8-47为其示意图。

图 8-47 所示的煤炭堆场工艺地下系统中，采用大型的 V 形坑道存仓，目的是使所有的物料在重力的作用下自流，避免物料出场时对其他设备供料造成困难。物料的进场和堆放是由双臂堆料机完成的，这种堆料机有两种悬臂带式输送机，接受纵向带式输送机的物料，通过分叉漏斗，把物料向左或向右任一方分配。在一个新起堆的货位上投料时，悬臂应降低高度，减少物料投送高度，避免粉尘飞扬和物料破碎，随着一个货位被

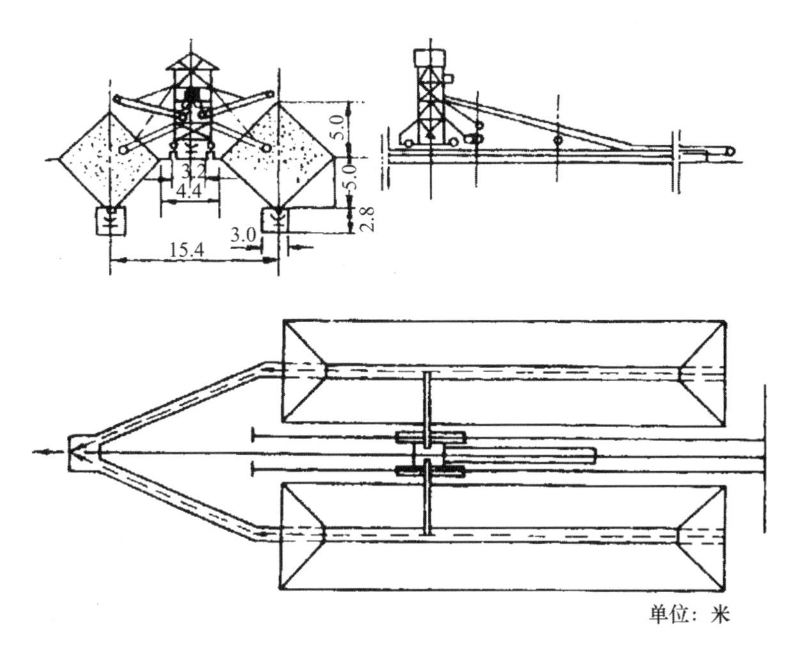

图 8-47　煤炭堆场坑道系统示意

物料堆满，堆料机沿着轨道移动到另一个货位。有时由于物料品种不同，堆料机也要从一个货位移动到另一个货位。

大型 V 形坑道存仓的一个严重的缺点是物料容易成拱而不能自流。在各种破拱的方法中，压缩空气破拱方法的效果良好。这个方法是在距离出料口上方 1 米处（通常在此处易于形成拱面），四角装上四个管口向上的管子，由一个阀门控制，当物料成拱时，打开阀门，气流以 7 千克/米^2 的力量冲击拱脚，煤即下落。采用压缩空气破拱方法需要备有空压机站和管阀等设备系统，设备比较复杂。

（2）地面系统

堆料机、斗轮取料机和斗轮堆取料机与地面带式输送机输送系统构成了干散货地面堆场系统，国内外大型干散货堆场大都采用这样的地面系统。

采用地面堆场作业工艺系统基本上有两种工艺方式：一种形式称为堆取分开，即分别由堆料机堆料，由取料机取料；另一种形式是堆取合一，即堆料和取料由堆取料机完成。各种堆场设备的性能参数可在有关资料中查得。

在堆取分开的堆场系统中，堆场上的带式输送机通常只需单向转动，而在堆取合一的地面堆场系统中的堆场带式输送机要能作正反双向转动。

图 8-48 是堆取合一的地面堆场布置断面示意图。在堆取分开时，堆料机投送下来的物料按堆积角可以形成较宽的货堆，而半轮取料机的半轮必须要达到货堆的另一边才能将堆场物料全部取出，否则会形成取不到的料的“死角”。

堆取分开和堆取合一两种形式的各自特点见表 8-10，对于具体采用何种形式应作具体分析，通过各方面因素综合考虑并对具体方案的设计要求作经济论证后方可确定。

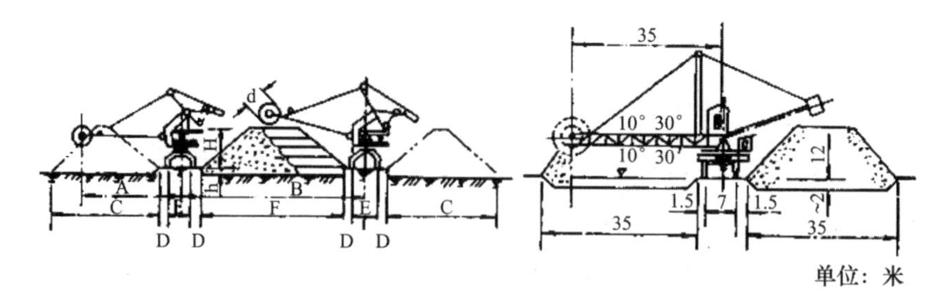

图 8-48　堆取合一堆场作业方式示意

表 8-10　堆取分开和堆取合一两种形式的特点比较

比较项目	堆取分开	堆取合一
作业的干扰性	堆取采用不同的设备，不会发生作业干扰	堆取采用同一台设备，一台设备不能同时进行堆和取的作业
悬臂带式输送机作业方式	作业流向单一，悬臂带式输送机不需要正反转	双向作业，悬臂带式输送机需要正反转
设备结构	仅考虑单一作业功能，结构较简单	需要兼顾堆和取作业，结构较复杂
设备数和投资	堆取分设，设备数较多，尽管单机投资低，但总投资较大	堆取合一，设备数较少，尽管单机投资较高，但总投资较小
作业线数	设备多，造成作业线增加	设备少，作业线少
堆场有效面积利用	作业线占据面积较大，使有效面积利用率较低	作业线占据面积较小，使有效面积利用率较高
设备利用平衡性	不平衡（中间设备比两边设备作业频繁）	平衡
设备利用率	堆取分开，使每台设备的利用率降低	堆取合一，每台设备的利用率增加

（四）干散货水平搬运方法

带式输送机是干散货水平搬运的专用连续运输设备，在干散货物流过程的各个环节被广泛使用。

带式输送机在现代化的物流搬运过程中起着重要作用。如上海宝钢原料场就有总长为 48.9 千米的 280 条带式输送机。随着带式输送系统在国民经济各行各业被广泛采用，需严格按作业流程要求，实现流程自动切换、转接，使物流畅通无阻。此外，对设备的可靠性、适应性、防尘、信息处理都提出了更高的要求。

三、干散货装卸搬运中的防污染

由于现代工业的发展，从各种生产中排出的烟尘、灰尘、废液及产生的噪声等，对环境的污染日益严重，对人们的健康和生态平衡造成很大危害，所有单位都必须按照国家规定，采取必要的措施加以防止。

散货不论是块状、粒状、粉状，都存在极细微的粉尘。在装卸过程中，不论是用抓斗、皮带机、翻车机、斗式提升机、堆取料机和坑道漏斗，物料在抓取、投送，或经过坑道

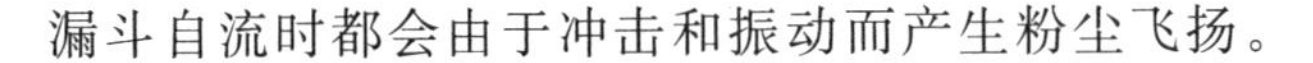

漏斗自流时都会由于冲击和振动而产生粉尘飞扬。

（一）喷水防尘

喷水防尘，可以用在物料搬运过程中由于抓取和投送而产生的粉尘，也可用于露天堆场上大面积的防尘。常用的方法是将水雾化喷在物料上或扬尘处，粉尘在水雾的包围下，表面相黏结合较大颗粒而自行下落，而物料受潮粉尘相互黏结而减少了飞扬。

为了防止污水污染，应修建污水处理池。将堆场流出的污水集中到池中，加以沉淀、过滤等处理。

（二）除尘装置与其他措施

物料在运动过程中会因冲击而产生粉尘，例如由漏斗向皮带机上投送物料或皮带机向另一皮带机投送物料等均会产生粉尘。除尘系统，就是在这些局部用板围成一个空间，通过管道，将这些地方的含尘空气吸到除尘器中，经过除尘再由风机将清洁的空气送回大气中。

散货堆场由于范围较大，要从多方面采取防止污染的措施。如采用散货堆挡风围墙的设置，堆场四周设绿化带等。

四、干散货装卸搬运技术案例分析

从前面的介绍中可见，在干散货装卸搬运技术中，船舶技术的发展是较快的，作用也日益显著。这里就以船舶装卸作业设备的使用为例进行分析。干散货船舶作业设备的使用，必须和对应的散货码头的具体条件相联系。这些条件主要是指货种、船型、年卸货量、码头承载能力、当地的水位变化、波浪、气象、电源供给、环境保护要求以及使用者的素质和水平等。

单就各种散货卸船机而言，可从以下几个方面进行比较。

（一）卸船效率

如前所述，门座抓斗卸船机的生产率不宜高于 500～700 吨/时。与它相比，桥式抓斗卸船机的抓斗小车运动质量小、运行速度高、起动快，可达到很高的卸船效率，且外伸距大，更能适应大型船舶的需要。但后者作业的特点是抓取范围为一长条形面积，越出这一范围必须移动整机，且机型沿轨向的宽度也较大，因此宜按少机方案在码头上配置。而带斗门机则可每舱口配置一台，臂架可由回转机构调整位置，不必经常移动整机，清舱操作量也较少。但随着船型和码头吞吐量的增大，桥式抓斗卸船就更显得优越。通常带斗门机只配置在年吞吐量小于 200×10^4 吨的码头上使用，若年进口量为 400×10^4 吨，则采用起重量为 25 吨的桥式卸船机比采用 16 吨带斗门机的装卸成本低，耗电量少。

桥式抓斗卸船机和连续卸船机都能达到很高的生产率，但抓斗卸船机在开舱时易于抓满，货位降低、抓斗行程增大和抓斗难以抓满，使生产率明显降低，通常实际平均生产率约为额定生产率的 50%，而连续卸船机在卸船过程中生产率比较稳定，一般平均生产率可在额定生产率的 60%～70%，有的机型甚至达到 80%以上，因而在实现高效卸船方面具有更大的潜力。

(二)可靠性

传统的抓斗卸船机已有几十年的使用历史,具有技术成熟的优势,在世界各国的应用都很普遍,它在可靠性方面比机械式连续卸船机得到了更为广泛的承认。实践表明,桥式抓斗卸船机使用寿命长,维修量少。门座抓斗卸船机的工作也很可靠,但作业时产生的动载荷大,臂架较易损坏。

机械式连续卸船机大多是新研制的,人们对它还不够熟悉,难免对其可靠性存有疑虑,但20世纪80年代各国已有不少连续卸船机经受了大量连续卸货的考验,这类机型发展初期在可靠性、停机维修率等方面存在的问题已随着设计的改进和经验的积累而得到解决。

(三)通用性、适应性

抓斗卸船机的突出优点是通用性强,它能很好地适应各种散货和不同船舶结构作业的要求,对沉重坚硬的矿石具有很强的抓取能力,而对轻质的散货仍能保持较高的生产率,且作业中受波浪的影响小。因此,对于块度相关较大的散货或风浪较大的码头可优先选用抓斗卸船机,其中门座抓斗卸船机因臂架具有回转功能,操作灵活,对各种结构的船舱较容易适应,宜用于中小型通用船舶,桥式抓斗卸船机宜用于大型专用散货船舶。

连续卸船机的专用性较强,往往只适于某种或某些特定的货种和船型。为增强其对货流变化的适应能力,如前所述,有的散货连续卸船机被设计成了装卸船两用机。

(四)环境保护要求

抓斗卸船存在着物料洒漏和卸货时粉尘飞扬的问题,造成对环境的污染,这问题较难解决。连续卸船机的卸货过程一般可封闭进行,能有效地防止洒漏造成的货损,避免粉尘污染环境,大多数边疆卸船机因其工作平稳而噪声较小。

(五)经济效益

下面通过几个实例对间歇式和连续式散货卸船机做些比较。

1.实例一

芬兰科尼(Kone)公司生产的两台煤炭卸船机于1983年同时在丹麦沃本罗投入使用。一台是40吨桥式抓斗卸船机,另一台是前面介绍过的斗轮卸船机,两台机上均采用了不少先进技术。为了进行对比,专门进行了卸船实测,结果如下。

(1)生产率

按要求,二机在连续4小时作业中单机生产率均应达到1300吨/时,通过测定,斗轮卸船机平均达到1450吨/时,桥式抓斗卸船机平均达到1350吨/时。

(2)清舱量

试验中斗轮卸船机可把舱内90%的煤炭直接卸出,仅剩10%舱底煤炭需要装载机辅助作业,清舱时间需4小时,桥式抓斗卸船机需装载机辅助的清舱时间为8小时以上。

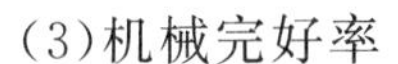
(3)机械完好率

经17个月的投产使用，桥式抓斗卸船机的机械完好率达99%～100%，斗轮卸船机完好率则达98%。

这两台机的自重、能耗、价格的比较：斗轮卸船机自重950吨，桥式抓斗卸船机自重1250吨；斗轮卸船机装机功率约900千瓦，比该抓斗卸船机小50%；斗轮卸船机单位电耗平均不超过0.3千瓦时/时，比该抓斗卸船机省25%；斗轮卸船机的价格比该抓斗卸船机低100万美元。

2. 实例二

1984年日本北海道苫东卸煤机械化系统采用了两台单机生产率1200吨/时的链斗卸船机，该码头年进口量200104吨，对所采用的机械化系统论证表明：采用连续卸船方式生产率较稳定，后方与之配套的胶带机生产率可选为2400吨/时。若选用抓斗卸船机，因其平均生产率较低，要两台单机生产率1400吨/时的桥式抓斗卸船机才达到卸船要求，为满足其峰值生产率较高的需要，后方配套胶带机生产率要达到3500吨/时；链斗卸船机清舱量10%，抓斗卸船机清舱量20%～30%；采用抓斗卸船机械化系统的维修管理费比链斗卸船机系统高10%。

3. 实例三

以我国上海港机厂最近生产的几台散货卸船机为例做如下比较(见表8-11)。

表8-11 上海港机厂散货卸船机参数

机型	桥式抓斗卸船机	门座抓斗卸船机	链斗卸船机
使用地点	上海石洞口发电厂	上海港老白渡码头	上海港朱家门码头
生产率(吨/时)	1250	540	1200
整机自重(吨)	1050	450	570
最大轮压(千牛)	500	≤300	＜290
装机容量(千瓦)	1200	710	500
自重(吨)	0.84	0.833	0.475
单位电耗(千瓦时/吨)	0.45～0.55	0.45～0.55	0.25～0.3

以上几个实例中，从连续卸船机的自重、轮压、能耗、装机容量及相应的后方机械、清舱机械及码头投资和营运费等指标可见，采用连续卸船机能取得较好的经济效益。当然，这仅是在一定条件下的大致比较，就连续卸船机的不同机种来说，它们的自重、能耗和适用范围也不一样，为了取得好的经济效益，必须按照使用港口的具体条件对前面介绍过的多种卸船机的特点进行细致的比较论证。

[资料：南京港散货装卸系统]

南京港拥有我国内河港口最先进的专业化散货装卸系统。软、硬件的优势赢得了金属矿石等传统货种的增长，铜金沙、煤炭、石油焦、磷矿等货种也有很大的拓展。

大宗散货作业港区(南京惠宁码头有限公司)位于新生圩外贸港区,自然条件优越,水域宽阔、航道顺畅,深水航道宽达700米,码头前沿最枯水位仍达13米,可常年停靠4万吨级以上海轮。疏港公路四通八达,港区通过尧新公路、太新公路与312国道、沪宁高速公路、芜新公路、南京长江二桥相连接;5条港内铁路专线与华东最大的列车编组站相距仅7千米。

港区生产设施设备先进,码头岸线总长1385米,拥有万吨级深水泊位9座,江中浮筒泊位13座;库场面积21万平方米,库存能力70万吨;拥有我国目前内河港口最先进的专业化散货装卸系统。主要装卸机械129台,其中进口机械35台,皮带运输机达2500米,装卸效率接近国内同类海港先进水平。多功能的港口设施设备形成了江海联运、陆水联运等综合高效的吞吐能力,年吞吐量达1000万吨,是广大货主企业理想的中转港口。

大宗散货新港区自1990年开港以来发展十分迅速,货物中转平均每年以20%以上的速度递增。近几年来,不仅金属矿石等传统货种有较大增长,而且铜金沙、煤炭、石油焦、磷矿等货种也有很大拓展,客户遍布长江流域、华南、华北沿海和海外数10个国家或地区。

第四节　液体货装卸搬运技术应用及案例分析

一、液体货概述

(一)液体货定义及类别

液体货是指具有流动和半流动状态的货物。它按照运输的方式可以分为如下两类。

1. 包装液体货物

这是指以各种容器盛装的液体货物。如使用罐、桶、瓶或其他容器盛装的饮料、酒类、油漆等。

2. 散装液体货物

这是指使用船舶液体盘货散装运输的液体货物。如使用油轮运输的石油及其产品,使用散装化学品船运输的液体化工产品,使用杂货船深舱运输的各种植物油或动物油等。

众所周知,石油是工农业生产的重要能源之一,作为一种有限的资源,其运输量在世界上是远远高于其他货种的。我国是世界石油进口大国,能源紧缺将是一个长期存在的问题,在还没有产生完全取代石油的新能源之前,石油的运量在一段时间内还将维持在相当高的水平。这里所讲的液体货装卸搬运也主要就是指石油及石油产品的装卸搬运。

(二)石油的储运特性

石油和石油产品特性有易燃性、易爆性、挥发性、扩散性、易生静电性、黏性、毒害

性、纯洁性、凝结性、易受热膨胀性等。下面介绍几种主要特性。

1. 易燃性

燃烧的难易和石油产品的闪点、燃点和自燃点三个指标有密切关系。石油闪点是鉴定石油产品馏分组成和发生火灾危险程度的重要标准。油品越轻闪点越低，着火危险性越大，但轻质油自燃点比重质油自燃点高，因此轻质油不会自燃。对重油来说闪点虽高，但自燃点低，着火危险性同样也较大，故罐区不应有油布等垃圾堆放，尤其是夏天，以防止自燃起火。

2. 易爆性

石油产品易挥发产生可燃蒸气，这些气体和空气混合达到一定浓度，一遇明火都有发生火灾、爆炸危险。爆炸的危险性取决于物质的爆炸浓度范围。

3. 挥发性

挥发性是指化合物由固体或液体变为蒸气的过程。石油中含有相当数量的轻组分，随着原油被抽到储油罐后，这些轻组分会渐渐地以气体的形式挥发出来，会造成空气污染。因此，应该尽快设法回收利用原油挥发气。

4. 易生静电性

石油及产品本身是绝缘体，当它流经管路进入容器或车辆运油过程中，都有产生静电的特性，油品储运中，不论是接卸、调和、贮存，还是输转、泵装、运输，每一个过程中的油品都始终处于流动、摩擦中。因此，静电在每个中间环节都是客观存在的，有时条件具备，一个静电火花就会使一座油罐、一个装车台、一辆油罐车或一条油轮，瞬间着火爆炸。认清静电其中规律，正确操作，防患于未然，对安全生产十分有利。

(1)导致石油运输过程中产生静电的原因

①油品输转过程中管线会产生静电

油品在管线输转过程中，因摩擦会有大量静电产生。静电随流速增加而增大，而且和管道内壁粗糙度、管路中阀件、弯头多少有关。实践证明，当流量增加时，管线内静电电流增加值远远超过泵内静电电流增加值。

②油品流经过滤器时会产生静电

为保证产品质量，有些油品如航煤，在进成品罐和出厂过程中，都要流经过滤器，这时都会产生很大静电，有时会高达 100 倍，而且不同材质的过滤器产生静电大小不同。

③油品灌装过程中产生静电危害性最大

成品油经泵在向铁路油罐车、汽车油罐车或油轮中装油时，都会产生静电。静电大小和装油流速，鹤管口位置高低、鹤管口形状、鹤管材质等有关。装油流速太快，如用大鹤管，其流速大于 5 米/秒，就会产生万伏静电电位。高位式喷装车，因喷装、摩擦也会产生很大静电，而低位液下装车则产生较小静电。

实践表明，由于油品装车产生静电引起爆炸着火的事例最为突出。

④油罐收油及调和过程会产生静电

油罐收油时，特别是罐底有水杂，油品由于搅动、摩擦会产生静电，而且随进油时间增长直到油罐快满时，油面静电位值才达到最大值。另外，油品在经过喷嘴或风搅情况

下，也会产生很大静电。当油罐接地不好，罐内有异物时，极易静电打火引起油罐着火爆炸。

⑤运送油品的车船运输过程也会产生静电

油品装入铁路油罐车、汽车油罐车或油轮、油驳后，在运输过程中，由于油料在罐体或舱内剧烈摇晃、冲击、摩擦，也会产生很大静电。当电荷聚集到一定程度发生放电时，也很容易引起油气闪爆，造成车船烧毁，这种事例也屡见不鲜。

(2)防止石油运输过程中静电危害的措施

防止静电危害的基本措施主要有两条。一是防止并控制静电产生，二是静电产生后予以中和或导走，限制其积聚。在油品储运系统中通常采取以下具体措施。

①防止人体产生静电

油品储运系统大多都是易爆作业区域，因此严禁穿用由化纤材料制成的衣服、围巾和手套到危险区操作，而且禁止在危险区场所脱掉衣服。禁止用化纤抹布擦拭机泵或油罐容器。所有登上油罐和从事燃料油灌装作业的人员均不得穿着化纤服装(经鉴定的放静电工作服除外)。上罐人员登罐前要手扶无漆的油罐扶梯片刻，以导除人体静电。

②石油产品中加入防静电添加剂

在石油产品中加入防静电添加剂，可增加油品的导电性能和增强吸湿性能，加速静电泄漏，减少静电聚集，消除静电危害。

③做好设备接地，消除导体上的静电

设备可靠接地是消除静电危害最简单、最常用的方法。一切用于储存、输转油品的油罐、管线、装卸设备，都必须有良好的接地装置，及时把静电导入地下，并应经常检查静电接地装置技术状况和测试接地电阻。油库中油罐的接地电阻不应大于 10 欧(包括静电及安全接地)。立式油罐的接地极按油罐圆周长计，每 18 米一组，卧式油罐接地极应不少于两组。

④安装静电消除器

静电消除器又叫静电中和器，它是消除或减少带电体电荷的装置。

⑤尽量减少静电的产生

a.向油罐、油罐汽车、铁路槽车装油时，输油管必须插入油面以下或接近罐底，以减少油品的冲击和与空气的摩擦。

b.在空气特别干燥、温度较高的季节，尤应注意检查接地设备，适当放慢速度，必要时可在作业场地和导静电接地极周围浇水。

c.在输油、装油开始和装油到容器的 3/4 至结束时，容易发生静电放电事故，这时应控制流速在 1 米/秒以内。

d.船舶装油时，要使加油管出油口与油船的进油口保持金属接触状态。

c.油库内严禁向塑料桶里灌轻质燃料油，禁止在影响油库安全的区域内用塑料容器倒装轻质燃料油。

5.易受热膨胀性

石油产品受热后，温度上升，体积迅速膨胀，若遇到容器内油品充装过满或管道输油后内部未排空而又无泄压设施，很容易体积膨胀使容器或管件爆破损坏，为了防止设备因油品受热膨胀而受到损坏，装油容器不准充装过满，一般只准充装全容积的85%～95%，输油管线上均应装泄压阀。

（三）应对措施

石油和石油产品所具有的这些特性会给储运、装卸带来危险，但在实际生产中，只要熟悉和掌握了这些特性，并针对这些特性采取一些相应的安全措施，就能在储运及装卸过程中做到安全生产。比如考虑其纯洁性，在油船及油罐车装载过某一品种的石油再换装另一种油时，要进行清洗；油库及油管有条件最好是按所装的油类专用，如不可能分类专用，在换装不同品种的油时必须进行清洗。考虑其毒害性，进行清洗工作时，要特别注意防毒工作，尤其清洗装过汽油的舱（或油库及油罐车）时要先打开阀门，把里面的汽油蒸气放掉，然后再进行清洗，必要时还要戴防毒面具和穿防毒服。另外考虑其易燃性和易爆性，在装卸及保管过程中要特别注意防火保安工作，生产人员必须严格遵守生产操作规程和有关安全条例，以确保石油及石油产品生产的安全；并且在考虑石油码头的建设时，要注意以下问题。

（1）石油码头要和其他码头分隔并设在下游或下风处。

（2）与临近的建筑物要有300米以上的防护距离，并要和居民区分开。

（3）码头要设置合理的消防设施。

二、石油的储存方式

油料按照储运方式的不同分为散装和整装两种。凡是用油罐、车（铁路油罐车或汽车油罐车）、船（油轮、油驳）、管道等储存或运输的油料称为散装油料。凡是用油桶及其他专用容器整储整运的油料称为整装油料。所以油料的储存方式应看是散装还是整装，但总的说来，在油库中油罐是储存散装油料的主要容器，也是油库的主要储油手段；油桶是储存整装油料的主要容器。下面主要介绍散装油料的储存设备及方式。

（一）油罐储油

1.油罐的结构、类别

油罐应由不可燃材料制成，易于防火，与油品接触不发生化学反应，不影响油品质量；油罐应严密性好，不发生油品及其蒸气渗漏；油罐的结构及附件简单，坚固耐用；便于施工和管理。油罐的类别从建筑形式上分有地下式、半地下式及地上式油罐；从建造材料上分，有金属油罐和非金属油罐；金属油罐按形状又有立式圆柱形拱顶油罐、立式圆柱形浮顶油罐、卧式圆柱形油罐及球形油罐。立式圆柱形拱顶油罐被广泛采用，以储存除液化气以外的各种原料油、成品油等。

2.基本要求

（1）在满足消防要求的前提下，油罐之间间距要尽可能小些。

(2)在满足工艺要求的前提下,合理确定油罐个数。在实际中,油罐数不宜少于2座,以适应倒灌、检修等生产上的需要。为节约投资,方便操作,减少占地面积,应配置较大罐容的油罐。

(3)为了便于生产管理,保证安全,油罐应设置温度、液位等控制仪表及报警装置;油管还装有静电接地装置,大容积地面油罐还装有避雷针。

(4)为了保证油罐正常工作,应设置必要的附件,如梯子、栏杆、人孔、透光孔、量油孔、进出油短管、机械呼吸阀、液压阀、放水低阀、防火泡沫箱等。

(二)水封储油

水封储油有地下水封油库、人工水封石洞油罐和软土水封油罐3种。

水封油库可节约大量钢材和其他建筑材料,比山洞油库施工速度快,防护能力强,占地少,蒸发损耗小,比较安全;但受建筑地点及地下水位的限制,水封油库的建设投资高于地面油库,且其不能自流输油,对设备和电力供应的可靠性要求较高,并要求有完善的污水处理和排放系统。

(三)地下盐岩库储油

地下盐岩库储油,即利用在盐岩中打井并冲刷出来的洞穴储油的方法。

盐岩分布很广,常埋于地下50～1700米的深度,厚度从几十米到几百米不等,而且往往面积很大。盐能溶于水,利用这一特性就可以采用简便的打井注水冲刷法在盐岩中构筑洞穴,避免了一般地下工程遇到的需要大量施工器具、复杂的施工方法、繁重的劳动和不良的劳动环境等一系列问题。

比较地下盐岩库与地面库可知,它有很多优点:储存油品时可节省投资2/3以上;占用土地少,钢材和水泥的耗量少;施工方法简单,节省人力;可储存液化石油气和包括航空油料在内的各种油品,经长期储存油品不变质;有很强的自然保护能力;减少了污染并消除了洞内发生火灾和爆炸的可能性。因此被认为是迄今为止最理想的储油方式,尤其适用作大型储备油库,但技术要求较高。

三、石油装卸搬运设备

石油的装卸搬运设备主要包括输油泵、管线及附加设备。

(一)输油泵

输油泵是石油储运系统输送石油及其产品的主要机械设备。泵的作用就是给管路中的油品提供动力(机械能),使它们能够克服管路中各种摩擦阻力与位差,从而从这一设备输向另一设备。

泵的种类繁多,根据泵的工作原理一般分为叶片泵和容积泵两大类。

1. 离心泵

(1)离心泵分类

离心泵(见图8-49)应用广泛,种类繁多,通常有4种划分方法:按照泵的转轴位置可分卧式和立式两种;按照液体吸入方式分为单吸和双吸两种;按照泵轴叶轮上的数目可分为单级和多级两种，多级就是在同一泵轴上，装上几个叶轮，液体在泵内依次通过各个叶轮，相当于多个单级泵串联在一起，能产生很高的压力；按照输送油品温度高低又可分为冷油泵和热油泵两种。工作温度在20～200℃称冷油泵，工作温度在200～450℃称热油泵。一般热油泵都需打封油，使用前还需预热，这是和冷油泵的重要区别之一。

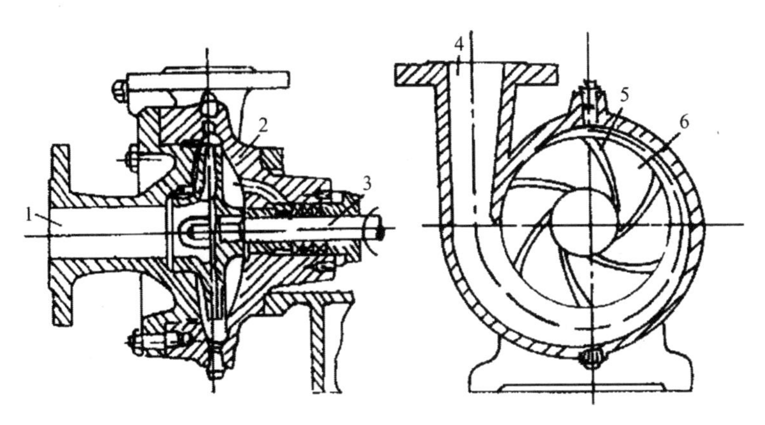

1—吸入接管　2—泵壳　3—泵轴　4—扩压管　5—叶瓣　6—叶轮

图8-49　离心泵结构

(2)离心泵工作原理

离心泵是通过高速旋转的叶轮所产生的离心力来输送液体的。具体来说，就是机泵运转时，由于叶轮高速旋转，带动液体产生离心力，在叶轮入口造成足够真空度，进入管路。由于叶轮连续均匀转运，所以液体也是连续而均匀地被吸入和排出。而泵的离心力大小则取决于液体质量、叶轮半径和旋转速度，离心力越大，液体获得能量也越大，扬程也愈高。

离心泵工作时，泵内不能有气体存在，因气体密度小，旋转时产生离心力小，因此，它不能在叶轮吸入口产生应有的真空度。通常，离心泵工作不正常，吸不上液体大多是泵内漏入空气所致。因此，高位泵启动前必须灌泵，使吸入管充满液体，从泵体排出气体，这是离心泵工作必须具备的条件。

2.螺杆泵

它是一种容积式泵，是利用泵体和装在泵内互相啮合的2～3根螺杆构成的一个彼此隔离的空腔，在主动、从动螺杆转动中，油料沿螺旋槽被吸入和挤压，最后被排出泵外，螺杆泵带有安全阀。

油品装卸用泵一般要求排量大，扬程较低，多采用单级离心泵；扬程高时，采用多级离心泵。

新建的大型油库，因粘油的收发量大，采用螺杆泵，流量通常为90米^3/时左右。港站输油实际上通常采用的是离心泵。

输油泵是油库生产运行中主要能耗设备。但由于输油泵和输油管道的特性不匹配(在泵选型过程中，不可能选择到完全与管路特性匹配的输油泵)，在不同的实际运行工

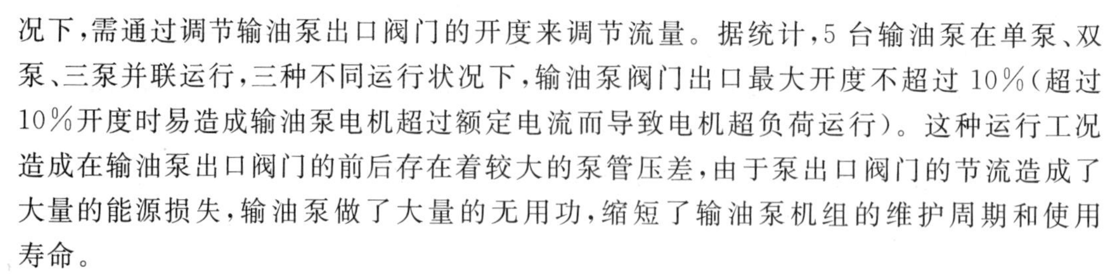
况下，需通过调节输油泵出口阀门的开度来调节流量。据统计，5 台输油泵在单泵、双泵、三泵并联运行，三种不同运行状况下，输油泵阀门出口最大开度不超过 10%（超过 10%开度时易造成输油泵电机超过额定电流而导致电机超负荷运行）。这种运行工况造成在输油泵出口阀门的前后存在着较大的泵管压差，由于泵出口阀门的节流造成了大量的能源损失，输油泵做了大量的无用功，缩短了输油泵机组的维护周期和使用寿命。

输油泵的型号，应根据原油性质和输油参数进行选择，泵的台数应根据装船、装车、管道输送等不同情况分别确定。

（二）管线及附加设备

1. 管线种类

油港内的管线有油管线、气管线（如压缩空气管线、真空管线）、水管线（冷水、热水管线）几种。

油管线是联系泵房、油罐、油码头及铁路装卸车台的主要设备。油管线的种类有：钢管、耐油胶管、软质输油管等。管径应根据流体性质和允许压力来确定。固定输油管多用钢管；耐油胶管主要用于机动装、卸输油设备连接的活动部位；软质输油管是一种新产品，由于其收卷方便，在野外作业时得到广泛应用。

（1）钢管

使用比较多的是无缝钢管，它是用实心管坯经穿孔后轧制的。按生产方法不同可分为热轧管、冷轧管、冷拔管、挤压管等。热轧无缝管一般在自动轧管机组上生产，若欲获得尺寸更小和质量更好的无缝管，必须采用冷轧、冷拔或者两者联合的方法。国产油管按 SY/T6194-96 石油油管及其接头，分为不加厚的石油油管和两端加厚的石油油管。钢管在使用中为保证接头处的密封性，对螺纹精度有较严格的要求；钢管及其接头的钢号应相同；油管及其接头无论哪种包装（捆装、箱装或散装）均应拧上保护环，以保护钢管及其接头的螺纹。

（2）胶管

输油胶管，即中间及外层带螺旋金属丝的输油胶管，这种胶管承压能力较强，可用于吸入和排出管。适用于油轮的装卸，也可用于军舰加油。

（3）软质输油管

这种输油管主要由能承受内力和拉力的编织骨架层和防渗内外保护层组成。编织骨架层采用锦纶涤纶做主要材料，防渗内外保护层采用橡胶做主要材料。它的优点是重量轻、存放体积小，使用方便等。

2. 管线铺设与连接

管线铺设通常有地下铺设、地上铺设和水下铺设 3 种。地下铺设一般又有埋地铺设、管沟铺设和套管铺设 3 种形式；地上铺设有管架铺设和管墩铺设两种。

管线连接有焊接、法兰连接和丝扣（即螺纹）连接 3 种形式，油库用得最多的还是焊接和法兰连接。管线采用焊接方法，密闭性好，不易泄漏，节省钢材，适合输送任何介质的钢质管线连接。法兰连接，既适用于管线和设备连接，也适用于管线和其附件、管线

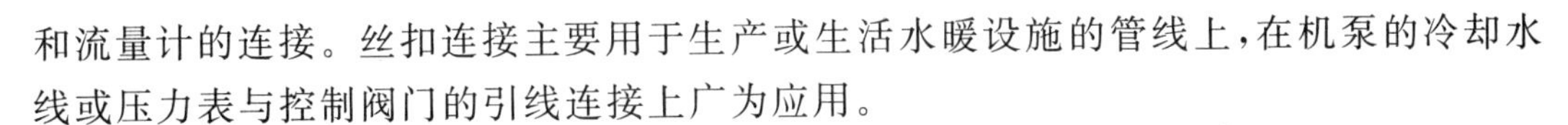

和流量计的连接。丝扣连接主要用于生产或生活水暖设施的管线上，在机泵的冷却水线或压力表与控制阀门的引线连接上广为应用。

3. 管线伴热

为了使液体货在输送过程中不冷凝和降温不要过大，油管须采用伴热措施。伴热保温常有蒸汽管伴热或电加热，目前国内采用蒸汽管伴热较为广泛。

蒸汽管伴热有内伴热、外伴热和外伴随三种。

(1)蒸汽管内伴热

内伴热(图 8-50)是在油管内部通一蒸汽管，其优点是热效率高，缺点是施工维修困难，蒸汽管支撑在油管内部，液体货管线摩擦阻力增大，又由于两种管子内介质温度不同，热伸长量也不一样，故在蒸汽管弯头处及引出油管的焊缝外常因裂纹而发生漏油现象。为克服上述缺点，可在蒸汽管伸出处的油管上接一短管，使蒸汽管的焊口全部露出外面，并便于蒸汽管的伸缩。

(2)蒸汽管外伴热

外伴热是油管外套有蒸汽管。其优点是传热面大，热效率较高，多用于炉前管道。缺点是耗用钢材较多。

(3)蒸汽管外伴随

外伴随(见图 8-51)是在油管外部伴随一根或多根蒸汽管，一起包扎在同一保温层内，其优点是便于施工检修，也不会发生油、汽混窜的问题，但传热效率与内伴热和外伴热相比则较低。

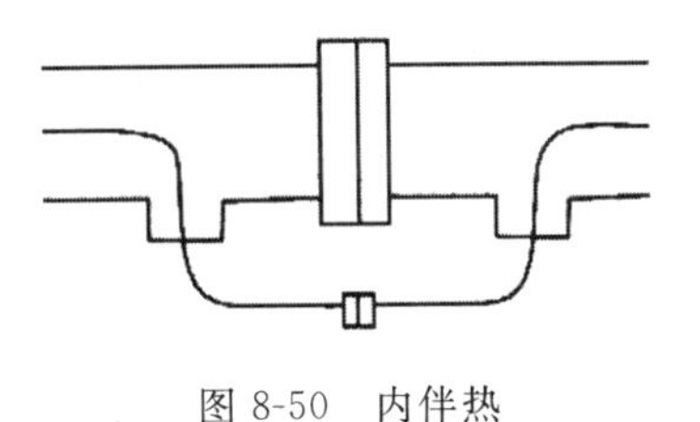

图 8-50　内伴热

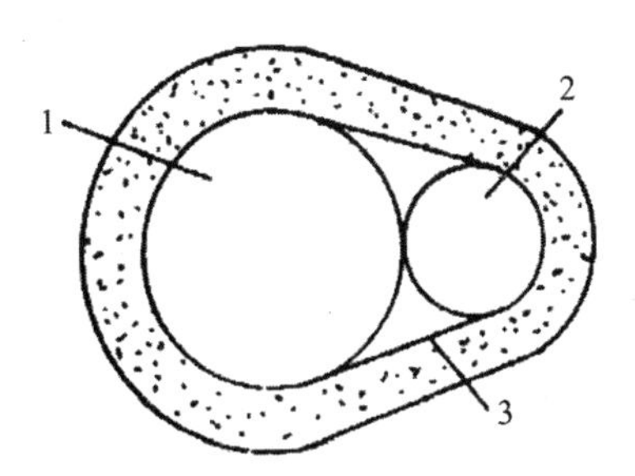

1—油管　2—蒸汽管　3—铁丝网保温层保护壳

图 8-51　外伴随

油管线常用的保温材料有玻璃棉毡及蛭石等，由于重油管线常采用蒸汽外伴随管，保温形状不一，较难采用预制块，用玻璃棉毡或矿渣棉毡在现场捆扎比较方便；如重油管线采用蒸汽内、外伴热时，也可用蛭石预制块进行保温，保温层外面应加保护壳。管线上还要附加必要的阀门、油筛、流量表等。

(三)车船装卸搬运的连接设备

油罐车的装卸都设置装车台(栈桥)和鹤管(见图 8-52),装车台根据液体货的性质和操作要求不同而分设。

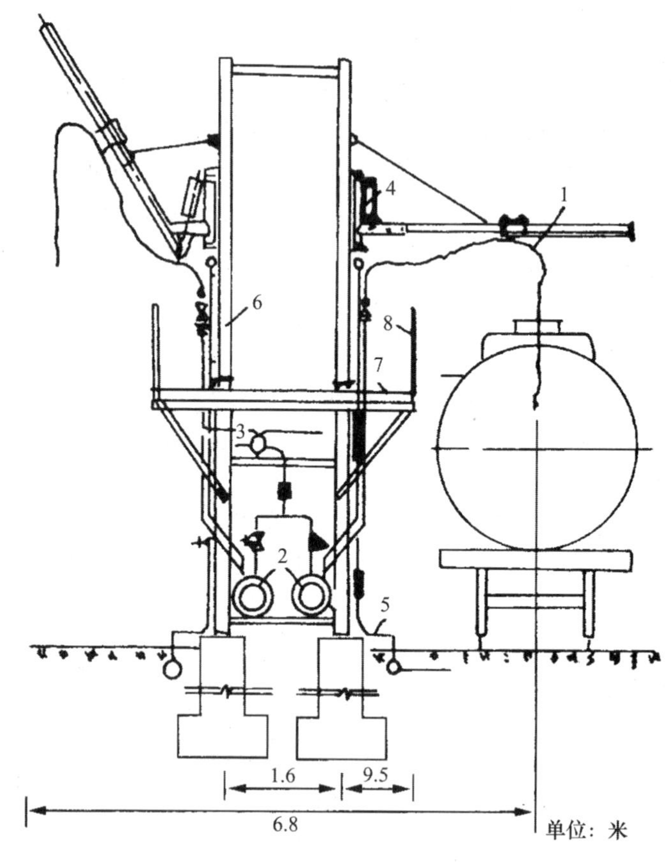

1—小鹤管　2—汇油管　3—扫线管　4—气动阀　5—回水管　6—栈桥架　7—平台　8—栏杆

图 8-52　装车台

根据每次装车的辆数确定台位数及栈桥长度。为了减少占地和投资,一般采用双侧台。

装车台的规模不完全取决于装车量,油罐列车的组成、编组和调车方式等也必须考虑。

油船装卸可用橡胶软管作为码头和船舶之间的油流通道,橡胶软管具有绕度大,适应性强的特点,但橡胶软管的维护费用较高,而且进一步增大橡胶软管的口径尺寸,液体货流速也受到一定限制。因为流速增大到一定程度,就会使软管产生剧烈振动,影响生产的安全。因此橡胶软管已不适宜作为大型油轮的高速、高效的装卸输油管线。

液压输油臂(见图 8-53)是一种新型的油港装卸设备。液压型输油臂的特点就是它体现了电动控制,更节省人力。液压输油臂在停电的情况下还可以切换为手动泵控制液压系统。

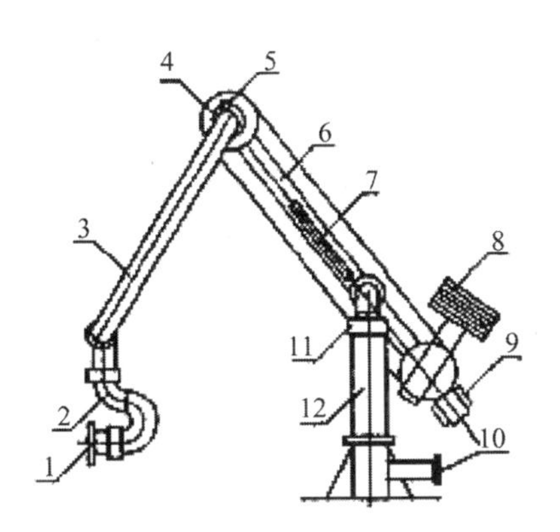

1—快速连接器　2—三向回转接头　3—外伸臂　4—上部回转接头　5—真空破坏器　6—内伸臂
7—油缸　8—主平衡重　9—副平衡重　10—法兰　11—中间回转接头　12—立柱

图 8-53　液压输油臂

三、液体货装卸搬运技术及案例分析

（一）石油装卸的基本要求

石油的装卸不外乎以下几种形式：铁路装卸、水运装卸、公路装卸和管道直输。其中根据油品的性质不同，可分为轻油装卸和粘油装卸；从油品的装卸工艺考虑，又可分为上卸、下卸、自流和泵送等类型。但除管道直输外，无论采用何种装卸方式，原油和油品的装卸必须满足以下基本要求。

（1）必须通过专用设施设备来完成

原油和油品的装卸专用设施主要有：铁路专用线和油罐车、油码头或靠泊点、油轮、栈桥或操作平台等；专用设备主要有：装卸油鹤管、集油管、输油管和输油泵、发油灌装设备、粘油加热设备、流量计等。

（2）必须在专用作业区域内完成

原油和油品的装卸都有专用作业区，这些专用作业区通常设有隔离设施与周围环境相隔离，且必须满足严格的防火、防爆、防雷、防静电要求。

（3）必须由受过专门培训的专业技术人员来完成

接受过专门培训的专业技术人员可以最大程度保证作业的安全性。

（4）装卸的时间和速度有较严格的要求

对装卸时间和速度的严格要求可以保证作业的效率，同时减少后续时间的滞延。

（二）液体货装卸搬运技术

液体货的装卸作业包括液体货的装卸船和装卸车等作业。

1．液体货船装卸作业方式

在国内外液体货港站（库场），液体货船装卸方式可分为以下几种。

（1）直接经岸

这是指货物从岸上直接装至运输船上，或从运输船上直接卸至岸上的方式。目前我国大部分液体货码头均采用这种方式。

(2)通过海上泊地装卸

海上泊地可理解为在离开陆域较远水深地点设置的靠船设施。液化货船的海上泊地方式,按其构造形式又可分为靠船墩方式、栈桥方式、单点系泊方式和多点系泊方式。

①靠船墩方式

这是将具有靠岸机能的设施(靠船墩)、具有系船机能的设施(系船墩)、具有装卸机能的设施(装卸栈桥)等各自独立地设置,以系泊船舶,通过输油管进行装卸作业。靠船墩沿码头线方向每隔一定距离设一个,上部可设或不设跨间结构,视码头作业情况而定。靠船墩有与岸直接毗连的,也有用引桥与岸连接的,靠船墩结构有沉箱、沉井、方块、就地浇筑混凝土、框架结构等多种形式。靠船墩可与装卸平台结合成一体布置,也可分开布置,视装卸货种及船型而定。墩式码头与整片式码头比较,工程量小,造价低,所以广泛用于煤矿、矿石、石油及散货等的装卸。

②栈桥方式

栈桥方式则为上述独立设施的全部或一部分由栈桥承担的方式。

③单点系泊方式

单点系泊方式源于英文"single point mooring",简言之,与固定码头相比,它的最大特点即系泊方式是"点",也就是大型油轮或超大型油轮可以系泊于近海海面上的一个深水"点",然后进行装卸货操作。

单点系泊码头通常由一个能够漂浮在海面上的浮筒和铺设在海底与陆地贮藏系统连接的管道组成。浮筒漂浮在海面上,油轮上的原油通过漂浮软管进入浮筒后,从水下软管进入海底管线,输到岸上的原油储罐。为防止浮筒随海浪远距离漂移,用数根巨大的锚链将其与海床相连,这样浮筒既可在一定范围内随风浪流漂浮移动,增加缓冲作用,减少与巨轮间发生碰撞的危险,又不至于被海浪冲走(见图 8-54)。

图 8-54　单点系泊码头

目前,这种技术已作为一种成熟的海上中转、仓储、过驳技术被世界各国竞相采用。

单点系泊作为一种技术革命,其优势如何?

首先,单点系泊的最大优势是将码头由岸边移至海上,解决了世界上绝大部分港口航道较窄、较浅、规模较小,不能与大型油轮和超大型油轮发展相匹配的矛盾。这在中国的原油接卸中具有重要的现实意义，因为在我国的十多个各种类型的单点系泊系统中，几乎全部用于海洋石油开发领域，只有茂名金明石油有限公司在1994年建立的、悬链锚腿系泊(CALM)系统是应用于进口原油接卸的。这个CALM型单点系泊系统，也是中国第一个CALM型单点系泊系统。

其次，单点系泊具有漂浮式和旋转式的特征：可以在7级大风中，有效浪高3.5米的情况下进行原油接卸，而且可以360度不受限制地自由转动，不需要考虑风、浪、流转变引起的影响，因此受气候影响较小；而一般靠岸式码头、岛式码头、栈桥式码头仅能在2.0米以下的风浪中进行接卸，受环境条件(风、浪、流)的影响非常大。

再次，是节约投资。以茂名25万吨级单点系泊原油码头为例，全部建设投资约为2亿～3亿元人民币。而一般情况下，建设同样等级的固定码头则至少需要10亿元人民币，其费用约是建设单点系泊的3～4倍。

现在以美国为例说明单点系泊的重要性。众所周知，美国每年的原油处理量超过10亿吨，2002年美国每天从国外进口原油914万桶，其中超过30%，也就是说，平均每天约有超过274万桶进口原油，是通过位于路易斯安那海岸线约30千米的新奥尔良市(New Orleans)的乐普公司(Loop Inc.)的三个单点系泊进行卸载的。该公司的单点系泊位于35米水深处，设计可靠泊世界最大的70万载重吨的油轮。乐普公司(Loop Inc.)所接卸的原油通常来源于中东、西非、哥伦比亚、墨西哥和阿拉斯加，其专用大型油轮(VLCC)和超大型油轮(ULCC)载货量都是350万桶(约50万吨)。如果没有这三个单点系泊，这些油轮就必须在加勒比海转运设施过驳到可以靠岸的小船，这样进口原油的运输和过驳费用与使用单点系泊进行卸载比较相差甚远，炼油企业根本无法承受。也正是基于此考虑，美国东部的33个炼厂共同出资，创立乐普公司，并通过上市融资建立了一个庞大的包括3个单点浮筒和管线、管汇结构的单点系泊系统，通过相互连通的陆上管线分别向每个相关炼油厂供应原油。

集中优势，发挥辐射作用，充分利用单点系泊的特性，这是一种十分明智的选择和决策，可避免重复建设引起资源的极大浪费。就拿路易斯安那州和得克萨斯州的11个炼油厂来说，它们都位于墨西哥湾，如果它们各自建设自己的码头也不是不可能的，但投资要大10倍。

国际上第一个悬链锚腿系泊(CALM)型单点系泊，是1958年由美国IMODCO公司(现在改称SBM-IMODCO公司)为瑞典皇家海军在瑞典达拉罗港设计和建造的。这是一个具有特别用途、能够系泊3000吨船舶的系统。自那时起，单点系泊在世界的应用一发而不可收，遍布各沿海地区，足见其旺盛的生命力。

④多点系泊方式

多点系泊方式是用几个浮筒或用浮筒和船锚结合供海上油轮系泊和装卸原油的一种方式。海底输油管与液体货船的集合管由一根或数根软管相接。与单点系泊相比较，其特点是系泊与装卸分开设置。多点系泊时，船舶不能随风浪潮流而自由回转，因而承受风浪、潮流力的适应性能较差，只可用于水深大、掩护良好、风向流向较稳定的海区。采用不多。

(3)水上过驳

这是指运输船舶所载运的货物,不是经岸直接装卸,而是从船舶外档或在装卸平台、锚地、浮筒水上过驳作业的数量。包括运输船至运输船的直接换装的船过船转口,以及运输船与港内驳运船舶之间的换装数量。但运输船进港后,由港驳驳运至港区内码头装卸的,只计一次;反之,由港区内码头将货物用港驳驳至运输船装货的,也只计一次。

海上大量液体货运输是专用液体货船来进行的,液体货船都备有高效的油泵;现在国外液体货船每小时装油或卸油能力多选用液体货船载重量的 1/10 或稍多。我国液体货装船一般用设在岸上的油泵;向 10 万吨级液体货船装油用 4 台油泵,每台生产率为 3000 米^3/时,用 10 小时可装满。装原油、重油及轻油多用离心泵,所装重油的流量较小时,也有用活塞泵的,装卸润滑油用齿轮泵。

2. 油罐车装卸作业方式

(1)装车方式

目前我国大部分铁路轻油罐车均无下卸口,故采用鹤管上装为主。罐装方法有泵装和自流装车,自流装车在有条件的地方,利用地形高差自流罐装。用小鹤管(Dg100)每车装油时间为 25～30 分,流束为 3.5～4.2 米/秒,极限最快 20 分,流速为 5.2 米/秒。每批车的装车时间是 25～120 分。每批车的进出调车时间 0.5～1.0 时计。

(2)卸车方式

油罐车卸车分原油及重油卸车和轻油卸车两种方式。原油及重油卸车时,采用密闭自流下卸方式,敞开自流下卸方式与泵抽下卸方式。轻油卸车均采用上卸方式,所以要设卸油台,卸油台与装油台基本相似。

上卸的方式又分为虹吸自流卸油和泵抽卸油两种。虹吸自流上卸应用于油罐位于比油罐车更低的标高时,可利用卸油竖管作为虹吸管将油罐车中的液体货卸入油罐中,虹吸管中的负压由真空泵来达到。虹吸泵抽上卸则应于油罐车的标高及位置无法使液体货自流入油罐时采用。需要注意的是,如采用非自吸式离心泵卸油,则必须装置真空泵,使吸入管形成真空环境;如采用自吸式的泵,则可不装真空泵。

(三)原油和成品油装卸作业流程

原油和成品油装卸一般有下列几个主要作业流程,设计时应根据具体条件予以考虑。设计时可先画出方框图,然后根据方框图画出流程图。

1. 装船流程

装船根据来油情况是卸罐车,还是长输管线来油,液体货是进油罐,还是直接装船,是否要进加热炉加热等不同情况组成各种作业流程图(见图 8-55)。

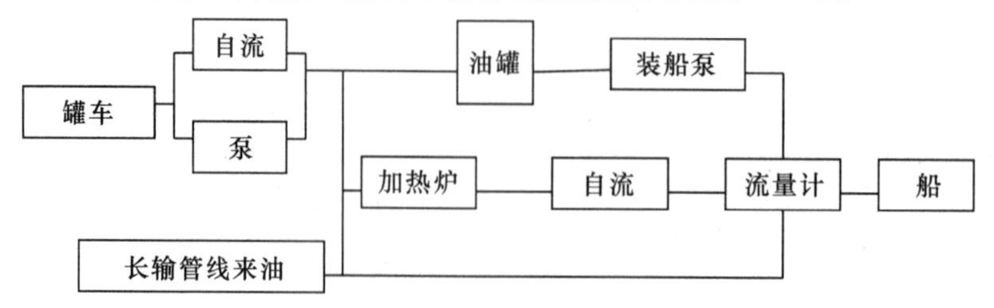

图 8-55　装船作业流程

2. 卸船流程

卸船一般用船上泵，根据液体货是否进油罐，以及去向是装卸车，还是进炼油车间等情况组成不同的作业流程（见8-56）。

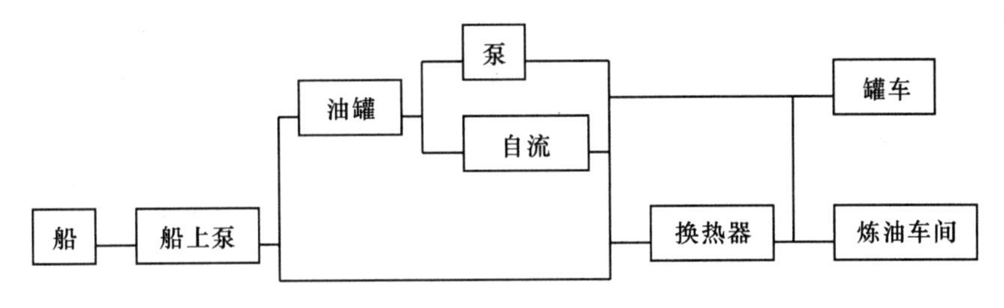

图8-56　卸船作业流程

3. 循环流程

油区建成后，在正式投产前要进行试运转，将液体货在油区循环，检查各环节是否运转良好。在投产后，为避免原油在油管内凝固，在不进行船舶装油作业时，也需保持港站油库及油管内原油不断循环流动（见图8-57）。

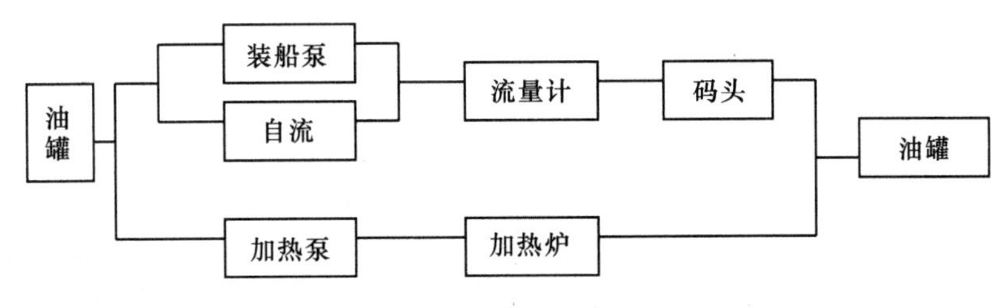

图8-57　循环作业历程

(1)倒罐流程

在油区经营管理上，有时需要将某一油罐的剩油供到另一油罐里去，需要安排倒罐流程。

(2)反输流程

在长输管线来油情况下，为了在油罐和末站之间打通循环，以及通过末站计量罐为外输液体货计量，需要反输流程。

(3)罐车事故卸油流程

在罐车装油过程中，一旦发生事故，即应把液体货抽回油罐。

4. 卸车流程

(1)原油及重油卸车

原油及重油卸车方式主要有密闭自流下卸方式，敞开自流下卸方式与泵抽下卸方式。

①密闭自流下卸流程

密闭自流下卸流程为油罐车—下卸鹤管—汇油管—导油管零位罐—转油泵油罐。

②敞开自流下卸流程

敞开自流下卸流程为油罐车—卸油槽—集油沟（或导油管）—零位罐—转油泵

油罐。

③泵抽下卸流程

泵抽下卸流程为油罐车—下卸鹤管—集油管—导油管—卸油泵—油罐。

(2)轻油卸车

轻油卸车均为上卸,设卸油台,卸油台与装油台基本相似。

(四)典型液体货装卸作业流程图

图 8-58 是某油港原油出口作业流程图;图 8-59 是某油港原油进口作业流程图。

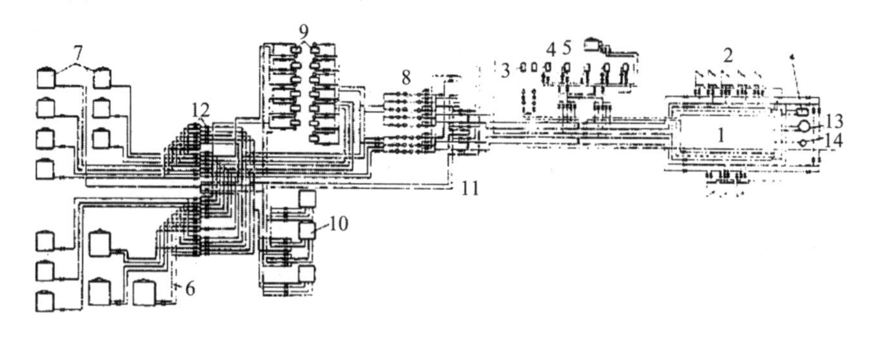

1—码头装卸平台　2—输油臂　3—空气机　4—泵　5—扫线罐　6—原油管　7—罐
8—计量室　9—泵房　10—加热炉　11—泊位装油管　12—总阀室　13—残油罐　14—空气罐

图 8-58　某油港原油出口作业流程图

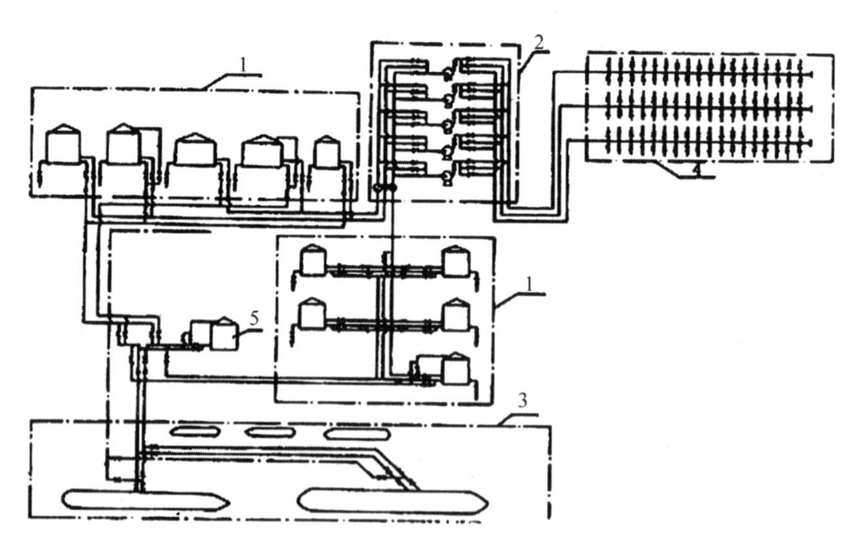

1—原油罐区　2—原油泵房　3—码头作业区　4—原油装车台　5—扫线罐

图 8-59　某油港原油进口作业流程图

(五)液体货装卸搬运总体过程——油轮的装卸

1. 油轮装油

油轮装油的主要流程如下。

(1)油轮在装油前应根据计划的装船顺序,准确开启货油泵及计划装载油舱的阀

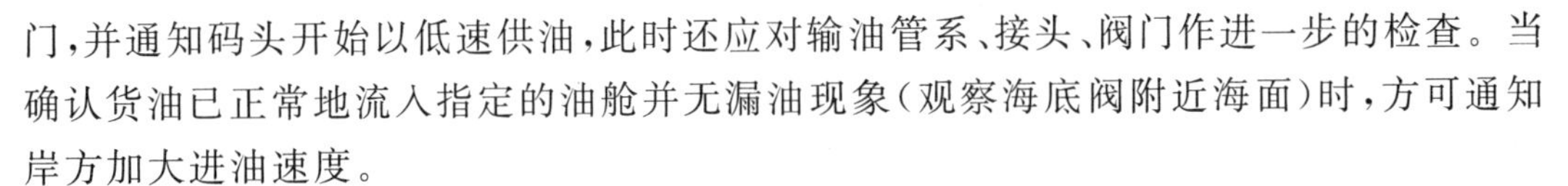

门，并通知码头开始以低速供油，此时还应对输油管系、接头、阀门作进一步的检查。当确认货油已正常地流入指定的油舱并无漏油现象（观察海底阀附近海面）时，方可通知岸方加大进油速度。

（2）装油的全过程舱面观察孔不能离人，并要经常测定装油进度，各舱均要有足够的膨胀余位，以免发生溢油及胀坏船体等事故。

（3）装油时应按积载计划规定的装油顺序进行换舱操作，当进油快接近满舱时就要把下一个拟装舱的闸门阀打开2～3转。当油舱已装到预定高度时，要迅速关闭满舱的闸门阀并同时全开下一个拟装货油空舱的闸门阀。

必须注意：在岸上持续送油的情况下，当空舱的闸门阀尚未打开时，绝对不能把已装好货油的油舱闸门阀全部关闭，否则将会造成油管爆破事故。

（4）值班人员在装油的过程中应注意船舶吃水和潮水的变化，以便随时调整系岸的缆绳，不使发生过松或过紧现象。

（5）装油时，如遇雷电，附近发生火灾或其他危及安全的情况时，应停止装油。

（6）油将装完时，应注意调整船舶吃水差。待全船各盘货装满前半小时，应通知岸上放慢装油速度，做好停装准备。到拟装载的数量时，立即通知岸方停止作业。停油后尚留存于岸边和船上油管内的油，应由岸上扫气（使用压缩空气或蒸汽将软油管的油全部清除）打入油舱，油舱应留有装扫汽油的余位。

（7）装完油后，首先应切断地线的气密开关；然后再拆除软管，这时应防止管内油、水溅出；最后是拆除地线。

（8）全船装完油后，要测量油舱的油温、空档及舱底存水等。必要时还要取样测定油的密度，计算本航次实际装油数量，核对岸方交船数量。当数量相关较大时，应查明原因，并做好油舱空档测量记录，办理好交接手续。

2.油轮卸油

油轮卸油的主要方式如下。

（1）油轮抵港后，应首先接好地线，选好软管（指口径大小及长度应符合要求）并立即接好。卸油时，一般使用船上的油泵，船方与港方应商定卸油速度及有关注意问题。

（2）油轮卸油前，应会同岸上有关人员测量各油舱的空档、油温、油的密度（或比重）及舱底存水，并计算油量。应从不少于25%的油舱内取样化验，弄清油品质量，在计算油量和油样分析未结束前，不准卸油。

（3）卸油前还应检查软管接头处及货油泵阀门是否渗漏，海底阀及未卸油舱的阀门是否关闭。情况正常时，先启动货油泵，油压力升起后，再开启出口阀门。开始时，应以低速进行卸油，待一切正常后，才可按规定压力加快卸油速度。

（4）按正常压力卸油时，通常用货油泵及货油干管与支管进行卸货，待舱内货油卸至接近油舱底部时，往往利用清舱（收舱）泵及清舱支管进行收舱。这时，应使船舶有一定的尾倾和左右倾侧，让油流向收舱的小喇叭口，以利于尽可能收净货油。

（5）注意卸油过程中船舶吃水和潮水变化，及时调整系岸缆绳的松紧程度。

（6）卸多种油时，应安排不同的管线卸油。如使用同一管线时，应先卸质量好的油

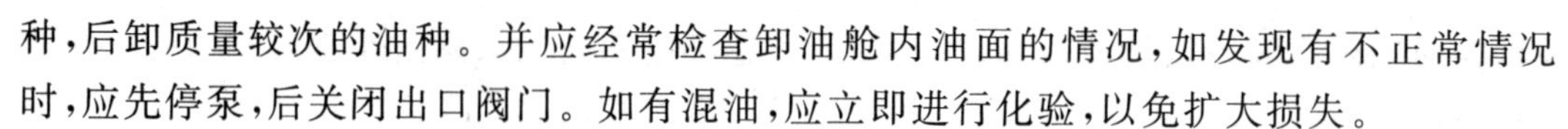

种，后卸质量较次的油种。并应经常检查卸油舱内油面的情况，如发现有不正常情况时，应先停泵，后关闭出口阀门。如有混油，应立即进行化验，以免扩大损失。

(7)卸油完毕后，应会同岸方人员检查舱内油脚是否卸出及管系中存油是否泵出。经岸方同意可用顶水(通过泵打水将油管内的油全部除尽)或扫气办法把油管中的残油顶到岸上的油罐或其他容器中去。

参考文献

1. 王雅蕾. 物流设施与设备(第一版)[M]. 重庆:重庆大学出版社,2012.
2. 凌海平. 物流设施与设备[M]. 北京:北京师范大学集团出版社,2011.
3. 汤齐. 现代物流装备[M]. 北京:电子工业出版社,2015.
4. 李文斐. 现代物流技术与装备[M]. 北京:中国人民大学出版社,2013.
5. 崔介何. 物流学[M]. 北京:北京大学出版社,2003.
6. 万力. 起重机械安装使用维修检验手册[M]. 北京:冶金工业出版社,2001.
7. 罗松涛. 物流设施与设备[M]. 北京:中国水利水电出版社,2012.
8. 齐伟. 物流设施与设备[M]. 南京:南京大学出版社,2011.